建设行业专业人员快速[illegible]

手把手教你当[illegible]修施工员

王文睿　主　编

张乐荣　胡　静　曹晓婧
胡淑贞　雷济时　马振宇　副主编

何耀森　主　审

中国建筑工业出版社

图书在版编目（CIP）数据

手把手教你当好装饰装修施工员/王文睿主编. —北京：中国建筑工业出版社，2014.10
（建设行业专业人员快速上岗100问丛书）
ISBN 978-7-112-17379-2

Ⅰ.①手… Ⅱ.①王… Ⅲ.①建筑装饰-工程施工-问题解答 Ⅳ.①TU712-44

中国版本图书馆CIP数据核字（2014）第251753号

建设行业专业人员快速上岗100问丛书

手把手教你当好装饰装修施工员

王文睿 主 编
张乐荣 胡 静 曹晓婧 胡淑贞 雷济时 马振宇 副主编
何耀森 主 审

*

中国建筑工业出版社出版、发行（北京西郊百万庄）
各地新华书店、建筑书店经销
北京科地亚盟排版公司制版
北京圣夫亚美印刷有限公司印刷

*

开本：850×1168毫米 1/32 印张：10¼ 字数：273千字
2015年2月第一版 2015年2月第一次印刷
定价：**28.00**元
ISBN 978-7-112-17379-2
（26215）

本书是“建设行业专业人员快速上岗100问丛书”之一。主要根据《建筑与市政工程施工现场专业人员职业标准》JGJ/T 250—2011编写。全书包括通用知识、基础知识、岗位知识、专业技能共四章30节，内容涉及装饰装修施工员工作中所需掌握的知识点和专业技能。

为了方便读者的学习与理解，全书采用一问一答的形式，对书中内容进行分解，共列出303道问题，逐一进行阐述，针对性和参考性强。

本书可供建筑装饰装修施工企业的施工员、建设单位工程项目管理人员、监理单位工程监理人员使用，也可作为基层施工管理人员学习的参考。

* * *

责任编辑：范业庶　万　李　王砾瑶

责任设计：董建平

责任校对：王雪竹　刘梦然

出版说明

随着科学技术的日新月异和经济建设的高速发展，中国已成为世界最大的建设市场。近几年建设投资规模增长迅速，工程建设随处可见。

建设行业专业人员（各专业施工员、质量员、预算员，以及安全员、测量员、材料员等）作为施工现场的技术骨干，其业务水平和管理水平的高低，直接影响着工程建设项目能否有序、高效、高质量地完成。这些技术管理人员中，业务水平参差不齐，有不少是由其他岗位调职过来以及刚跨入这一行业的应届毕业生，他们迫切需要学习、培训，或是能有一些像工地老师傅般手把手实物教学的学习资料和读物。

为了满足广大建设行业专业人员入职上岗学习和培训需要，我们特组织有关专家编写了本套丛书。丛书涵盖建设行业施工现场各个专业，以国家及行业有关职业标准的要求和规定进行编写，按照一问一答的形式对专业人员的工作职责、应该掌握的专业知识、应会的专业技能、对实际工作中常见问题的处理等进行讲解，注重系统性、知识性，尤其注重实用性、指导性。在编写内容上严格遵照最新颁布的国家技术规范和行业技术规范。希望本套丛书能够帮助建设行业专业人员快速掌握专业知识，从容应对工作中的疑难问题。同时也真诚地希望各位读者对书中不足之处提出批评指正，以便我们进一步改进和完善。

中国建筑工业出版社

2014 年 12 月

前 言

本书为“建设行业专业人员快速上岗100问丛书”之一，主要为建筑装饰装修企业施工员实际工作需要编写。本书主要内容包括通用知识、基础知识、岗位知识、专业技能四章共30节，囊括了装饰装修施工员工作中需要的绝大部分知识点和所需技能的内容。本书为了便于装饰装修施工员及其他基层项目管理者学习和使用，坚持做到理论联系实际，通俗易懂，全面受用的原则，在内容选择上注重基础知识和常用知识的阐述，对装饰装修施工员在工程施工过程中可能遇到的常见问题，采用了一问一答的方式对各题进行了简明扼要的回答。

本书将装饰装修施工员的职业要求、通用知识和专业技能等有机地融为一体，尽可能做到通俗易懂，简明扼要，一目了然。本书涉及的相关专业知识均按2010年以来修订的新规范编写。

本书可供建筑装饰装修施工企业的施工员及其他相关基层管理人员、建设单位项目管理人员、工程监理单位技术人员使用，也可作为基层施工管理人员学习建筑工程施工技术和项目管理基本知识时的参考。

本书由王文睿主编，张乐荣、胡淑贞、胡静、曹晓婧、雷济时、马振宇等担任副主编。刘淑华高级工程师对本书的编写给予大力支持，何耀森高级工程师审阅了本书全部内容，并提出了许多宝贵的意见和建议，作者对他们表示衷心的谢意。由于我们理论水平有限，本书中存在的不足和缺漏在所难免，敬请广大装饰装修工程的施工员、施工管理人员及专家学者批评指正，以便帮助我们提高工作水平，更好地服务广大施工员和项目管理工作者。

编者

2014年12月

目　录

第一章　通用知识

第一节　相关法律法规知识

第二节 建筑装饰材料

第三节　装饰工程识图

第四节　建筑装饰施工技术

第五节　施工项目管理

第二章 基础知识

第一节 建筑力学

第二节 建筑构造、建筑结构的基本知识

第三节　工程预算的基本知识

第四节　计算机和相关资料信息管理软件的应用知识

第五节　施工测量的基本知识

第三章 岗位知识

第一节 装饰装修管理规定和标准

第二节 施工组织设计及专项施工方案的内容和编制方法

第三节 施工进度计划的编制方法

第四节 环境与职业健康安全管理的基本知识

第五节 装饰工程质量管理知识

第六节 装饰工程成本管理的基本知识

第七节 常用装饰工程施工机械机具的性能

第四章 专业技能

第一节 编制施工组织设计和专项施工方案编制基本技能

第二节 识读施工图和其他工程设计、施工等文件基本技能

第三节 编写技术交底文件，并实施技术交底基本技能

第四节　正确使用测量仪器，进行施工测量

第五节　正确划分施工区段，合理确定施工顺序

第六节　进行资源平衡计算，参与编制施工进度计划及资源需求计划

第七节　进行工程量计算及初步的工程计价的基本技能

第八节　确定施工质量控制点，制定质量控制措施

第九节　施工安全防范重点，职业健康安全与环境技术文件，安全、环境交底

第十节　识别、分析施工质量缺陷和危险源的基本技能

第十一节　装饰装修施工质量、职业健康安全与环境问题

第十二节 记录施工情况，编制相关工程技术资料

第十三节 利用专业软件对工程信息资料进行处理

第一章　通用知识

第一节　相关法律法规知识

1. 从事建筑活动的施工企业应具备哪些条件？

答：根据《中华人民共和国建筑法》的规定，从事建筑活动的施工企业应具备以下条件：

（1）具有符合规定的注册资本。

（2）有与其从事建筑活动相适应的具有法定执业资格的专业技术人员。

（3）有从事相关建筑活动所应有的技术装备。

（4）法律、行政法规规定的其他条件。

2. 从事建筑活动的施工企业从业的基本要求是什么？《建筑法》对从事建筑活动的专业技术人员有什么要求？

答：根据《中华人民共和国建筑法》的规定，从事建筑活动的施工企业应满足下列要求：从事建筑活动的施工企业，按照其拥有的注册资本、专业技术人员、技术装备和已完成的建筑工程业绩等资质条件，划分为不同的资质等级，经资质审查合格，取得相应等级的资质证书后，方可在其资质等级许可的范围内从事建筑活动。

《建筑法》对从事建筑活动的专业技术人员的要求是：从事建筑活动的专业技术人员，应依法取得相应的执业资格证书，并在职业资格证书许可的范围内从事建筑活动。

3. 建筑工程安全生产管理必须坚持的方针和制度各是什么？建筑施工企业怎样采取措施确保施工工程的安全？

答：根据《中华人民共和国建筑法》的规定，建筑工程安全生产管理必须坚持安全第一、预防为主的方针，建立健全安全生产的责任制度和群防群治制度。

建筑施工企业在编制施工组织设计时，应当根据建筑工程的特点制定相应的安全技术措施；对专业性较强的工程项目，应当编制专项安全施工组织设计，并采取安全技术措施。

建筑施工企业应当在施工现场采取维护安全、防范危险、预防火灾等措施；有条件的，应当对施工现场进行封闭管理。

施工现场对毗邻的建筑物、构筑物和特殊作业环境可能造成损害的，建筑施工企业应当采取安全防护措施。

4. 建设工程施工现场安全生产的责任主体属于哪一方？安全生产责任怎样划分？

答：建设工程施工现场安全生产的责任主体是建筑施工企业。实行施工总承包的，总承包单位为安全生产责任主体，施工现场的安全责任由其负责。分包单位向总承包单位负责，服从总承包单位对施工现场的安全生产管理。

5. 建筑装饰装修工程施工质量应符合哪些常用的工程质量标准的要求？

答：建筑装饰装修工程施工质量应在遵守《建筑法》对建筑工程质量管理的规定及《建设工程质量管理条例》的前提下，符合相关工程建设的设计规范、施工验收规范的具体规定和《建设工程施工合同（示范文本）》约定的相关规定，同时对于地域特色、行业特色明显的建设工程项目还应遵守地方政府建设行政管理部门和行业管理部门制定的地方和行业规程及标准。

6. 建筑工程施工质量管理的责任主体属于哪一方？施工企业应如何对施工质量负责？

答：《建设工程质量管理条例》明确规定，施工单位应当对建设工程的施工质量负责。因此，建筑工程施工质量管理责任主体为施工单位。条例还规定，施工单位应当建立质量责任制，确定工程项目的项目经理、技术负责人和施工管理负责人。建设工程实行总承包的，总承包单位应当对全部建设工程质量负责。总承包单位依法将建设工程分包给其他单位的，分包单位应当按照分包合同的规定对其分包工程的质量向总承包单位负责，总承包单位与分包单位对分包工程的质量承担连带责任。施工单位必须按照工程设计图纸和技术标准施工，不得擅自修改工程设计，不得偷工减料。施工单位在施工过程中发现设计文件和图纸有差错的，应当及时提出意见和建议。施工单位必须按照工程设计要求，施工技术标准和合同约定，对建筑材料、建筑构配件、设备和商品混凝土进行检验，检验应当有书面记录和专业人员签字；未经检验或检验不合格的，不得使用。施工单位必须建立、健全施工质量的检验制度，严格工序管理，做好隐蔽工程的质量检查和记录。隐蔽工程在隐蔽前，施工单位应当通知建设单位和建设工程质量监督机构。施工人员对涉及结构安全的试块、试件以及有关材料，应当在建设单位或者工程监理单位监督下现场取样，并送具有相应资质等级的质量检测单位进行检测。施工单位对施工中出现质量问题的建设工程或者竣工验收不合格的工程，应当负责返修。施工单位应当建立、健全教育培训制度，加强对职工的教育培训；未经教育培训或者考核不合格的人员不得上岗。

7. 建筑施工企业怎样采取措施保证施工工程的质量符合国家规范和工程的要求？

答：严格执行《建筑法》和《建设工程质量管理条例》中对工程质量的相关规定和要求，采取相应措施确保工程质量。做到在资质等级许可的范围内承揽工程；不转包或者违法分包工程。建立质量责任制，确定工程项目的项目经理、技术负责人和施工管理负责人。实行总承包的建设工程由总承包单位对全部建设工程质量负责，分包单位按照分包合同的约定对其分包工程的质量负责。做到按图纸和技术标准施工，不擅自修改工程设计，不偷工减料；对施工过程中出现的质量问题或竣工验收不合格的工程项目，负责返修。准确全面理解工程项目相关设计规范和施工验收规范的规定、地方和行业法规和标准的规定；施工过程中完善工序管理，实行事先、事中管理，尽量减少事后管理，避免和杜绝返工，加强隐蔽工程验收；加强交底工作，督促作业人员工作目标明确、责任和义务清楚；建立健全教育培训制度，加强对职工的教育培训，对关键和特殊工艺、技术和工序要做好培训和上岗管理；对影响质量的技术和工艺要采取有效措施进行把关。建立健全企业内部质量管理体系和施工质量的检验制度，严格工序管理，做好隐蔽工程的质量检查和记录，杜绝质量事故隐患，并在实施中做到使施工质量不低于规范、规程和标准的规定；按照保修书的约定对工程保修范围、保修期限和保修责任等履行保修责任，确保工程质量在合同规定的期限内满足工程建设单位的使用要求。

8.《安全生产法》对施工及生产企业为具备安全生产条件的资金投入有什么要求？

答：施工单位应当具备的安全生产条件所必需的资金投入，由生产经营单位的决策机构、主要负责人或者个人经营的投资人予以保证，并对由于安全生产所必需的资金投入不足导致的后果承担责任。

建筑施工单位新建、改建、扩建工程项目（以下统称建设项目）的安全设施，必须与主体工程同时设计、同时施工、同时投入生产和使用。安全设施投资应当纳入建设项目概算。

9.《安全生产法》对施工生产企业安全生产管理人员的配备有哪些要求？

答：建筑施工单位应当设置安全生产管理机构或者配备专职安全生产管理人员。从业人员超过三百人的，应当设置安全生产管理机构或者配备专职安全生产管理人员；从业人员在三百人以下的，应当配备专职或者兼职的安全生产管理人员，或者委托具有国家规定的相关专业技术资格的工程技术人员提供安全生产管理服务。建筑施工单位依照前款规定委托工程技术人员提供安全生产管理服务的，保证安全生产的责任仍由本单位负责。施工单位的主要负责人和安全生产管理人员必须具备与本单位所从事的生产经营活动相应的安全生产知识和管理能力。建筑施工单位的主要负责人和安全生产管理人员，应当由有关主管部门对其安全生产知识和管理能力考核合格后方可任职。

10. 为什么装饰装修施工企业应对从业人员进行安全生产教育和培训？安全生产教育和培训包括哪些方面的内容？

答：施工单位对从业人员进行安全生产教育和培训，是为了保证从业人员具备必要的安全生产知识，能够熟悉有关的安全生产规章制度和安全操作规程，更好地掌握本岗位的安全操作技能。同时为了确保施工质量和安全生产，规定未经安全生产教育和培训合格的从业人员，不得上岗作业。

安全生产教育和培训为日常安全生产常识的培训，包括安全用电、安全用气、安全使用施工机具车辆、多层和高层建筑高空作业安全培训、冬期防火培训、雨期防洪防雹培训、人身安全培训、环境安全培训等；在施工活动中采用新工艺、新技术、新材料或者使用新设备时，为了让从业人员了解、掌握其安全技术特性，采取有效的安全防护措施，并对从业人员进行专门的安全生产教育和培训。施工中有特种作业时，对特种作业人员必须按照国家有关规定经专门的安全作业培训，在其取得特种作业操作资格证书后，方可允许上岗作业。

11.《安全生产法》对建设项目安全设施和设备作了什么规定?

答：建设项目安全设施的设计人、设计单位应当对安全设施设计负责。矿山建设项目和用于生产、储存危险物品的建设项目的安全设施设计应当按照国家有关规定报经有关部门审查，审查部门及其负责审查的人员对审查结果负责。

矿山建设项目和用于生产、储存危险物品的建设项目的施工单位必须按照批准的安全设施设计施工，并对安全设施的工程质量负责。矿山建设项目和用于生产、储存危险物品的建设项目竣工投入生产或者使用前，必须依照有关法律、行政法规的规定对安全设施进行验收；验收合格后，方可投入生产和使用。验收部门及其验收人员对验收结果负责。施工和经营单位应当在有较大危险因素的生产经营场所和有关设施、设备上，设置明显的安全警示标志。安全设备的设计、制造、安装、使用、检测、维修、改造和报废，应当符合国家标准或者行业标准。生产经营单位必须对安全设备进行经常性维护、保养，并定期检测，保证正常运转。维护、保养、检测应当做好记录，并由有关人员签字。

施工单位使用的涉及生命安全、危险性较大的特种设备，以及危险物品的容器、运输工具，必须按照国家有关规定，由专业生产单位生产，并经取得专业资质的检测、检验机构检测、检验合格，取得安全使用证或者安全标志，方可投入使用。检测、检验机构对检测、检验结果负责。国家对严重危及生产安全的工艺、设备实行淘汰制度。

12. 建筑装饰装修工程施工从业人员劳动合同中关于安全的权利和义务各有哪些?

答：《安全生产法》明确规定：施工单位与从业人员订立的

劳动合同，应当载明有关保障从业人员劳动安全、防止职业危害的事项，以及依法为从业人员办理工伤社会保险的事项。施工单位不得以任何形式与从业人员订立协议，免除或者减轻其对从业人员因生产安全事故伤亡依法应承担的责任。施工单位的从业人员有权了解其作业场所和工作岗位存在的危险因素、防范措施及事故应急措施，有权对本单位的安全生产工作提出建议。从业人员有权对本单位安全生产工作中存在的问题提出批评、检举、控告；有权拒绝违章指挥和强令冒险作业。施工单位不得因从业人员对本单位安全生产工作提出批评、检举、控告或者拒绝违章指挥、强令冒险作业而降低其工资、福利等待遇或者解除与其订立的劳动合同。从业人员发现直接危及人身安全的紧急情况时，有权停止作业或者在采取可能的应急措施后撤离作业场所。

施工单位不得因从业人员在上述紧急情况下停止作业或者采取紧急撤离措施而降低其工资、福利等待遇或者解除与其订立的劳动合同。因生产安全事故受到损害的从业人员，除依法享有工伤社会保险外，依照有关民事法律尚有获得赔偿的权利的，有权向本单位提出赔偿要求。从业人员在作业过程中，应当严格遵守本单位的安全生产规章制度和操作规程，服从管理，正确佩戴和使用劳动防护用品。从业人员应当接受安全生产教育和培训，掌握本职工作所需的安全生产知识，提高安全生产技能，增强事故预防和应急处理能力。从业人员发现事故隐患或者其他不安全因素，应当立即向现场安全生产管理人员或者本单位负责人报告；接到报告的人员应当及时予以处理。

13. 建筑装饰装修工程施工企业应怎样接受负有安全生产监督管理职责的部门对自己企业的安全生产状况进行监督检查？

答：建筑工程施工企业应当依据《安全生产法》的规定，自觉接受负有安全生产监督管理职责的部门，依照有关法律、法规的规定和国家标准或者行业标准规定的安全生产条件，对本企业涉及安全生产需要审查批准事项（包括批准、核准、许可、注册、认证、颁发证照等），进行监督检查或者验收。

施工企业应协助和配合负有安全生产监督管理职责的部门依法对生产经营单位执行有关安全生产的法律、法规和国家标准或者行业标准的情况进行监督检查，行使以下职权：①进入生产经营单位进行检查，调阅有关资料，向有关单位和人员了解情况。②对检查中发现的安全生产违法行为，当场予以纠正或者要求限期改正；对依法应当给予行政处罚的行为，依照《安全生产法》和其他有关法律、行政法规的规定作出行政处罚决定。③对检查中发现的事故隐患，应当责令立即排除；重大事故隐患排除前或者排除过程中无法保证安全的，应当责令从危险区域内撤出作业人员，责令暂时停产停业或者停止使用；重大事故隐患排除后，经审查同意，方可恢复生产经营和使用。④对有根据认为不符合保障安全生产的国家标准或者行业标准的设施、设备、器材予以查封或者扣押，并应当在十五日内依法作出处理决定。

施工企业应当指定专人配合安全生产监督检查人员对其安全生产进行检查，对检查的时间、地点、内容、发现的问题及其处理情况作出书面记录，并由检查人员和被检查单位的负责人签字确认。施工单位对负有安全生产监督管理职责的部门的监督检查人员依法履行监督检查职责，应当予以配合，不得拒绝、阻挠。

14. 建筑装饰装修施工企业发生生产安全事故后的处理程序是什么？

答：施工单位发生生产安全事故后，事故现场有关人员应当立即报告本单位负责人。单位负责人接到事故报告后，应当迅速采取有效措施，组织抢救，防止事故扩大，减少人员伤亡和财产损失，并按照国家有关规定立即如实报告当地负有安全生产监督管理职责的部门，不得隐瞒不报、谎报或者拖延不报，不得故意破坏事故现场、毁灭有关证据。

负有安全生产监督管理职责的部门接到事故报告后，应当立即按照国家有关规定上报事故情况。负有安全生产监督管理职责的部门和有关地方人民政府对事故情况不得隐瞒不报、谎报或者拖延不报。

有关地方人民政府和负有安全生产监督管理职责的部门的负责人接到重大生产安全事故报告后，应当立即赶到事故现场，组织事故抢救。任何单位和个人都应当支持、配合事故抢救，并提供一切便利条件。

15. 安全事故发生的调查与处理以及事故责任认定应遵循哪些原则？

答：事故调查处理应当遵循实事求是、尊重科学的原则，及时、准确地查清事故原因，查明事故性质和责任，总结事故教训，提出整改措施。

16. 建筑装饰装修施工企业的安全责任有哪些内容？

答：《安全生产法》规定：施工单位的决策机构、主要负责人、个人经营的投资人应依照《安全生产法》的规定，保证安全生产所必需的资金投入，确保生产经营单位具备安全生产条件。施工单位的主要负责人应履行《安全生产法》规定的安全生产管理职责。

施工单位应履行下列义务：①按照规定设立安全生产管理机构或者配备安全生产管理人员；②危险物品的生产、经营、储存单位以及矿山、建筑施工单位的主要负责人和安全生产管理人员应按照规定考核合格；③按照《安全生产法》的规定，对从业人员进行安全生产教育和培训，或者按照《安全生产法》的规定如实告知从业人员有关的安全生产事项；④特种作业人员应按照规定经专门的安全作业培训并取得特种作业操作资格证书，上岗作业。用于生产、储存危险物品的建设项目的施工单位应按照批准的安全设施设计施工，项目竣工投入生产或者使用前，安全设施应经验收合格；应在有较大危险因素的生产经营场所和有关设施、设备上设置明显的安全警示标志；安全设备的安装、使用、检测、改造和报废应符合国家标准或者行业标准；要为从业人员提供符合国家标准或者行业标准的劳动防护用品；对安全设备进行经常性维护、保养和定期检测；不使用国家明令淘汰、禁止使用的危及生产安全的工艺、设备；特种设备以及危险物品的容器、运输工具经取得专业资质的机构检测、检验合格，取得安全使用证或者安全标志后再投入使用；进行爆破、吊装等危险作业，应安排专门管理人员进行现场安全管理。

17. 建筑装饰装修施工企业对工程质量的责任和义务主要有哪些内容？

答：《建筑法》和《建设工程质量管理条例》规定的施工企业的工程质量的责任和义务包括：应在资质等级许可的范围内承揽工程；不允许其他单位或个人以自己单位的名义承揽工程；施工单位不得转包或者违法分包工程。施工单位对建设工程的施工质量负责。施工单位应当建立质量责任制，确定工程项目的项目经理、技术负责人和施工管理负责人。建设装饰装修工程的总承包单位应当对全部建设工程质量负责，分包单位应当按照分包合同的约定对其分包工程的质量负责。施工单位应按照工程设计图纸和施工技术标准施工，不得擅自修改工程设计，不得偷工减料；对施工过程中出现的质量问题或竣工验收不合格的工程项目，应当负责返修。施工单位在组织施工中应当准确全面理解工程项目相关设计规范和施工验收规范的规定、地方和行业法规和标准的规定。

18. 什么是劳动合同？劳动合同的形式有哪些？怎样订立和变更劳动合同？无效劳动合同的构成条件有哪些？

答：为了确定调整劳动者各主体之间的关系，明确劳动合同双方当事人的权利和义务，确保劳动者的合法权益，构建和发展和谐稳定的劳动关系，依据相关法律、法规、用人单位和劳动者双方的意愿等所签订的确定契约称为劳动合同。

劳动合同分为固定期限劳动合同、无固定期限劳动合同和以完成一定工作任务为期限的劳动合同等。固定期限劳动合同，是指用人单位与劳动者约定终止时间的劳动合同。用人单位与劳动者协商一致，可以订立固定期限劳动合同。无固定期限劳动合同，是指用人单位与劳动者约定无确定终止时间的劳动合同。以完成一定工作任务为期限的劳动合同是指用人单位与劳动者约定以某项工作的完成为合同期限的劳动合同。

用人单位与劳动者协商一致，并经用人单位与劳动者在劳动合同文本上签字或者盖章后生效。用人单位与劳动者协商一致，可以变更劳动合同约定的内容，变更劳动合同应当采用书面的形式。订立的劳动合同和变更后的劳动合同文本由用人单位和劳动者各执一份。

无效劳动合同，是指当事人签订成立的而国家不予承认其法律效力的合同。劳动合同无效或者部分无效的情形有：①以欺诈、胁迫手段或者乘人之危，使对方在违背真实意思的情况下订立或者变更劳动合同的；②用人单位免除自己的法定责任、排除劳动者权利的；③违反法律、行政法规强制性规定的。对于合同无效或部分无效有争议的，由劳动仲裁机构或者人民法院确定。

19. 怎样解除劳动合同？

答：有下列情形之一者，依照劳动合同法规定的条件、程序，劳动者可以与用人单位解除劳动合同关系：①用人单位与劳动者协商一致的；②劳动者提前 30 日以书面形式通知用人单位的；③劳动者在使用期内提前三日通知用人单位的；④用人单位未按照劳动合同约定提供劳动保护或者劳动条件的；⑤用人单位未及时足额支付劳动报酬的；⑥用人单位未依法为劳动者缴纳社会保险的；⑦用人单位的规章制度违反法律、法规的规定，损害劳动者利益的；⑧用人单位以欺诈、胁迫手段或者乘人之危，使劳动者在违背真实意思的情况下订立或变更劳动合同的；⑨用人单位在劳动合同中免除自己的法定责任、排除劳动者权利的；⑩用人单位违反法律、行政法规强制性规定的；⑪用人单位以暴力威胁或者非法限制人身自由的手段强迫劳动者劳动的；⑫用人单位违章指挥、强令冒险作业危及劳动者人身安全的；⑬法律行政法规规定劳动者可以解除劳动合同的其他情形。

有下列情形之一者，依照劳动合同法规定的条件、程序，用人单位可以与劳动者解除劳动合同关系：①用人单位与劳动者协商一致的；②劳动者在使用期间被证明不符合录用条件的；③劳动者严重违反用人单位的规章制度的；④劳动者严重失职，营私舞弊，给用人单位造成重大损害的；⑤劳动者与其他单位建立劳动关系，对完成本单位的工作任务造成严重影响，或者经用人单位提出，拒不改正的；⑥劳动者以欺诈、胁迫手段或者乘人之危，使用人单位在违背真实意思的情况下订立或变更劳动合同的；⑦劳动者被依法追究刑事责任的；⑧劳动者患病或者因工负伤不能从事原工作，也不能从事由用人单位另行安排的工作的；⑨劳动者不能胜任工作，经培训或者调整工作岗位，仍不能胜任工作的；⑩劳动合同订立所依据的客观情况发生重大变化，致使劳动合同无法履行，经用人单位与劳动者协商，未能就变更劳动合同内容达成协议的；⑪用人单位依照企业破产法规定进行重整的；⑫用人单位生产经营发生严重困难的；⑬企业转产、重大技术革新或者经营方式调整，经变更劳动合同后，仍需裁减人员的；⑭其他因劳动合同订立时所依据的客观经济情况发生重大变化，致使劳动合同无法履行的。

20. 什么是集体合同？集体合同的效力有哪些？集体合同的内容和订立程序各有哪些内容？

答：企业职工一方与企业可以就劳动报酬、工作时间、休息休假、劳动安全卫生、保险福利等事项，签订的合同称为集体合同。集体合同草案应当提交职工代表大会或者全体职工讨论通过。集体合同由工会代表职工与企业签订；没有建立工会的企业，由职工推举的代表与企业签订。集体合同签订后应当报送劳动行政部门；劳动行政部门自收到集体合同文本之日起十五日内未提出异议的，集体合同即行生效。

依法订立的集体合同对用人单位和劳动者具有约束力。行业性、区域性集体合同对本行业、本区域的用人单位和劳动者具有约束力。依法订立的集体合同对企业和企业全体职工具有约束力。职工个人与企业订立的劳动合同中劳动条件和劳动报酬等标准不得低于集体合同的规定。集体合同中的报酬和劳动条件不得低于当地人民政府规定的最低标准。

21.《劳动法》对劳动卫生作了哪些规定？

答：用人单位必须建立、健全劳动安全卫生制度，严格执行国家劳动安全卫生规程和标准，对劳动者进行劳动安全卫生教育，防止劳动过程中的事故，减少职业危害。劳动安全卫生设施必须符合国家规定的标准。新建、改建、扩建工程的劳动安全卫生设施必须与主体工程同时设计、同时施工、同时投入生产和使用。用人单位必须为劳动者提供符合国家规定的劳动安全卫生条件和必要的劳动防护用品，对从事有职业危害作业的劳动者应当定期进行健康检查。

第二节　建筑装饰材料

1. 无机胶凝材料是怎样分类的？它们特性各有哪些？

答：(1) 胶凝材料及其分类

胶凝材料就是把块状、颗粒状或纤维状材料凝结为整体的材料。无机胶凝材料也称为矿物胶凝材料，其主要成分是无机化合物、如水泥、石膏、石灰等均属于无机胶凝材料。

（2）胶凝材料的特性

根据硬化条件的不同，无机胶凝材料分为气硬性胶凝材料（如石灰、石膏、水玻璃）和水硬性胶凝材料（如水泥）两类。气硬性胶凝材料只能在空气中凝结、硬化、保持和发展强度，通常适用于干燥环境，在潮湿环境和水中不能使用。水硬性胶凝材料既能在空气中硬化，也能在水中凝结、硬化、保持和发展强度，既适用于干燥环境，也适用于潮湿环境和水中。

2. 水泥怎样分类？通用水泥分哪几个品种？它们各自主要技术性能有哪些？

答：（1）水泥及其品种分类

水泥是一种加水拌合成塑性浆体，通过水化逐渐固结、硬化，能够胶结砂、石等固体材料，并能在空气和水中硬化的粉状水硬性胶凝材料。水泥的品种可按以下两种方法分类。

1）按矿物组成分类。可分为硅酸盐水泥、铝酸盐水泥、硫铝酸盐水泥，氟铝酸盐水泥、铁铝酸盐水泥以及少熟料或无熟料水泥等。

2）按其用途和性能可分为通用水泥、专用水泥和特种水泥三大类。

（2）建筑工程常用水泥的品种

用于一般建筑工程的水泥为通用水泥，它包括硅酸盐水泥、普通硅酸盐水泥、矿渣硅酸盐水泥、火山灰质硅酸盐水泥、粉煤灰硅酸盐水泥、复合硅酸盐水泥等。

（3）建筑工程常用水泥的主要技术性能

建筑工程常用水泥的主要技术性能包括细度、标准稠度及其用水量、凝结时间、体积安定性、水泥强度、水化热等。

1）细度。细度是指水泥颗粒粗细的程度。它是影响水泥需水量、凝结时间、强度和安定性能的重要指标。颗粒越细，与水反应的表面积就越大，水化反应的速度就越快，水泥石的早期强度就越高，但硬化体的收缩也愈大，且水泥储运过程中易受潮而降低活性。因此，水泥的细度应适当。

2）标准稠度及其用水量。在测定水泥凝结时间、体积安定性等性能时，为使所测结果有准确的可比性，规定在试验时所用的水泥净浆必须按《水泥标准稠度用水量、凝结时间、安定性检验方法》GB/T 1346 的规定以标准方法测试，并达到统一规定的浆体可塑性（标准稠度）。水泥净浆体标准稠度用水量，是指拌制水泥净浆时为达到标准稠度所需的加水量，它以水与水泥质量之比的百分数表示。

3）凝结时间。水泥从加水开始到失去流动性所需的时间称为凝结时间，分为初凝时间和终凝时间。初凝时间为水泥从加水拌合起到水泥浆开始失去可塑性所需的时间；终凝时间是指水泥从加水拌合起到水泥浆完全失去可塑性，并开始产生强度所需要的时间。水泥的凝结时间对施工具有较大的意义。初凝时间过短，施工时没有足够的时间完成混凝土或砂浆的搅拌、运输、浇捣和砌筑等操作；水泥的终凝时间过迟，则会拖延施工工期。国家标准规定硅酸盐水泥的初凝时间不得早于 45min，终凝时间不得迟于 6.5h，其他品种通用水泥初凝时间都是 45min，但终凝时间为 10h。国家标准规定初凝时间不合格的水泥为废品。

4）体积安定性。它是指水泥在凝结硬化过程中体积变化是否均匀的性能。安定性不良的水泥，在浆体硬化过程中或硬化后产生不均匀体积膨胀，并引起开裂。水泥安定性不良的主要因素是熟料中含有过量的游离氧化钙、游离氧化镁或研磨时掺入的石膏过多。国家标准规定水泥熟料中游离氧化镁的含量不得超过 5.0％，三氧化硫的含量不得超过 3.5％，体积安定性不合格的水泥为废品，不能用于工程。

5）水泥强度。水泥强度与水泥的矿物组成、水泥细度、水灰比大小、水化龄期和环境温度等密切相关。水泥强度按国家标准《水泥胶砂强度检验方法（ISO 法）》GB/T 17671 的规定制作试块、养护并测定其抗压强度和抗折强度值，并据此评定水泥的强度等级。

6）水化热。水泥水化放出的热量以及放热速度，主要取决于水泥矿物组成和细度。熟料矿物质铝酸三钙和硅酸三钙含量越高，颗粒越细，则水化热越大。水化热越大对冬期施工越有利，但对大体积混凝土工程是有害的。为了避免温度应力引起水泥石开裂，在大体积混凝土工程施工中，不宜采用硅酸盐水泥，而应采用水化热低的矿渣水泥等，水化热的测定可按国家标准规定的方法测定。

3. 普通混凝土是怎样分类的？

答：混凝土是以胶凝材料、粗细骨料及其他外掺材料按适当比例搅拌、成型、养护、硬化而成的人工石材。通常将以水泥、矿物掺合材料、粗细骨料、水和外加剂按一定比例配置而成的、干表观密度为 2000～2800kg/m^{3}的混凝土称为普通混凝土。

1）按用途分。可分为结构混凝土、抗渗混凝土、抗冻混凝土、大体积混凝土、水工混凝土、耐热混凝土、耐酸混凝土、装饰混凝土等。

2）按强度等级分。可分为普通混凝土，强度等级高于 C60 的高强度混凝土以及强度等级高于 C100 的超高强度混凝土。

3）按施工工艺分。可分为喷射混凝土、泵送混凝土、碾压混凝土、自流平混凝土、离心混凝土、真空脱水混凝土。

4. 混凝土拌合物的主要技术性能有哪些？

答：混凝土中各种组成材料按比例配合经搅拌形成的混合物称为混凝土的拌合物，又称新拌混凝土。混凝土拌合物易于各工序的施工操作（搅拌、运输、浇筑、振捣、成型等），并获得质量稳定、整体均匀、成型密实的混凝土性能，称为混凝土拌合物的和易性。和易性是满足施工工艺要求的综合性质，包括流动性、黏聚性和保水性。

流动性是指混凝土拌合物在自重或机械振动时能够产生流动的性质。流动性的大小反映了混凝土拌合物的稀稠程度，流动性良好的拌合物，易于浇筑、振捣和成型。

黏聚性是指混凝土组成材料间具有一定的凝聚力，在施工过程中混凝土能够保持整体均匀的性能。黏聚性反映了混凝土拌合物的均匀性，黏聚性良好的拌合物易于施工操作，不会产生分层和离析的现象。黏聚性差时，会造成混凝土质地不均匀，振捣后易出现蜂窝、空洞等现象。

保水性是指混凝土拌合物在施工过程中具有一定的保持内部水分而抵抗泌水的能力。保水性反映了混凝土拌合物的稳定性。保水性差的混凝土拌合物在混凝土内形成通水通道，影响混凝土的密实性，并降低混凝土的强度和耐久性。

流动性是反映和易性的主要指标，流动性常用坍落度法测定，坍落度数值越大，表明混凝土拌合物流动性大，根据坍落度值的大小，可以将混凝土分为四级：大流动性混凝土（坍落度大于 160mm）、流动性混凝土（坍落度 100～150mm）、塑性混凝土（坍落度 10～90mm）和干硬性混凝土（坍落度小于 10mm）。

5. 硬化后混凝土的强度有哪几种？

答：根据《混凝土结构设计规范》GB 50010—2010 的规定，混凝土强度等级按立方体抗压强度标准值确定，混凝土强度包括立方体抗压强度标准值，轴心抗压强度和轴心抗拉强度。

（1）混凝土立方体抗压强度

《混凝土结构设计规范》规定：混凝土的立方体抗压强度标准值是指，在标准状况下制作养护边长为 150mm 立方体试块，用标准方法测得的 28d 龄期时，具有 95%保证概率的强度值，单位是 N/mm^2。《混凝土结构设计规范》规定混凝土强度等级有 C15、C20、C25、C30、C35、C40、C45、C50、C55、C60、C65、C70、C75、C80 共 14 级，其中 C 代表混凝土，C 后面的数字代表立方体抗压标准强度值，单位是 N/mm^2，用符号 $f_{cu,k}$ 表示。《混凝土结构设计规范》同时允许，对近年来使用量明显增加的掺粉煤灰等矿物掺合料混凝土，确定其立方体抗压强度标

准值 $f_{cu,k}$时，龄期不受 28d 的限值，可以由设计者根据具体情况适当延长。

（2）混凝土轴心抗压强度

实验证明，立方体抗压强度不能代表以受压为主的结构构件中混凝土强度。通过用同批次混凝土在同一条件下制作养护的棱柱体试件和短柱在轴心力作用下受压性能的对比试验，可以看出高宽比超过 3 以后的混凝土棱柱体中的混凝土抗压强度和以受压为主的钢筋混凝土构件中的混凝土抗压强度是一致的。因此《混凝土结构设计规范》规定用高宽比为 3～4 的混凝土棱柱体试件测得的混凝土的抗压强度，并作为混凝土的轴心抗压强度（棱柱体抗压强度），用符号 f_{ck}表示。

（3）混凝土轴心抗拉强度

常用的混凝土轴心抗拉强度测定方法是拔出试验或劈裂试验。相比之下拔出试验更为简单易行。拔出试验采用 100mm×100mm×500mm 的棱柱体，在试件两端轴心位置预埋Φ 16 或Φ 18HRB335 级钢筋，埋入深度为 150mm，在标准状况下养护 28d 龄期后可测试其抗拉强度，用符号 f_{tk}表示。

6. 混凝土的耐久性包括哪些内容？

答：混凝土抵抗自身因素和环境因素的长期破坏，保持其原有性能的能力，称为耐久性。混凝土的耐久性主要包括抗渗性、抗冻性、抗腐性、抗碳化、抗碱骨料反应等方面。

（1）抗渗性

混凝土抵抗压力液体（水或油）等渗透体的能力称为抗渗性。混凝土抗渗性用抗渗等级表示。抗渗等级是以 28d 龄期的标准试件，用标准方法进行试验，以每组六个试件，四个试件为出现渗水时，所能承受的最大静压力（单位为 MPa）来确定。混凝土的抗渗等级用代号 P 表示，分为 P4、P6、P8、P10、P12 和>P12 六个等级。P4 表示混凝土能抵抗 0.4MPa 的液体压力而不渗水。

（2）抗冻性

混凝土在吸水饱和状态下，抵抗多次反复冻融循环而不破坏，同时也不严重降低其各种性能的能力，称为抗冻性。混凝土抗冻性用抗冻等级表示。抗冻等级是以28d龄期的标准试件，在浸水饱和状态下，进行冻融循环试验，以抗压强度损失不超过25%，同时，重量损失不超过5%时，所承受的最大冻融循环次数来确定。混凝土的抗冻等级用F表示，分为F50、F100、F150、F200、F250、F300、F350、F400和>F400等九个等级。F200表示混凝土在强度损失不超过25%，重量损失不超过5%时，所能承受的最大冻融循环次数为200。

（3）抗腐性

混凝土在外界各种侵蚀介性质作用下，抵抗破坏的能力，称为混凝土的抗腐蚀性。当工程所处环境存在侵蚀性介质时，对混凝土必须提出抗腐性要求。

7. 什么是混凝土的徐变？它对混凝土的性能有什么影响？徐变产生的原因是什么？

答：（1）混凝土的徐变

构件在长期不变的荷载作用下，应变随时间增长具有持续增长的特性，混凝土这种受力变形称为徐变。

（2）混凝土的徐变对构件的影响

徐变对混凝土结构构件的变形和承载能力会产生明显的不利影响，在预应力混凝土构件中会造成预应力损失。这些影响对结构构件的受力和变形是有危害的，因此在设计和施工过程中要尽可能采取措施降低混凝土的徐变。

（3）徐变产生的原因

徐变产生的原因主要包括以下两个方面：

1）混凝土内的水泥凝胶在压应力作用下具有缓慢黏性流动的性质，这种黏性流动变形需要较长的时间才能逐渐完成。在这个变形过程中凝胶体会把它承受的压力转嫁给骨料，从而使黏流变形逐渐减弱直到结束。当卸去荷载后，骨料受到的压力会逐步回传给凝胶体，因此，一部分徐变变形能够恢复。

2）当试件受到较高压应力作用时，混凝土内的微裂缝会不断增加和延长，助长了徐变的产生。压应力越高，这种因素的影响在总徐变中占的比例就越高。

综上所述，影响徐变大小的因素归纳起来有以下几点：

1）混凝土内在的材性方面的影响

① 水泥用量越多，凝胶体在混凝土内占的比例就越高，由于水泥凝胶体的黏弹性造成的徐变就越大；降低这个因素产生应变的措施是，在保证混凝土强度等级的前提下，严格控制水泥用量，不要随意加大混凝土中水泥的用量。

② 水灰比越高，混凝土凝结硬化后残留在其内部的工艺水就越多，由于它的挥发和不断逸出产生的空隙就越多，徐变就会越大。减少这个因素产生的徐变措施是，在保证混凝土流动性的前提下，严格控制用水量，减低水灰比和多余的工艺水。

③ 骨料级配越好，徐变越小。骨料级配越好，骨料在混凝土体内占的体积越多，水泥凝胶体就越少，凝胶体向结晶体转化时体积的缩小量就少，压应力从凝胶体向骨料的内力转移就少，徐变就少。减少这种因素引起的徐变，主要措施是选择级配良好的骨料。

④ 骨料的弹性模量越高，徐变越小。这是因为骨料越坚硬，在凝胶体向其转化内力时骨料的变形就小，徐变也就会减小。减少这种因素引起的徐变的主要措施是选择坚硬的骨料。

2）混凝土养护和工作环境条件的影响

① 混凝土制作养护和工作环境的温度正常、湿度高则徐变小；反之，温度高、湿度低则徐变大。在实际工程施工时混凝土养护时的环境温度一般难以调控，在常温下充分保证湿度，徐变就会降低。

② 构件的体积和面积的比小（即表面积相对较大）的构件，混凝土内部水分散发较快，混凝土内水泥颗粒早期的水解不充

分，凝胶体的产生和其变为结晶体的过程不充分，徐变就大。

③ 混凝土加荷龄期越长，其内部结晶体的量越多，凝结硬化越充分，徐变就越小。

④ 构件截面受到长期不变应力作用时的压应力越大，徐变越大。在压应力小于 $0.5f_c$ 范围内，压应力和徐变呈线性关系，这种关系成为线性徐变；在（$0.55\sim0.6$）f_c 时，随时间延长徐变和时间关系曲线是收敛曲线，即会朝某个固定值靠近，但收敛性随应力的增高越来越差。当压应力超过 $0.8f_c$ 时，徐变时间曲线就成为发散性曲线了，徐变的增长最终将会导致混凝土压碎。这是因为在较高应力作用下混凝土中的微裂缝已经处于不稳定状态。长期较高压应力的作用将促使这些微裂缝进一步发展，最终导致混凝土被压碎。这种情况下混凝土压碎时的压应力低于一次短期加荷时的轴心抗压强度。

由此可知徐变会降低混凝土的强度。因为，加荷速度越慢，荷载作用下徐变发展的越充分，相应测出的混凝土抗压强度也就越低。

8. 什么是混凝土的收缩？

答：混凝土在空气中凝结硬化的过程中，体积会随时间的推移不断缩小，这种现象称为混凝土的收缩。相反，在水中结硬的混凝土其体积会略有增加，这种现象称为混凝土的膨胀。

混凝土的收缩包括失去水分的干缩，它是在混凝土凝结硬化过程中内部水分散失引起的，一般认为这种收缩是可逆的，构件吸水后绝大部分会恢复。混凝土体内由于水泥凝胶体转化为结晶体的过程造成的体积收缩叫作凝缩，这种收缩是不可逆的变化，凝胶体结硬变为结晶体时吸水后不会逆向还原为具有黏弹性的凝胶体。

影响混凝土干缩的因素包括以下几个方面。

(1) 水灰比越大，收缩越大。因此，在保证混凝土和易性和流动性的情况下，尽可能降低水灰比。

（2）养护和使用环境的湿度大，温度较低时水分散失的少，收缩就小。同等条件下加强养护提高养护环境的湿度是降低收缩的有效措施。

（3）体表比大，构件表面积相对越大，水分散失就越快，收缩就大。

影响凝缩的因素包括以下几个方面。

（1）水泥用量多、强度高时收缩大。这是由于凝胶体份量多转化成的结晶体多，收缩就大。因此，在保证混凝土强度等级的前提下，要严格控制水泥用量，选择强度等级合适的水泥。

（2）骨料级配越好，密度就越大，混凝土的弹性模量就越高，对凝胶体的收缩就会起到制约作用，故收缩就小。混凝土配合比设计和骨料选用时，合理的级配对降低混凝土的收缩作用明显。

由以上分析可知混凝土的收缩有些影响因素和混凝土徐变相似，但二者截然不同，徐变是受力变形，而收缩是体积变形，收缩和外力无关，这是二者的根本性区别。

9. 普通混凝土的组成材料有几种？它们各自的主要技术性能有哪些？

答：普通混凝土的组成材料有水泥、砂子、石子、水、外加剂或掺合料。前四种是组成混凝土的基本材料，后两种材料可根据混凝土性能的需要有选择的添加。

（1）水泥

水泥是混凝土的中最主要的材料，也是成本最高的材料，它也是决定混凝土强度和耐久性能的关键材料。水泥品种一般有硅酸盐水泥、普通硅酸盐水泥、矿渣硅酸盐水泥、火山灰质硅酸盐水泥、粉煤灰硅酸盐水泥及复合硅酸盐水泥等通用水泥。

水泥强度等级的选择应根据混凝土强度等级的要求来确定，低强度混凝土应选择低强度等级的水泥。一般情况下对于强度等级低于C30的中、低强度混凝土，水泥强度等级为混凝土强度等级的1.5～2.0倍；高强混凝土，水泥强度等级与混凝土强度等级之比可小于1.5，但不能低于0.8。

（2）细骨料

细骨料是指公称直径小于5mm的岩石颗粒，也就是通常所称的砂。根据其生产来源不同可分为天然砂（河砂、湖砂、海砂和山砂）、人工砂和混合砂。混合砂是人工砂与天然砂按一定比例组合而成的砂。

配置混凝土的砂要求清洁不含杂质，国家标准对砂中的云母、轻物质、硫化物及硫化盐、有机物、氯化物等各种有害物含量以及海砂中的贝壳含量作了规定。含泥量是指天然砂中公称粒径小于80μm的颗粒含量。泥块含量是指砂中公称粒径大于1.25mm，经净水浸洗，手捏后变成小于630μm的颗粒含量。有关国家标准和行业标准都对砂的含泥量、泥块含量、石粉含量作了限定。砂在自然风化和其他外界物理、化学因素作用下，抵抗破坏的能力称为其坚固性。天然砂的坚固性用硫酸钠溶液法检验，砂样经5次循环后其重量损失应符合国家标准的规定。砂的表观密度大于2500kg/m^3，松散砂堆积密度大于1350kg/m^3，空隙率小于47%。砂的粗细程度和颗粒级配应符合规范要求。

（3）粗骨料

粗骨料是指公称直径大于5mm的岩石颗粒，通常称为石子。天然形成的石子称为卵石，人工破碎而成的石子称为碎石。

粗骨料中泥、泥块含量以及硫化物、硫酸盐含量、有机物等有害物质的含量应符合国家标准规定。卵石及碎石形状以及接近卵形或立方体为较好。针状和片状的颗粒自身强度低，而且空隙大，影响混凝土的强度，因此，国家标准中对以上两种颗粒含量作了规定。为了保证混凝土的强度，粗骨料必须具有足够的强度，粗骨料的强度指标包括岩石抗压强度、碎石抗压强度两种。国家标准同时对粗骨料的坚固性也作了规定，坚固性是指卵石及碎石在自然风化和物理、化学作用下抵抗破裂的能力，有抗冻性要求的混凝土所用粗骨料，要求测定其坚固性。

（4）水

混凝土用水包括混凝土拌合用水和养护用水。混凝土用水应优先选用符合国家标准的饮用水，混凝土用水中各种杂质的含量应符合国家现行标准《混凝土用水标准》JGJ 53—2006 的规定。

10. 轻混凝土的特性有哪些？用途是什么？

答：轻混凝土是指干表观密度小于 2000kg/m³ 的混凝土，包括轻骨料混凝土、多孔混凝土和大孔混凝土。

用轻粗骨料（堆积密度小于 1000kg/m³）和轻细骨料（堆积密度小于 1200kg/m³）或者普通砂与水泥拌制而成的混凝土，其表观密度不大于 1950kg/m³，称为轻骨料混凝土。分为由轻粗骨料和轻细骨料组成的全轻混凝土及细骨料为普通砂和轻粗骨料组成的砂轻混凝土。轻骨料混凝土可以用浮石、陶粒、煤渣、膨胀珍珠岩等轻骨料制成。

多孔混凝土以水泥、混合料、水及适量的加气剂（铝粉等）或泡沫剂为原料而成，是一种内部均匀分布细小气孔而无骨料的混凝土。大孔混凝土是以粒径相似的粗骨料、水泥、水配制而成，有时加入外加剂。

轻混凝土的主要特性包括：表观密度小，保温性能好，耐火性能好，力学性能好，易于加工等。轻混凝土主要用于非承重墙的墙体及保温隔声材料。轻骨料混凝土还可以用于承重结构，以达到减轻自重的目的。

11. 高性能混凝土的特性有哪些？用途是什么？

答：高性能混凝土是指具有高耐久性和良好的工作性能，早期强度高而后期强度不倒缩，体积稳定性好的混凝土。它的特征包括：具有一定的强度和高抗渗能力；具有良好的工作性能；耐久性好；具有较高的体积稳定性。

高性能混凝土是普通水泥混凝土的发展方向之一，它被广泛用于桥梁、高层建筑、工业厂房结构、港口及海洋工程、水工结构等工程中。

12. 预拌混凝土的特性有哪些？用途是什么？

答：预拌混凝土也称为商品混凝土，是指由水泥、骨料、水以及根据需要掺入的外加剂、矿物掺合料等组分按一定的比例，在搅拌站经计量、拌制后出售的并采用运输车在规定时间内运至使用地点的混凝土拌合物。

预拌混凝土设备利用率高，计量准确、产品质量高、材料消耗少，工效高、成本较低，又能改善劳动条件，减少环境污染。

13. 常用混凝土外加剂有多少种类？

答：（1）混凝土外加剂按照主要功能分

混凝土外加剂按照主要功能分，可分为高效减水剂、普通减水剂、引气减水剂、泵送剂、早强剂、缓凝剂、引气剂等。

（2）外加剂按其使用功能分

外加剂按其使用功能分可为四类：①改善混凝土流变性的外加剂，包括减水剂、泵送剂；②调节混凝土凝结时间、硬化性能的外加剂，包括缓凝剂、速凝剂、早强剂等；③改善混凝土耐久性的外加剂，包括引气剂、防水剂、阻锈剂和矿物外加剂等；④改善混凝土其他性能的外加剂，包括加气剂、膨胀剂、防冻剂及着色剂。

14. 常用混凝土外加剂的品种及应用特点有哪些？

答：（1）减水剂

减水剂是一种使用最广泛、品种最大的一种外加剂，按其用途不同，按其用途不同进一步可以分为普通减水剂、高效减水剂、早强减水剂、缓凝减水剂、缓凝高效减水剂、引气减水剂等。

（2）早强剂

早强剂是加速水泥水化和硬化，促进混凝土早期强度增长的外加剂。可缩短混凝土养护龄期，加快施工进度，提高模板和场地周转率。常用的早强剂有氯盐类、硫酸盐类和有机胺类。

1）氯盐类早强剂。它主要有氯化钙、氯化钠，其中氯化钙是国内外使用最广的一种早强剂。为了抑制氯化钙对钢筋的腐蚀作用，常将氯化钙与阻锈剂复合使用。

2）硫酸盐类早强剂。它包括硫酸钠、硫代酸钠、硫酸钾、硫酸铝等，其中硫酸钠使用最广。

3）有机胺类早强剂。它包括三乙醇胺、三异丙醇胺等，前者常用。

4）复合早强剂。以上三类早强剂在使用时，通常复合使用。复合早强剂往往比单组分早强剂具有更优良的早强效果，掺量也可以比单组分早强剂有所降低。

（3）缓凝剂

缓凝剂是可以在较长时间内保持混凝土工作性，延缓混凝土凝结和硬化时间的外加剂。它分为无机和有机两大类。它的品种有高糖木质素磺酸盐类，羟基羧酸盐及其衍生物，无机盐类。

缓凝剂适用于较长时间运输的混凝土、高温季节施工的混凝土、泵送混凝土、滑模施工混凝土、大体积混凝土、分层浇筑的混凝土，不适用5℃以下施工的混凝土，也不适用于有早强要求的混凝土及蒸汽养护的混凝土。

（4）引气剂

引气剂是一种在搅拌过程中能在砂浆或混凝土中引入大量、均匀分布的气泡，而且在硬化后能保留在其中的一种外加剂。加入引气剂可以改善混凝土拌合物的和易性，显著提高混凝土的抗冻性能和抗渗性能，但会降低混凝土的弹性模量和强度。

引气剂有松香树脂类，烷基芳烃磺酸类和脂肪磺酸盐类，其中松香树脂中的松香热聚物和松香皂应用最多。

引气剂适用于配制抗冻混凝土、泵送混凝土、港口混凝土、防水混凝土以及骨料质量差、泌水严重的混凝土，不适宜配制蒸汽养护的混凝土。

（5）膨胀剂

膨胀剂是一种使混凝土体积产生膨胀的外加剂。常用的膨胀剂种类有硫铝酸钙类、氧化钙类、硫铝酸—氧化钙类等。

（6）防冻剂是能使混凝土在温度<0℃环境下硬化并能在规定条件下达到预期性能的外加剂。常用防冻剂有氯盐类（氯化钙、氯化钠、氯化氮等）；氯盐阻锈类：氯盐与阻锈剂（亚硝酸钠）为主的复合外加剂，无氯盐类（硝酸盐、亚硝酸盐、乙钠盐、尿素等）。

（7）泵送剂

泵送剂是改善混凝土泵送性能的外加剂。它由减水剂、调凝剂、引气剂、润滑剂等多种组分复合而成。

（8）速凝剂

速凝剂是使混凝土迅速凝结和硬化的外加剂。能使混凝土在5min内初凝，10min内终凝，1h内产生强度。速凝剂主要用于喷射混凝土、堵漏等。

15. 砌筑砂浆分为哪几类？它们各自的特性有哪些？

答：砌筑砂浆是由胶凝材料（水泥和石灰）、细骨料（砂子）加水拌合而成的，特殊情况下根据需要掺入塑性掺合料和外加剂，按照一定的比例混合后搅拌而成。砂浆的作用是将砌体中的块材粘结成整体共同工作；同时，砂浆平整地填充在块材表面能使块材和整个砌体受力均匀；由于砌体填满块材间的缝隙，也同时提高了砌体的隔热、保温、隔声、防潮和防冻性能。

（1）水泥砂浆

水泥砂浆是指用胶凝材料（水泥）和细骨料、水按一定比例配制而成的一种建筑工程材料。其强度高、耐久性好，适用于强度要求较高、潮湿环境的砌体。但和易性及保水性差，在强度等级相同的情况下，用同样块材砌筑而成的砌体强度比砂浆流动性好的混合砂浆砌筑的砌体要低。

（2）混合砂浆

混合砂浆是指在水泥砂浆的基本组成成分中加入塑性掺合料（石灰膏、黏土膏）拌制而成的砂浆。它强度较高、耐久性较好、和易性和保水性好，施工灰缝容易做到饱满平整，便于施工。一般墙体多用混合砂浆，但潮湿环境不适宜用混合砂浆。

（3）非水泥砂浆

它是不含水泥的石灰砂浆、黏土砂浆、石膏砂浆的统称。其强度低、耐久性差，通常用于地上简易的建筑。

砌筑砂浆的技术性质主要包括新拌砂浆的密度、和易性、硬化砂浆强度和对基面的粘结力、抗冻性、收缩值等指标。其中强度和和易性是新拌砂浆两个重要技术指标。

新拌砂浆的和易性是指砂浆易于施工并能保证质量的综合性质。和易性好的砂浆不仅在运输施工过程中不易产生分离、离析、泌水，而且能在粗糙的砖、石表面铺成均匀的薄层，与基层保持良好的粘结，便于施工操作。

新拌砂浆的强度以 3 个 70.7mm×70.7mm×70.7mm 的立方体试块，在标准状况下养护 28d，用标准方法测得的抗压强度（MPa）算术平均值来评定。砂浆强度等级分为 M5、M7.5、M10、M15、M20、M25、M30 七个等级。

16. 普通抹面砂浆、装饰砂浆的特性各有哪些？在工程中怎样应用？

答：（1）普通抹面砂浆

抹面砂浆也称抹灰砂浆，是指涂抹在建筑物或建筑构件表面的砂浆。它既可以保护墙体不受风雨、潮气等侵蚀，提高墙体的耐久性；同时也使建筑物表面平整、光滑、清洁和美观。

按使用功能不同，抹灰砂浆可以分为普通抹灰砂浆、装饰砂浆和特殊功能的抹面砂浆（如防水砂浆、耐酸砂浆、绝热砂浆、吸声砂浆等）。

常用的普通抹面砂浆有水泥砂浆、水泥石灰砂浆、水泥粉煤灰砂浆、掺塑化剂水泥砂浆、聚合物水泥砂浆、石膏砂浆。为了保证抹灰表面的平整，避免开裂和脱落，抹灰砂浆通常分为底层、中层和面层。各层抹灰的作用和要求不同，各层用的砂浆性能也不相同。各层所使用的材料和配合比及施工做法应视基础材料品种、部位及气候环境而定。

① 普通抹灰砂浆的流动性和砂子的最大粒径

为了便于涂抹，普通抹面砂浆要求比砌筑砂浆具有更好的和易性，因此胶凝材料和掺合料的用量比砌筑砂浆多一些。普通抹灰砂浆的流动性和砂子的最大粒径可参考表 1-1。

普通抹灰砂浆的流动性和砂子的最大粒径参考值　表 1-1

抹面层	稠度（mm）	砂的最大粒径（mm）
底层	90～110	2.5
中层	70～90	2.5
面层	70～80	1.2

② 普通抹灰砂浆的配合比

普通抹灰砂浆的配合比参考值详见表 1-2。

普通抹灰砂浆的配合比参考值　表 1-2

材　料	配合比（体积比）范围	应用范围
石灰：砂	1：1～1：4	用于砖石墙表面（檐口、勒角、女儿墙以及潮湿房间的墙除外）
石灰：石膏：砂	1：0.4：2～1：1：3	干燥环境墙表面
石灰：石膏：砂	1：2：2～1：2：4	用于不潮湿房间的线脚及其他装饰工程
石灰：水泥：砂	1：0.5：4.5～1：1：5	用于檐口、勒角、女儿墙以及比较潮湿的部位
水泥：砂	1：3～1：2.5	用于浴室、潮湿车间等墙裙、勒角或地面基层
水泥：砂	1：2～1：1.5	用于地面、顶棚或墙面面层
水泥：石膏砂：锯末	1：1～1：3	用于吸声墙粉刷
水泥：白石子	1：1～1：1	用于水磨石（打底用 1：2.5 水泥砂浆）

续表

材料	配合比（体积比）范围	应用范围
水泥：白石子	1～1：1.5	用于斩假石（打底用1：2.5水泥砂浆）
纸筋：白石灰	纸筋0.36kg：灰膏0.1m³	较高级墙板、顶棚

（2）装饰砂浆

涂抹在建筑物内外墙表面，以增加建筑物美观效果的砂浆称为装饰砂浆。它与普通砂浆的主要区别在面层，装饰砂浆的面层要求具有一定颜色的胶凝材料和集料并采用特殊的施工操作方法，以使表面呈现出不同的色彩线条和花纹装饰效果。

装饰砂浆常用的胶凝材料有白水泥以及石灰、石膏等。细骨料常用大理石、花岗石等带颜色的细石渣或玻璃、陶瓷碎粒等。装饰砂浆常用的工艺做法包括水刷石、水磨石、拉毛等。

17. 天然饰面用石材怎样分类？它们各自在什么情况下应用？

答：（1）天然大理石板材

1）天然大理石板材。建筑装饰工程上所指的天然大理石是指具有装饰功能，可以磨平、抛光的各种碳酸岩和与其有关的变质岩，如大理石、石灰岩、白云岩等。从大理石矿体开采出来的天然大理石块经锯切、磨光等加工后称为大理石板材。

2）天然大理石板材的特性。天然大理石质地密实、抗压强度较高、吸水率低；易加工、开光性好、色调丰富、材质细腻，大多数大理石含有多种矿物，加工后表面呈现云彩状、枝条状或圆圈状的多彩花纹，形成大理石独特的天然美，极富装饰性。但是，大理石属碱性中硬性石材，在大气中受硫化物及水汽形成的酸雨长期作用，容易发生腐蚀，造成表面强度降低、变色掉粉、失去光泽，影响装饰性能。

3）天然大理石板材的应用。天然大理石是高级装饰材料，因其抗风化性能较差，一般只用于室内饰面，如墙面、地面、柱面、台面、栏杆、踏步等，由于其耐磨性较差，不宜用于人流较多的公共场所地面。少数致密、质纯的品种（汉白玉、艾叶青等）可用于室外。

（2）天然花岗岩石材

1）天然花岗石板材。建筑装饰工程上所指的天然花岗石是指以花岗岩为代表的一类装饰石材，包括各类以石英、长石主要组成矿物，并含有少量云母和暗色矿物的岩浆岩和花岗质的变质岩，如花岗岩、辉绿岩、玄武岩等。

2）天然花岗石板材的特性。花岗岩经人工加工后制成品成为花岗石。花岗石属酸性硬石材，构造致密、强度高、密度大、吸水率低、质地坚硬、耐磨、耐酸、抗风化、耐久性好，使用年限长，有黑白、黄麻、灰色、黑色、红色等，品质优良的花岗岩中石英含量高，云母含量少，结晶颗粒分布均匀，纹理呈斑点状，有深浅层次，构成了该类石材的独特装饰效果。但是，花岗岩所含石英会在高温下发生晶变，体积膨胀而开裂，因此并不耐火。

3）天然花岗石板材的应用。花岗岩石材主要用于大型公共建筑装饰等级要求较高的室外装饰工程。粗面板和亚光面板常用于室外地面、墙面、柱面、基座、台阶等；镜面板主要用于室内外地面、墙面、柱面、基座、台阶等，特别适宜于大型公共建筑大厅的地面装饰。

（3）青石板

1）青石板。青石板是从砂岩矿体开采出来的天然砂岩块经锯切、磨光等加工而成的。

2）青石板的特性。它质地密实、强度中等、易于加工。常用的青石板有豆青色、绿豆青色和青色带灰白结晶颗粒等多种色泽。

3）青石板的应用。它是理想的建筑装饰材料，常用于建筑墙裙、地坪铺贴以及庭院栏杆（板）、台阶石等。

18. 人造装饰石材分哪些品种？它们各自的特性及应用是什么？

答：人造石材是以水泥或不饱和聚酯、树脂为胶粘剂，以天然大理石、花岗石碎料或方解石、白云石、石英砂、玻璃粉等无机矿物质为骨料，加入适量的阻燃剂、稳定剂、颜料等，经过拌合、浇注、加压成型、打磨抛光以及切割等工序制成的板材。它可分为以下四类：

（1）水泥型人造石材

水泥型人造石材是以各类水泥为胶结材料，天然大理石、花岗岩碎料为粗骨料，砂为细骨料，经过搅拌、成型、养护、打磨抛光以及切割等工序制成。若在配制过程中加入颜料，便可制成彩色水泥石材。水磨石和各类花阶砖均属于水泥型人造石。这类人造石取材方便，价格低廉，但装饰性能差。

（2）树脂型人造石材

树脂型石材是以不饱和聚酯、树脂为胶粘剂，将天然大理石、花岗岩、方解石碎料及其他无机填充料按一定比例配合，再加入固化剂、催化剂、颜料等，经过搅拌、成型抛光等工序加工而成，如人造大理石、人造花岗岩、微晶玻璃等。这类人造石具有光泽好、色彩鲜艳丰富、可加工性强，装饰效果好的优点，是目前国内外主要使用的人造石材。

（3）复合型人造石材

复合型人造石材采用了有机和无机两种胶结材料。先用无机胶结材料（水泥或石膏）将填料粘结成型，硬化后再将所有的坯体浸渍于有机单体（如苯乙烯、甲基丙烯酸甲酯、醋酸乙烯、丙烯酸等）中。使其在一定条件下聚合而成。复合型人造石的特点是造价低，装饰效果好，但受温差影响后聚酯面容易产生剥落和开裂，耐久性差。

（4）烧结型人造石

烧结型人造石材是以长石、石英石、方解石等的石粉和赤铁粉及部分高岭土混合，用泥浆法制坯，半干法压制成型，在窑炉中高温焙烧而成。烧结型人造石材装饰性好，性能稳定。缺点是经高温焙烧能耗大，产品破碎率高，从而导致造价高。

由于人造石材的规格、形状、颜色、图案以及表面处理均可以人为控制，因此，其性能在许多方面超过天然石材。总体上说，人造石材量小、强度高、色泽均匀、耐腐蚀、耐污染、施工方便、品种多样、装饰性能、价格便宜，广泛应用于各种室内外墙面、挂面、室内地面、楼梯面板以及盥洗台面、服务台面的装饰、还可加工成浮雕、艺术品、美术装潢品和陈列品等。

19. 木材怎样分类？各类木材特性及应用有何不同？

答：建筑中常用的木材有原木、板材和方木三类。原木是指去皮、根、树梢后但尚未按一定尺寸加工成规定直径和长度的木料；板材和方木统称为锯材；板材是指截面宽度为厚度的 3 倍或 3 倍以上的木料；方木是指截面宽度不足厚度 3 倍的木料。

木材的主要特性包括如下几点：

（1）力学性能好。木材的强度高，顺纹抗拉强度强度很高。

（2）隔声、隔热性能好。木材导热系数低、热容量大，是优质的保温材料，且对电、热的绝缘性好。木材固有的纤维结构导致其具有扩大、吸收、反射或阻隔其他物体产生声音的能力，对演奏厅、播音室等对音质要求较高的建筑中可使用木材。

（3）装饰性能好。自然天成的生长轮和木射线形成的木质独有的纹理，加上其深浅不一的颜色，使木材具有独特高贵的装饰气质。

（4）可加工性能好。木材可以锯、刨、钉，易于加工成各种形状。

（5）不耐腐蚀、不抗蛀蚀、易变形、易燃烧、有木节和斜纹理等。需要进行防腐、阻燃、塑合等处理。

在装饰工程中木材可用于门窗、顶棚、护壁板、栏杆、龙骨等。

20. 人造板的品种、特性及应用各包括哪些内容?

答：为了节约资源，改善木材性能上的不足，同时提高木材的利用率和使用年限，将木材加工中的大量边角、碎屑刨花小块等再加工，生产各种人造板材已成为综合利用的重要途径之一。与锯材相比，人造板的优点是：幅面大、结构性好、施工方便、膨胀和收缩率低、尺寸稳定，材质较锯材均匀，不易变形开裂。人造板的缺点是：胶层会老化、长期承载力差，使用期限比锯材短得多，存在一定的有机物污染。

常用的板材有下列几种：

(1) 细木工板

细木工板又称大芯板，是中间为木板条拼接，两个表面胶粘一层或两层单片板而成的实心板材。由于中间为木条拼接有缝隙，因此可降低木材变形造成的影响。细木工板有较高的强度和硬度，质轻、耐久、易加工，适用于家具制造和建筑装饰装修，是一种极有发展前景的新型木材。

(2) 胶合板

胶合板是圆木按年轮旋切成薄片，经选切、干燥、涂胶后，按木材纹理综合交错，以奇数层数，经加压加工而成的人造板材。一般为3～13层，分别称为三合板、五合板等。由于胶合板的相邻木片的纤维互相垂直，在很大程度上克服了木材的各向异性的缺点，使之具有良好的物理力学性能。胶合板具有材质均匀、强度高、幅面大，兼有木纹真实、自然的特点，被广泛用作室内护壁板、门框、面板的装修及家具制作。

(3) 纤维板

纤维板是用木材碎料（甘蔗渣等植物纤维）作原料，经切削、软化、磨浆、施胶、成型、热压等工序制成的一种人造板材。纤维板材质均匀、各项强度一致，弯曲强度较大、耐磨、不腐朽、无木节、虫眼等缺陷，具有一定的绝缘性能。其缺点是背面有网纹，造成板材两面表面积不等，吸湿后因产生膨胀力差异使板材翘曲变形；硬质板材表面坚硬，钉钉困难，耐水性差。干法纤维板虽然避免了某些缺点，但成本较高。

硬质纤维板和中密度纤维板一般用作隔墙、地面、家具等。软质纤维板质轻多孔，为人造吸声材料，且不宜用在潮湿处，其表面粘贴塑料贴面或胶合板作饰面层后可作吊顶、隔墙、家具等。

21. 建筑装饰钢材有哪些种类？各自的特性是什么？在哪些场合使用？

答：钢材除具有品质均匀，性能可靠，强度高，抗拉、抗压、抗冲击和抗疲劳等特性外，还具有一定的塑性、韧性等优点，以及可焊接、铆接、螺栓连接、可切割和弯曲等易于加工的性能，工程中使用较多。但是钢材的防腐、防火性能差，如加热至670℃左右时，强度几乎丧失，所以，未经防锈、防火处理的钢构件要在进行处理后方可在特殊场合使用。建筑装饰用的型钢包括以下类型：

装饰工程常用的热轧型钢有 H 型、T 型、工字型、槽钢、L 型和管钢等，如图 1-1 所示。

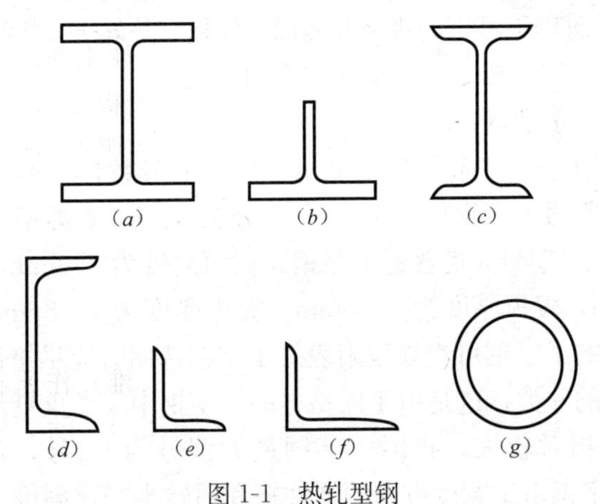

图 1-1　热轧型钢

(1) 热轧 H 型钢和 T 型钢

它们是近年来我国钢结构中广泛应用的热轧型钢之一，它的国家标准为《热轧 H 型钢和剖分 T 型钢》GB/T 11263—2010。H 型钢和剖分 T 型钢的截面形状与传统的工字钢、槽钢及角钢相比是更为合理的截面，在截面面积相同的条件下 H 截面钢所能提供的抵抗矩 W_x 要比工字型截面大 5%～10%，截面宽度方向的 I_y 要比工字型截面大 1～1.3 倍。且其内外表面平行，便于和其他构件连接，因此只需简单加工便可方便地用于柱、梁和屋架等构件。热轧 H 型钢分为宽翼缘、中翼缘和窄翼缘等三种，此外还有 H 型钢桩，其代号分别为 HW（英文 wide）、HM（英文 middle）、HN（英文 narrow）。对于宽翼缘 H 型钢 HW 翼缘的宽度 B 与其截面高度 H 一般相等，适用于制作柱；中翼缘宽度的 H 型钢 HM 截面宽度一般为截面高度的 1/2～2/3，适用于制作柱或梁；窄翼缘 H 型钢的截面宽度一般为截面高度的 1/2～1/2，适用于梁。T 型钢同样也分为宽翼缘、中翼缘和窄翼缘等三种，其代号分别为 TW、TM、TN 三类。H 型和 T 型结构钢规格标记均采用截面高度×截面宽度×腹板厚度 t_1×翼缘厚度 t_2。如 HW400×400×21×21 表示宽翼缘 H 型钢翼缘宽和截面高均为 400，腹板和翼缘厚度均为 21mm。用其剖分的 T 型钢为宽翼缘 TW200×400×21×21 型钢。热轧 H 型钢和 T 型钢的规格及截面特性按《热轧 H 型钢和部分 T 型钢》GB/T 11263—2010 的规定取用。

（2）工字型钢

工字钢型号用符号“I”表示，后面的号数代表截面高度的厘米数。普通工字钢同一号数中又分为 a、b、c 类型。如 I36a 工字钢表示 36 号 a 类普通工字钢，截面高度为 360mm，截面宽度 136mm，腹板厚度为 10.0mm，翼缘厚度为 15.8mm。同理，其他型号的工字钢可查规范附表。工字钢选用时应尽量选用腹板厚度最薄的 a 类，这是由于同型号的工字钢中 a 类重量最轻，截面惯性矩相对较大。我国工字钢最大型号为 63 号，长度 5～19m。工字钢由于宽度方向的惯性矩和回转半径比高度方向的小得多，因此，在选用时尽量让其在惯性矩和回转半径较大的方向承受弯矩作用。

（3）槽钢

槽钢型号用符号“[”及号数表示，号数代表截面高度的厘米数，14号以上的普通热轧槽钢分为a、b两类，24号以上的槽钢分为a、b、c类，其腹板厚度和翼缘宽度均分别依次递增2mm。热轧普通槽钢翼缘内表面是斜度为1/10斜面。它翼缘宽度比截面高度小很多，截面对弱轴垂直于翼缘的主轴惯性矩小，且弱轴方向不对称，槽钢的截面特性可查规范相关手册。热轧普通槽钢的型号以符号[截面高度×翼缘宽度×腹板厚度表示，其单位为mm，号数也表示截面高度的厘米数。如20a槽钢可用[200×73×7，则该20号槽钢截面高度为200mm，宽度为73mm，腹板厚度为7mm。我国槽钢最大型号为40号，长度5～19m。

（4）角钢

角钢是由两个互相垂直的肢热轧成直角形成的，分为两肢相同的等肢角钢和两肢不相同的不等肢角钢两大类。等角钢的代号为∟肢宽×肢厚，其单位为mm。不等肢角钢的代号为∟长肢宽×短肢宽×肢厚，单位为mm。∟70×6表示的是等肢角钢肢宽70mm，肢厚6mm；∟90×56×6表示的是不等肢角钢长肢宽度为90mm，短肢宽度为56mm，肢厚6mm。等肢角钢和不等肢角钢的截面特性可分别参见相关手册附表。

（5）管钢

管钢是现代钢结构中比较常见的型钢之一，工程中有着不可替代的作用。我国现阶段生产的管钢分为无缝钢管和焊接钢管两类。型号用“ϕ”和外径×壁厚的毫米数表示。如ϕ235×16为外径为235mm，壁厚为16mm的钢管。我国生产的最大无缝钢管为ϕ1016×120，最大焊接钢管为ϕ2540×65。

22. 铝合金装饰材料有哪些种类？各自的特性是什么？在哪些场合使用？

答：（1）铝合金分类及牌号

在铝中添加镁、锰、铜、硅、锌等合金元素形成的铝基合金称铝合金。铝合金既保持了铝的轻质特性，同时，机械性能明显提高，是典型的轻质高强材料，同时其耐腐性和低温冷脆性能得到大大改善。其主要缺点是弹性模量小、热膨胀系数大、耐热性低，焊接需要用惰性气体变化焊等焊接技术。

各种铝合金的牌号分别用汉语拼音字母和顺序号表示，顺序号不直接表示合金元素的含量。代表各种变形铝合金的汉语拼音字母如下：LF——防锈铝合金（简称防锈铝）；LY——硬铝合金（简称硬铝）；LC——超硬铝合金（简称超硬铝）；LD——锻铝合金（简称锻铝）；LT——特殊铝合金。

常用的防锈铝合金的牌号为：LF21、LF2、LF3、LF5、LF6、LF11 等。常用的硬铝合金有 11 个牌号，LY12 是硬铝的典型产品。常用的超硬铝有 8 各牌号，LC9 是该合金应用较早、较广的产品。锻铝的典型牌号为 LD30 和 LD31。

(2) 铝合金制品

建筑装饰工程中常用的铝合金制品有：铝合金门窗、铝合金装饰板及吊顶，铝及铝合金波纹板、压型板、冲孔平板以及铝箔等。它们具有承重、耐用、装饰、保温、隔热等优良性能。为节省篇幅这里不再一一介绍。

23. 不锈钢装饰材料有哪些种类？各自的特性是什么？在哪些场合使用？

答：当钢材中加入足够量的铬（Cr）元素时，就足以在钢的表面形成一层惰性的氧化铬膜，大大提高其耐腐蚀性，这就成为不锈钢。铬的含量越高，钢的抗腐蚀性能越好。不锈钢属于合金钢中的特殊性能钢。除铬以外，不锈钢中还含有镍、锰、钛、硅等元素，这些元素都会影响不锈钢的强度、塑性、韧性和耐腐性。建筑装饰工程中使用的不锈钢材料主要有不锈钢板、钢管和线材。其他新型不锈钢材料还有不锈钢厨卫设备、不锈钢五金配件。其表面可是无光泽的和高度抛光发亮的。如果通过化学浸渍处着色理。可得褐色、蓝色、黄色、绿色等各种彩色不锈钢，既保持了不锈钢原有的优良耐腐性能，又进一步提高了其装饰效果。

（1）不锈钢装饰板材

不锈钢装饰板材按其表面不同可以分为镜面板、磨砂板、喷砂板、蚀刻板、压花板和复合板（组合板）等。彩色不锈钢板是在不锈钢板上进行技术性和艺术性加工，使其表面成为具有各种绚丽色彩的不锈钢板，能满足各种装饰要求。

不锈钢板耐火、耐潮、耐腐蚀、不会变形和破碎，安装施工方便，是一种很好的装饰材料，特别是彩色不锈钢板，因其色彩绚丽、雍容华贵、彩色面层经久不褪色，色泽会随不同光照角度不同会产生色调变幻，常被用作高档装饰板材。不锈钢板可用于高级宾馆、饭店、舞厅、会议厅、展览馆、影剧院等墙面、柱面、顶棚面、造型面以及门面、门厅等的装饰。

（2）不锈钢管材

不锈钢管材分无缝管和焊接管两大类。按断面可分为圆管和异形管。广泛应用的是圆形管，但也有一些方形管、矩形管、半圆管、六角形管、等边三角形管、八角形管等异形管。不锈钢管材一般用于门窗配件、厨房设备、卫生间配件、高档家具、楼梯扶手、栏杆等。

（3）不锈钢线材

不锈钢线材主要有角形线和槽形线两类，具有高强、耐腐、表面光洁如镜、耐水、耐磨、耐气候变化等特点。不锈钢线材的装饰效果好，属于高档装饰材料，可用于各种装饰面的压边线、收口线、柱角压线等处。

24. 常用建筑陶瓷制品有哪些种类？各自的特性是什么？在哪些场合使用？

答：陶瓷制品按其烧结程度可分为陶质、瓷质、炻质（介于陶器和瓷器之间的一种陶瓷制品，如水缸等）三大类。建筑陶瓷制品最常用的有以下几种。

（1）陶瓷砖

陶瓷砖是用于建筑物墙面、地面的陶质、炻质和瓷质的饰面砖的总称。按表面特性分为有釉砖和无釉砖两种；按成型方法分为挤压法和干压法两种；按吸水率分为低吸水率砖、中吸水率砖和高吸水率砖。

地砖大多为低吸水率砖，主要特征是硬度大、耐磨性好、胎体较厚、强度较高、耐污染性好。主要品种有各类瓷质砖（施釉、不施釉、抛光、渗花砖等）、彩色釉面砖、红地砖、霹雳砖等。其中抛光砖是表面经过再加工的产品，装饰效果好，但耐污染性能差，因此，要选用经过表面处理的产品。其生产过程能耗高、粉尘和噪声污染严重，对土地和矿山开采会影响环境质量，不属于绿色产品。

建筑外墙砖通常要求采用吸水率小于10%的墙面砖。其表面分为无釉和有釉两种。吸水率小的可以不施釉、吸水率大的外墙砖施釉，其釉面多为亚光或无光。陶瓷外墙砖的主要品种为彩色釉面砖，选用时应根据室外气温的不同，选择不同吸水率的砖，如寒冷地区应选用低吸水率的砖。

陶质砖，主要用作卫生间、厨房、浴室等内墙的装饰与保护。陶质砖不适宜用于室外。

（2）陶瓷锦砖

陶瓷锦砖又称“马赛克”，分为有釉和无釉两种，系指边长不大于40mm、具有多种色彩和不同形状的小砖块镶拼组成花色图案的陶瓷制品，吸水率低。主要用于洁净车间、化验室、浴室等室内地面铺贴以及高级建筑物的外墙面装饰。

（3）琉璃制品

琉璃制品是覆有琉璃釉料的陶质器物。其常见的色彩有金黄蓝和青，主要产品有琉璃瓦、琉璃砖、琉璃兽、琉璃花窗和栏杆等。琉璃表面光滑、色彩绚丽、造型古朴、坚实耐久，富有民族特色，是我国传统的建筑装饰材料。

（4）卫生陶瓷

卫生陶瓷属细炻质制品，如洗面器、洗涤器、大便器、小便器、水箱、水槽等，主要用于浴室、盥洗室、厕所等处。

近年来墙面砖有出现了许多新产品，如渗水多孔砖、保温多孔砖、变色釉面砖、抗菌陶瓷砖和抗静电陶瓷砖。墙面砖选用时，除满足装饰效果外，尽量选择吸水率低，尺寸稳定性好的产品。

25. 普通平板玻璃的规格和技术要求有哪些?

答：建筑玻璃是以石英砂、纯碱、长石和石灰石等为主要原料，经熔融、成型、冷却固结而成的非结晶无机材料。其主要成分是二氧化硅（SiO_2，占70%左右）。为使玻璃具有某种特性或者改善玻璃的某些性质，常在玻璃原料中加入一些辅助原料，如助熔剂、着色剂、脱色剂、乳浊剂、澄清剂、发泡剂等。

按功能可将建筑用玻璃分为普通玻璃、吸热玻璃、防水玻璃、安全玻璃、装饰玻璃、漫射玻璃、镜面玻璃、热反射玻璃、低辐射玻璃、隔热玻璃等。

普通玻璃（原片玻璃）是一种未经进一步加工的钠钙硅酸盐质平板玻璃制品。其透光率在85%～90%，是建筑工程中用量最大的玻璃。

（1）普通平板玻璃的规格

引拉法玻璃有2mm、3mm、4mm、5mm、6mm五种。

浮法玻璃有3mm、4mm、5mm、6mm、8mm、10mm、12mm七种。

引拉法生产的玻璃其长宽比不得大于2.5，其中2mm、3mm厚的玻璃不得小于400mm×300mm；4mm、5mm、6mm厚的玻璃不得小于600mm×400mm；浮法玻璃尺寸一般不小于1000mm×1200mm，但不得大于2500mm×3000mm。

（2）普通玻璃的技术要求

透光率应满足《普通平板玻璃》GB 5871的规定。根据其外观质量如波筋、气泡、划伤、砂粒、疙瘩、线道和麻点将其划分为优等品、一等品、合格品三个级别。浮法玻璃按外观质量如光学变形、气泡、夹杂物、划伤、线道和雾斑将其划分为优等品、一等品、合格品三个级别。

普通平板玻璃采用木箱或集装箱（架）包装，在贮存运输时，必须箱盖向上，垂直立放并需注意防潮、防雨，存放在不结雾的房间内。

26. 安全玻璃、玻璃砖各有哪些主要特性？应用情况如何？

答：（1）安全玻璃

为减少玻璃脆性，提高其强度，通过对普通玻璃进行增强处理，或与其他材料复合，或采用加入特殊成分等方法来加以改性。经过增强改性后的玻璃称为安全玻璃，常用的安全玻璃有钢化玻璃（又称强化玻璃）、夹丝玻璃和夹层玻璃。

1）钢化玻璃。钢化玻璃分为物理钢化和化学钢化两种。钢化玻璃表面层产生残余压缩应力，而使玻璃的抗折强度、抗冲击性、热稳定性大幅度提高。物理钢化玻璃破碎时形成圆滑的微粒状，有利于人身安全，用于高层建筑的门窗、幕墙、隔墙、桌面玻璃、炉门上的观察窗以及汽车风挡、电视屏幕等。

2）夹丝玻璃。这类玻璃是将平板玻璃加热到红热状态，再将预热处理的金属丝压入玻璃中而制成。它的耐冲击性和耐热性好，除在外力作用和温度骤变时破而不散外，还具有防火、防盗性能。夹丝玻璃适用于公共建筑的阳台、楼梯、电梯间、走廊、厂房天窗和各种采光屋顶。

3）夹层玻璃。夹层玻璃系两片或多片玻璃之间夹透明塑料薄膜，经加热、加压粘合而成。夹层玻璃有3、5、7、9层。9层时成为防弹玻璃。它的抗冲击性能比平板玻璃高几倍，破碎时只产生辐射状裂纹而不分离成碎片，不致伤人。它还具有耐久、耐热、耐湿、耐寒和隔声性能好等特点，适用于有特殊要求的建筑物的门窗、隔墙、工业厂房的天窗和某些水下工程。

（2）玻璃砖

玻璃砖分为实心和空心两类。空心玻璃砖又分为单腔和双腔两种。玻璃砖的形状和尺寸有多种，砖的内外表面可制成光面和挖土花纹面，有无色透明和彩色的。形状有方形、矩形以及各种异形砖。玻璃砖具有透光不透视，保温隔声、密封性强，不透灰、不结漏，能短期隔断火焰、抗压耐磨、光洁明亮、图案精美、化学稳定性强等特点。可用于透光屋面、非承重外墙、内墙、门厅、通道等浴室等隔断。特别适用于宾馆、展览馆、体育馆等高级建筑。

27. 节能玻璃、装饰玻璃各有哪些主要特性？应用情况如何？

答：（1）节能玻璃

1）吸热玻璃。这种玻璃是能吸收大量红外线辐射能并保持较高可见光透射率的玻璃。可以通过在普通钠钙硅酸盐玻璃的原料中加入一定量有吸热性能的着色剂，如氧化铁、氧化钴以及硒等使其具有吸热的性能。还可以通过在平板玻璃表面喷镀一层或多层金属或金属氧化物镀膜制成。其颜色有灰色、茶色、蓝色、绿色、古铜色、青铜色、粉红色和金黄色等。它能吸收更多的太阳辐射热，具有防眩效果，而且可以吸收一定的紫外线。它广泛用于建筑门窗以及车、船挡风玻璃等，起隔热、防眩和装饰作用。

2）热反射玻璃。也称为镜面玻璃，具有较高的热反射能力而且又保持良好的透光性的平板玻璃。它通过热解、真空蒸镀和阴极溅射等方法，在玻璃表面涂以金、银、铝、铬、镍和铁等金属或金属氧化物薄膜，或采用电浮法等离子交换方法，以金属离子置换玻璃表面原有的离子而形成热反射膜。热反射玻璃有金色、茶色、灰色、紫色、褐色、青色、青铜色和浅蓝色等。热反射玻璃具有良好的隔热性能，它具有还具有单向透像的作用，白天能在室内看到室外景物，而室外却看不到室内的景物。它通常用于建筑物门窗、玻璃幕墙、汽车和轮船的玻璃。

3）中空玻璃。中空玻璃是将两片或多片玻璃相互间隔12mm镶于边框中，且四周加以密封，间隔空腔中充满干燥空气或惰性气体，也可在框底放干燥剂。为了获得更好的声控、光控和隔热效果，还可充以各种漫反射光线的材料、电介质等。中空玻璃可以选用不同规格的玻璃原片厚度为3mm、4mm、5mm、6mm，充气层厚度一般为6mm、9mm、12mm等。中空玻璃具有良好的绝热、隔声效果而且露点低、自重轻。适用于需要供暖、空调、防止噪声、防止结露以及需要无直射阳光和特殊光的建筑物，如住宅、办公楼、学校、医院、宾馆、恒湿恒温的实验室以及工厂的门窗、天窗和玻璃幕墙等。

（2）装饰玻璃

装饰玻璃是指用于建筑物表面装饰的玻璃制品，包括板材和砖材。主要有彩色玻璃、玻璃贴面砖、玻璃锦砖、压花玻璃、磨砂玻璃等。种类较多，为节省篇幅这里从略。

28. 内墙涂料的主要品种有哪些？它们各自有什么特性？用途如何？

答：内墙涂料可分为以下几类：

（1）水溶性内墙涂料

水溶性内墙涂料有聚乙烯醇水玻璃涂料（106涂料）及其改性聚乙烯醇甲醛水溶性涂料（803涂料），这类涂料的耐水、耐刷洗、附着力不好，涂膜经不起雨水冲刷和冷热交替，改性聚乙烯醇甲醛水溶性涂料中残留的游离甲醛对人体、环境和施工时的劳动保护都有不利影响。

（2）合成树脂乳液内墙涂料（乳胶漆）

常用的有苯丙乳胶漆、聚醋酸乙烯乳胶漆和氯偏共聚乳液等内墙涂料，涂膜具有耐水性、耐洗刷、耐腐蚀和耐久性好的特点，是一种中档内墙涂料。

（3）溶剂型内墙涂料

溶剂型内墙涂料主要品种有过氯乙烯墙面涂料、绿化橡胶墙面涂料、丙烯酸酯墙面涂料、聚氨酯系墙面涂料。其光洁度好、易于冲洗，耐久性好，但透气性差，墙面易结露，多用于厅堂、走廊等处。

（4）内墙粉末涂料

内墙粉末涂料是以水溶性树脂或有机胶粘剂为基料，配以适当的填充料等研磨加工而成。这种涂料具有不起壳、不掉粉、价格低、使用方便等特点。加入一些功能性组分如二氧化钛，海泡石等还可制成具有净化空气，调湿和抗菌功能的涂料。

（5）多彩内墙涂料

多彩内墙涂料是一种内墙、顶棚装饰涂料。按其介质可分为水包油型、油包水型、油包油型和水包水型四种。常用的是水包油型。多彩内墙涂料涂层色泽丰富、富有立体感，装饰效果好；涂膜质地厚，有弹性，类似壁纸，整体感好；耐油、耐水、耐腐蚀、耐洗刷、耐久性好；具有较好的透气性。

29. 外墙涂料的主要品种有哪些？它们各自有什么特性？用途如何？

答：（1）丙烯酸乳胶漆

丙烯酸乳胶漆是由甲基丙烯酸丁酯、丙烯酸丁酯、丙烯酸乙酯，经共聚而制得的纯丙烯酸系乳液等丙烯酸单体作为成膜物质，再加入填料、颜料及其他助剂而成。它具有优良的耐热性、耐候性、耐腐蚀性、耐污染性、附着力高，保色保光性好；但硬度、抗污性、耐溶剂性等方面不尽如人意。在设计工程中广泛使用，生产占有率占外墙涂料的85%以上。

（2）聚氨酯系列外墙涂料

这种涂料是以聚氨酯树脂或聚氨酯与其他树脂复合物为主要成膜物质的优质外墙涂料。这类涂料具有良好的耐酸性、耐水性、耐老化性、耐高温下，涂膜光洁度极好，呈瓷质感。

（3）彩色砂壁状外墙涂料

这种涂料简称彩砂涂料，是以合成树脂乳液为主制成的，可用不同的施工工艺做成仿大理石、仿花岗岩等。涂料具有丰富的色彩和质感，保色性、耐水性、耐候性好，使用寿命可达10年以上。

（4）水乳型合成树脂乳液外墙涂料

种类涂料是以合成树脂配以适量乳化剂、增稠剂和水通过高速搅拌分散而成的稳定乳液为主要成膜物质配制而成，主要有乙—丙酸乳胶、丙烯酸酯乳胶漆、乙丙酸乳液后抹涂料等。这类涂料施工方便，可以在潮湿的基层上施工，涂膜的透气性好，不易发生火灾，环境污染少，对人体毒性小。

（5）氟碳涂料

含有C—F键的涂料统称为氟碳涂料。这类涂料具有许多独特的性质，如超耐气候老化性、超耐化学腐蚀性，足以抵御褪色、起霜、龟裂、粉化、锈蚀和大气污染、环境破坏、化学侵蚀等作用。

30. 防水涂料分为哪些种类？它们各自具有哪些特点？

答：防水涂料按成膜物质的主要成分可分为沥青基防水涂料、高聚物改性沥青防水涂料、合成高分子防水涂料。按液态类型可分为溶剂型、水乳型和反应型三种。按涂层厚度又可分为薄质防水涂料、厚质防水涂料。

（1）沥青基防水涂料

沥青基防水涂料是以沥青为基料配制而成的水乳型溶剂型防水涂料。水乳型防水涂料是将石油沥青分散于水中所形成的水分散体。溶剂型沥青涂料是将石油沥青直接溶解于汽油等有机溶剂后制得的溶液。沥青基防水涂料适用于Ⅲ、Ⅳ级防水等级的工业与民用建筑的屋面、混凝土地下室及卫生间的防水工程。

（2）高聚物改性沥青防水涂料

高聚物改性沥青防水涂料是以沥青为基料，用合成高分子聚合物进行改性而制成的水乳型或溶剂型防水涂料。由于高聚物的改性作用，使得改性沥青防水涂料的柔韧性、抗裂性拉伸强度、耐高低温性能、使用寿命等方面优于沥青基防水涂料。常用品种有再生橡胶沥青防水涂料、氯丁橡胶沥青防水涂料、丁基橡胶沥青防水涂料等。高聚物改性沥青防水涂料适用于Ⅱ、Ⅲ、Ⅳ级防水等级的屋面、地面、混凝土地下室和卫生间等的防水工程。

（3）合成高分子防水涂料

合成高分子防水涂料是以合成橡胶或合成树脂为主要成膜物质，加入其他辅料而配成的单组分或多组分的防水涂料。这类涂料具有高弹性、高耐久性及优良的耐高低温性能，是目前常用的高低档防水涂料。常用品种有聚氨酯防水涂料、硅橡胶防水涂料、氯磺化聚乙烯橡胶防水涂料和丙烯酸酯防水涂料等。合成高分子防水涂料适用于Ⅰ、Ⅱ、Ⅲ级防水等级的屋面、地下室、水池和卫生间的防水工程。

防水涂料具有以下特点：

1）整体防水性好。能满足各类屋面、地面、墙面的防水工程要求。在基层表面形状复杂的情况下，如管道根部、阴阳角处等，涂刷防水涂料较易满足使用要求。

2）温度适应性强。因为防水涂料的品种多，养护选择余地大，可以满足不同地区气候环境的需要。

3）操作方便、施工速度快。涂料可喷可涂，节点处理简单，容易操作。可冷加工，不污染环境，比较安全。

4）易于维修。当屋面发生渗漏时，不必完全铲除旧防水层，只要在渗漏部位进行局部维修，或在原防水层上重做一次废水处理就可达到防水目的。

31. 地面涂料的主要品种有哪些？它们各自有什么特性？用途如何？

答：地面涂料主要有聚氨酯地面涂料、环氧树脂厚质地面涂料、环氧树脂自流平地面涂料、聚醋酸乙酯地面涂料、过氧乙烯地面涂料等品种。它们具有优良的耐磨性、耐碱性、耐水性和抗冲击性。地面涂料的主要功能是装饰与保护室内地面，使地面清洁美观、与室内墙面及其他装饰相适应。

32. 建筑装饰塑料制品的主要品种有哪些？它们各自有什么特性？各自的用途是什么？

答：建筑装饰塑料制品的主要品种主要包括如下几种：

（1）塑料壁纸和壁布

塑料壁纸和壁布是以一定材料为基材，在其表面涂塑后再经过印花、压花或发泡处理等多种工艺而制成的一种墙面、顶棚装饰材料。它的装饰效果好、性能优越，适合大规模生产，具有粘贴方便、使用寿命长、抗裂性能好、易于清洗、对酸碱有较强的抵抗能力等特点。

（2）塑料装饰板

塑料装饰板是以树脂材料为基材或浸渍材料，经一定工艺制成的有装饰功能的板材。装饰板具有轻质、高强、隔声、透光、防火、可弯曲、安装方便等特点，不仅可替代木材、钢材等，还可以改善建筑功能、美化环境，满足现代建筑装饰的需求。其使用寿命比油漆长 4～5 倍，保养简单、易于保洁、保护费用低。其生产工艺简单、加工成型方便，劳动生产率高，创造价值较大，一般包括硬质 PVC 装饰板、塑料贴面板、塑料金属复合板（钢塑复合板、铝塑复合板）等。

（3）塑料地板

塑料地板可以粘贴在如混凝土或木材等基层上，构成饰面层。它具有轻质、尺寸稳定、施工方便、经久耐用、脚感舒适、色泽艳丽美观、耐磨、耐油、耐腐蚀、防火、隔声及隔热等优点。

（4）树脂印花胶合板

树脂印花胶合板是使用合成树脂处理后的木质片材，表面印成木纹花纹，经浸渍树脂热压成型而成。其耐水防潮性、刚性、耐磨性能优良，比天然木地板具有更好的质感和外观，施工方便。

（5）塑料门窗型材

塑料门窗一般采用聚氯乙烯（PVC）塑料，它是在PVC塑料中空异形材内安装金属衬筋，采用热焊接和机械连接制成。塑钢门窗具有良好的隔热性、气密性、耐候性、耐腐蚀性，有明显的节能效果，而且不必油漆，可加工性能好。

33. 什么是建筑节能？建筑节能包括哪些内容？

答：建筑节能是指在建筑材料生产、屋面建筑和构筑物施工及使用过程中，合理使用能源，尽可能降低能耗的一系列活动过程的总称。建筑节能范围和技术内容非常广泛，主要范围包括：

（1）墙体、屋面、地面、隔热保温技术及产品。

（2）具有建筑节能效果的门、窗、幕墙、遮阳及其他附属部件。

（3）太阳能、地热（冷）或其他生物质能等在建筑节能工程中的应用技术及产品。

（4）提高采暖通风效能的节电体系与产品。

（5）供暖、通风与空调系统的冷热源处理。

（6）利用工业废物生产的节能建筑材料或部件。

（7）配电与照明、监测与控制节能技术及产品。

（8）其他建筑节能技术和产品等。

34. 常用建筑节能材料种类有哪些？它们的特点有哪些？

答：（1）建筑绝热材料

绝热材料（保温、隔热材料）是指对热流具有明显阻抗性的材料或材料复合体。绝热制品（保温、隔热制品）是指将绝热材料加工成至少有一个面与被覆盖表面形状一致的各种绝热制品。绝热材料包括岩棉及制品、矿渣面及其制品、玻璃棉及其制品、膨胀珍珠岩及其制品、膨胀蛭石及其制品、泡沫塑料、微孔硅酸钙制品、泡沫石棉、铝箔波形纸保温隔热板等。

绝热材料具有表观密度小、多孔、疏松、导热系数小的特点。

（2）建筑节能墙体材料

建筑节能墙体材料主要包括蒸压加气混凝土砌块、混凝土小型空心砌块、陶粒空心砌块、多孔砖、多功能复合材料墙体砌块等。

建筑节能墙体材料与传统墙体材料相比具有密度小、孔洞率高、自重轻、砌筑工效高、隔热保温性能好等。

（3）节能门窗和节能玻璃

目前我国市场的节能门窗有 PVC 门窗、流塑复合门窗、铝合金门窗、玻璃钢门窗。节能玻璃包括中空玻璃、真空玻璃和镀膜玻璃等。

节能门窗和节能玻璃的主要优点是隔热保温性能良好、密封性能好。

第三节 装饰工程识图

1. 房屋建筑施工图由哪些部分组成？它的作用包括哪些？

答：建筑施工图由以下几部分组成：

（1）建筑设计说明；

（2）各楼层平面布置图；

（3）屋面排水示意图、屋顶间平面布置图及屋面构造图；

（4）外纵墙面及山墙面示意图；

（5）内墙构造详图；

（6）楼梯间、电梯间构造详图；

（7）楼地面构造图；

（8）卫生间、盥洗室平面布置图、墙体及防水构造详图；

（9）消防系统图等。

建筑施工图的主要作用包括：

（1）确定建筑物在建设场地内的平面位置；

（2）确定各功能分区及其布置；

(3) 为项目报批、项目招投标提供基础性参考依据；
(4) 指导工程施工，为其他专业的施工提供前提和基础；
(5) 是项目结算的重要依据；
(6) 是项目后期维修保养的基础性参考依据。

2. 建筑施工图的图示方法及内容各有哪些?

答：建筑施工图的图示方法主要包括：
(1) 文字说明；
(2) 平面图；
(3) 立面图；
(4) 剖面图，有必要时加附透视图；
(5) 表列汇总等。
建筑施工图的图示内容主要包括：
(1) 房屋平面尺寸及其各功能分区的尺寸及面积；
(2) 各组成部分的详细构造要求；
(3) 各组成部分所用材料的限定；
(4) 建筑重要性分级及防火等级的确定；
(5) 协调结构、水、电、暖、卫和设备安装的有关规定等。

3. 装饰施工图的组成与作用各有哪些?

答：(1) 装饰施工图的组成
1) 图纸目录；
2) 装饰装修工艺说明；
3) 装饰平面布置图；
4) 地面铺装图
5) 顶棚平面图；
6) 装饰立面图；
7) 效果图；
8) 装饰详图（也称为大样图）；
9) 主材表。

(2) 装饰施工图的作用

1) 图纸目录的主要作用，一是显示该套图所包含的全部图纸和文字资料；二是显示各图纸所在的页次顺序；三是便于使用者快捷查找。

2) 装饰装修工艺说明用以表达图样中未能详细标明或图样不易标明的内容。

3) 装饰平面布置图主要作用是表明建筑室内外各种装饰布置的平面形状、位置、大小关系和所用材料；表明这些布置图与建筑结构主体之间，以及各种布置之间的相互关系等。

4) 地面铺装图主要是表明建筑室内外各种地面的造型、色彩、位置、大小、高度图案和地面所用材料；表明房间固定位置与建造主体结构之间，以及各种布置与地面之间、不同地面之间的相互关系。

5) 顶棚平面图主要作用是表明顶棚装饰的平面形式、尺寸和材料，以及灯具及其他室内顶部设施的位置和大小等。

6) 装饰立面图用于反映室内空间垂直方向的装饰设计形式、尺寸与做法、材料与色彩的选用等内容，是装饰工程中的主要图样之一，是确定墙面做法的主要依据。

7) 效果图则是从整体或局部以实物形式反映装饰装修设计和施工最终达到的效果图样。

8) 装饰详图也称为大样图，包括装饰构配件详图和装饰节点详图，其作用是把在平面布置图、地面铺装图、顶棚布置图、装饰立面图等图样中无法表示清楚的部分放大比例表示出来。

9) 主材表主要列举施工过程中用到的主要装饰装修材料的品种、规格、数量等，为施工组织与管理提供基础资料，为施工结算提供基础资料。

4. 建筑装饰施工图的图示特点有哪些?

答：(1) 按照国家有关现行制图标准，采用相应的材料图例，按照正投影原理绘制而成，必要时绘制所需的透视图、轴测图等。

(2) 它是建筑施工图的一种和重要组成部分，只是表达的重点内容与建筑施工图不同、要求也不同。它以建筑设计为基础，制图和识图上有自身的规律，如图样的组成、施工工艺及细部做法的表达方法与建筑施工图有所不同。

(3) 装饰施工图受业主的影响大。业主的使用要求是装饰设计的一个主要因素，尤其是在方案设计阶段。设计的超过最终要业主审查通过后才能进入施工程序。

(4) 装饰设计图具有易识别性。图纸面对广大用户和专业施工人员，为了明确反映设计内容，增加与用户的沟通效果，设计需要简单易识别性。

(5) 装饰设计涉及的范围广。装饰设计与建筑、结构、水电、暖、机械设备等都会发生联系，所以与施工和其他单位的项目管理也会发生联系，这就需要协调好各方关系。

(6) 装饰施工图详图多，必要时应提供材料样板。装饰设计具有鲜明的个性，设计施工图具有个案性，很多做法难以找到现成的节点图进行引用。详图很多。装饰装修施工用到的做法多、选材广，为了达到满意的效果需要材料供应商在设计阶段提供供材样板。

5. 建筑装饰平面布置图的图示方法及内容各有哪些?

答：(1) 图示方法

假想用一个水平的剖切平面，在略高于窗台的位置，将结果内外装修后的房屋整个剖开向下投影所得的图。它与建筑平面图相配合，建筑平面图上剖切的部分在装饰施工图上也会体现出来，在图上剖到部分用粗线表示、看到的用细线表示。省去建筑平面图上与装饰无关的或关系不大的内容。装饰图中门窗的平面形式主要用图例表示，其装饰应按比例和投影关系绘制，标明门窗是里装、外装还是中装等，并注明设计编号；垂直构件的装饰形式，可用中实线画出它们的外轮廓，如门窗套、包柱、壁饰、隔断等；墙柱的一般饰面则用细实线表示。各种室内陈设品可用图例表示。图例是简化的投影，一般按中实线画出，对于特征不明显的图例可以用文字注明。

(2) 图示内容

1) 建筑主体结构，如墙、柱、门窗、台阶等。

2) 各功能空间（如客厅、餐厅、卧室等）的家具的平面形状和位置，如沙发、茶几、餐桌、餐椅、酒柜、地柜、床、衣柜、梳妆台、床头柜、书柜、书桌等。

3) 厨房的橱柜、操作台、洗涤池等的形状和位置。

4) 卫生间的浴缸、大便器、洗手台等的形状和位置。

5) 家电的形状和位置。如空调、电冰箱、洗衣机等。

6) 隔断、绿化、装饰构件、装饰小品等的布置。

7) 标注建筑主体结构的开间和进深尺寸等尺寸、主要的装修尺寸。

8) 装修要求等文字说明。

9) 装饰视图符号。

6. 地面铺装图的图示方法及内容各有哪些?

答：(1) 图示方法

地面铺装图是在装饰平面布置图的基础上，把地面（包括楼面、台阶面、楼梯平台面等）装饰单独独立出来而绘制的详图。它是在室内不布置可移动的装饰因素（如家具、设备、盆栽等）的状况下，假想用一个水平的剖切平面，在略高于窗台的位置，将经过内外装修的房屋整个剖开，移去以上部分向下所做的水平投影图。

(2) 图示内容

1) 建筑平面布置图基本内容和尺寸。装饰地面布置图需要表达建筑平面图的有关内容。

2) 装饰结构的布置形式和位置。

3) 室内外地面的平面形状和位置。地面装饰的平面形式要求绘制准确、具体，按比例用细实线画出该形式的材料规格、铺式和构造分格线等，并标明其材料品种和工艺要求，必要时应填充恰当的图案和材质实景图表示。标明地面的具体标高和收口索引。

4）装饰结构与地面布置的尺寸标注。

5）必要的文字说明。为了使图面的表达更为详尽周到，必要的文字说明是不可缺少的，如房间的名称、饰面材料的规格品种颜色、工艺做法与要求、某些装饰构件与配套布置的名称等。

7. 顶棚平面图的图示方法及内容各有哪些?

答：（1）图示方法

顶棚平面图也称天花平面图，是采用镜像投影法，将地面视为截面，对镜中顶棚的形象作正投影而成。

（2）图示内容

1）表明墙柱和门窗洞口位置，是采用镜像投影法绘制的顶棚图。其图形上的前后、左右位置与装饰平面布置图完全一致，纵横轴线的排列也与之相同。但图示了墙柱断面和门窗洞口以后，仍要标注轴线尺寸、总尺寸。洞口尺寸和洞间墙尺寸可不必标出这些尺寸可对照装饰平面布置图阅读。定位轴线和编号也不必全部标出，只在平面图四角部分标出，能确定它与装饰平面图的对应位置就可以了。顶棚平面图一般不图示门扇及其开启方向线，只图示门窗过梁底面。为区别门洞与窗洞，窗扇用一条细虚线表示。

2）表示顶棚装饰造型的平面形式和尺寸，并通过附加文字说明其所用材料、色彩及工艺要求。顶棚的跌级变化应结合造型平面分区用标高来表示，所注标高是顶棚各构件地面的高度。

3）表明顶部灯具的种类、式样、规格、数量及布置形式及安装位置。顶棚平面图上的小型灯具按比例用一个细实线圆表示，大型灯具可按比例画出它的正投影外形轮廓，力求简明概括，并附加文字说明。

4）表明空调风口、顶部消防与音响设备等设施的布置形式与安装位置。

5）表明墙体顶部有关装饰配件（如窗帘盒、窗帘等）的形式与位置。

6）表明顶棚剖面构造详图的剖切位置及剖面构造详图的所在位置。

8. 装饰详图的图示内容及方法各有哪些？

答：（1）按照隶属关系分类的装饰详图

1）功能房间大样图。它以整体设计某一重要或有代表性的房间单独提取出来放大做设计图样，图示内容详尽。其内容包括该房间的平面综合布置图、顶棚综合图以及该房间的各立面图、效果图。

2）装饰构配件详图。装饰构配件种类很多，它包括各种室内配套设置体，还包括一些装饰构配件，如装饰门、门窗套、装饰隔断、花格、楼梯栏板（杆）等。

3）装饰节点图。它是将两个或多个装饰面的交汇点或构造的连接部位，按垂直和水平方向剖开，并以较大比例绘制出的详图，它是装饰工程中最基本和最具体的施工图，其中比例1∶1的详图又称为足尺图。

（2）按照详图的部位分类的装饰详图

1）地面构造详图。不同的地面（坪）图示方法不尽相同。一般若地面（坪）作有花饰图案时应绘出地面（坪）花饰平面图。对地面（坪）的构造则应用断面图表明，地面多层做法多用分层注释方法表明。

2）墙面构造装饰详图。一般就行软包装或硬包装的墙面绘制装饰详图，构造装饰详图通常包括墙体装饰立面图和墙体断面图。

3）隔断装饰详图。隔断的形式、风格及材料与做法种类繁多。可用整体效果的立面图、结构材料与做法的剖面图和节点立体图来表示。

4）吊顶装饰详图。室内吊顶也是装饰设计的主要内容，形式较多。一般吊顶装饰详图应包括吊顶平面格栅布置图和吊顶固定方式节点图等。

5）门窗装饰构造详图。在装饰设计中，门窗一般要进行成型装修或改造，其详图包括表示门、窗整体的立面图和表示具体材料、结构的节点断面图。

6）其他详图。例如门、窗及扶手、栏杆、栏板等这些构件平面上不宜表达清楚，需要将进一步表达的部位另画大样图，这就是建筑构建配件装饰大样图。高级装修中，还有一些装饰部件，如墙面顶棚的装饰浮雕、通风口的通风箆子，栏杆的图案构件及彩画装饰等，设计人员常用 1∶1 的比例画出它的实际尺寸图样，并在图中画出局部断面形式，以利于施工。

9. 建筑装饰平面布置施工图、地面铺装施工图的绘制包括哪些步骤？

答：（1）装饰平面图的绘制

1）选比例、定图幅。装饰施工图绘制的常用比例根据制图标准的规定确定；

2）画出建筑主体结构（如、墙、柱、门、窗等）的平面图，比例为 1∶50 或大于 1∶50 时，应用细实线画出墙身饰面材料轮廓线。

3）画出家具、厨房设备、卫生间洁具、电器设备、隔断、装饰构件等的位置。

4）标注尺寸、剖面符号、详图索引符号、图例名称、文字说明等。

5）画出地面构造的拼花图案、绿化等。

6）描粗整理图线。墙、柱用粗实线表示，门窗、楼梯用中粗先表示；装饰轮廓线如隔断、家具、洁具、电器等主要轮廓线用中实线表示；地面拼花等次要轮廓线用细实线表示。

（2）地面铺装图的绘制

1）选比例、定图幅。

2）画出建筑主体结构（如、墙、柱、门、窗等）的平面图和现场制作的固定家具、隔断、装饰构件等。

3）画出客厅、过道、餐厅、卧室、厨房、卫生间、阳台等的地面材料分格拼装线。

4）标注尺寸、剖面符号、详图索引符号、文字说明等。

10. 建筑顶棚平面图、装饰立面图的绘制包括哪些步骤?

答：（1）顶棚平面图的绘制

1）选比例、定图幅。

2）画出建筑主体结构的平面图，门窗洞一般不用画出，也可用虚线画出窗洞的位置。

3）画出顶棚的构造、灯饰及各种设施的轮廓线。

4）标注尺寸、剖面符号、详图索引符号、文字说明等。

5）描粗整理图线：墙、柱用粗实线表示；顶棚的藻井、灯饰等主要造型轮廓线用中实线表示，顶棚的装饰线、面板的拼装分隔等次要的轮廓线用细实线表示。

（2）装饰立面图的绘制

1）选比例、定图幅，画出地面、楼板及墙面两端的单位轴线等。

2）画出墙面的主要造型轮廓线。

3）画出墙面的次要轮廓线、标注尺寸、剖面符号、详图索引符号、文字说明等。

4）描粗整理图线：建筑主体结构的梁、板、墙用粗线表示；墙面的主要造型轮廓线用中粗线表示；次要的轮廓线如装饰线、浮雕图案等用细实线表示。

11. 建筑装修施工图识读的一般步骤与方法各是什么?

答：（1）装修施工图识读的一般方法

1）总览全局。先阅读装饰施工图的基本图样，建立建筑物及装饰的轮廓概念，然后再针对性地阅读详图。

2）循序渐进。根据投影关系、构造特点和图纸顺序，从前往后、从上往下、从左往右、从外向内、从小到大，由粗到细反复阅读。

3）相互对照。识读装饰施工图时，应当图样与说明对照看，基本图与详图对照看，必要时还要查阅建筑施工图、结构施工图、设备施工图，弄清相互对应关系与配合要求。

4）重点阅读。有重点的阅读施工图，掌握施工必需的信息。

（2）阅读装饰施工图的样板顺序

1）阅读图纸目录。根据目录对照检查全套图纸是否齐全，标准图是否配齐，图纸有无缺损。

2）阅读装饰装修施工工艺说明。了解本工程的名称、工程性质以及采用的材料和特殊要求等，对本工程有一个完整的概念。

3）通读图纸。对图纸进行初步阅读。读图时，按照先整体后局部，先文字后图样、先图形后尺寸的顺序进行。

4）精读图纸。在初读基础上，对图纸进行对照、详细阅读，对图样上的每个线面、每个尺寸都务必看懂，并掌握与其他图的关系。

第四节　建筑装饰施工技术

1. 内墙抹灰施工工艺包括哪些内容？

答：（1）施工工艺流程

基层处理→找规矩、弹线→做灰饼、冲筋→做阳角护角→抹底层灰→抹中层灰→抹窗台板、踢脚板（或墙裙）→抹面层灰→清理。

（2）施工要点

1）基层处理。清扫墙面上浮灰污物、检查门窗洞口位置尺寸、打凿补平墙面、浇水湿润基层。

2）找规矩、弹线。四角规方、横线找平、立线吊直，弹出准线、墙裙线、踢脚线。

3）做灰饼、冲筋。为控制抹灰层厚度和平整度，必须用与抹灰材料相同的砂浆先做出灰饼和冲筋。先用托线板检查墙面平整度和垂直度，大致决定抹灰厚度，再在墙的上角各做一个标准灰饼（遇有门窗口垛角处要补做灰饼），大小为 50mm 的见方然后根据这个灰饼用托线板或挂垂线作墙面下角的两个灰饼，厚度以垂线为准；再在灰饼左右两个墙缝里钉钉子，按灰饼厚度拴上小线挂通线，并沿小线每隔 1.2～1.5m 上下加若干个灰饼。待灰饼稍干后，在上下灰饼之间抹上宽约 100mm 的砂浆冲筋，用木杠刮平，厚度与灰饼相平，待稍干后可进行底层抹灰。

4）做阳角护角。室内墙面、柱面和门窗洞口的阳角护角，一般 1∶2 水泥砂浆做暗护角，其高度不应低于 2m，每侧宽度不应小于 50mm。

5）抹底层灰。冲筋有一定强度，洒水湿润墙面，然后在两筋之间用力抹上底灰，用木木子压实搓毛。底层灰应略低于冲筋，约为标筋厚度的 2/3，由上往下抹。若墙面基层为混凝土时，抹灰前应刮素水泥浆一道；在加气混凝土或粉煤灰砌块基层抹灰时应先刷 108 胶溶剂一道（108 胶∶水＝1∶5），抹混合砂浆时，应先刷 108 胶水泥浆一道，胶的掺量为水泥量的 10％～15％。

6）抹中层灰。中层灰应在底层灰干至 60％～70％后进行。抹灰厚度有垫平冲筋为准，并使其略高于冲筋，抹上砂浆后用木杠按标筋刮平，刮平后紧接着用木抹子搓压使表面平整密实。在墙的阴角处，先用方尺上下核对方正。在加气混凝土基层上抹底层灰的强度与加气混凝土的强度接近，中层灰的配合比也宜与底层灰的相同，底灰宜用粗砂，中层灰和面层灰宜用中砂。板条或钢丝网的缝隙中，各层分遍成活，每遍后 3～6mm，待前一遍 7～8 成干后抹第二遍灰。

7）抹窗台板、踢脚线（或墙裙）。应以 1∶3 水泥砂浆抹底灰，表面划毛，隔1天后用素水泥浆刷一道，再用1∶2水泥砂浆抹面，根据高度尺寸弹出上线，把八字靠尺靠在线上用铁抹子切齐，修编清理。

8）抹面层灰。俗称罩面。操作应以阳角开始，最好两人同时操作，一人在前面上灰，另一人紧跟在后找平整，并用铁抹子压实赶光，阴阳角处用阴阳角抹子捋光，并用毛刷子蘸水将门窗圆角等处清理干净。当面层不罩面抹灰，而采用刮大白腻子时，一般应在中层砂浆干透，表面坚硬呈灰白色，且没有水迹和潮湿痕迹，用铲刀刻划显白印时进行。面层挂大白腻子一般不少于两遍，总厚度1mm左右。操作时，使用钢片或胶皮刮板，每遍按同一方向往返刮。头遍腻子刮后，在基层已修补过的部位应进行复补找平，待腻子干后，用0号砂纸磨平，扫净浮灰；带头遍腻子干后，再进行第二遍，要求表面平整，纹理质感均匀一致。

9）清理。抹灰面层完工后，应注意对抹灰部分的保护，墙面上浮灰污物需用0号砂纸磨平，补抹腻子灰。

2. 外墙抹灰施工工艺包括哪些内容和步骤?

答：（1）施工工艺流程

基层清理→找规矩→做灰饼、冲筋→贴分格条→抹底灰→抹中层灰→抹面层灰→滴水线（滴水槽）→清理。

（2）施工要点

1）基层清理。清理墙面上浮灰污物。打凿补平墙面，浇水湿润基层。

2）找规矩。外墙抹灰和内墙抹灰一样要做灰饼和冲筋，但因外墙面从檐口到地面，整体抹灰面大，门窗、阳台、明柱、腰线等都要横平竖直，而抹灰操作则必须自上而下一步架一步架地涂抹。因此，外墙抹灰找规矩要找四个大角，先挂好垂直通线（多层及高层楼房应用钢丝线垂下），然后大致确定抹灰厚度。

3）在每步架大角两侧弹上控制线，再拉水平通线并弹水平线做灰饼，竖直每步架都做一个灰饼，然后再做冲筋。

4）贴分格条。为避免罩面砂浆收缩后产生裂缝，一般均须设分格线，粘贴分格条。粘贴分格条是在底层抹灰之后进行（底层灰用刮尺赶平）。暗影弹好的分格线和分格尺寸弹好分格线，水平分格条一般贴在水平线下边，水准分格条贴于垂直线的左侧。分格条使用前要用水浸透，以防止使用时变性。粘贴时，分格条两侧用抹成八字形的水泥浆固定。

5）抹灰（底层、中层、面层）。与内墙抹灰要求相同。

6）滴水线（槽）外墙抹灰时，在外窗台板、窗楣、雨篷、阳台、压顶及突出腰线等部位的上面必须做出流水坡度，下面应做滴水线或滴水槽。

7）清理。与内墙抹灰要求相同。

3. 木门窗安装施工工艺包括哪些内容？

答：木门窗安装施工工艺流程如下。

（1）安装工艺流程

放线→安框→填缝、抹面→门窗扇安装→安装五金配件。

（2）安装要点

门窗框的安装分为先立口和后塞口两种。

1）先立口就是先立好门窗框，再砌门窗框两边的墙。立框时应先在地面和砌好的墙上画出门窗框的中线及边线，然后按线把门窗框立上，用临时支撑撑牢，并校正门窗框的垂直和上下槛的水平。内门框应注意下槛“锯口”以下是否满足地面做法的厚度。立框时应注意门窗的开启方向和墙壁的抹灰厚度。立框要检查木砖的数量和位置，门窗框和木砖要钉牢，钉帽要砸扁，使之钉入口内，但不得有锤痕。

2）后塞口是在砌墙时留出门窗洞口，待结构完成后，再把门窗框塞入洞口固定。这种方法施工方便，工序无交叉，门窗框不易变形走动。采用后塞法施工时，门窗洞口尺寸每边要比门框尺寸每边大20mm。门窗框塞入后，先用木楔临时固定，靠、吊校正无误后，用钉子将门窗框固定在洞口预留木砖上。门窗框与洞口之间的缝隙用1∶3水泥砂浆塞严。

3）门窗扇的安装

门窗扇安装前，应先检查门窗框是否偏斜，门窗扇是否扭曲。安装时先要量出门窗洞口尺寸，根据其大小修刨门窗扇，扇两边同时修刨，门窗冒头先刨平下冒头，以此为准再修刨上冒头，修刨时注意风缝大小，一般门窗扇的对口处及扇与框之间的风缝需留2mm左右。门窗扇的安装，应使冒头、窗芯呈水平，双扇门窗的冒头要对齐，开关灵活，不能有自开自关的现象。

4）安装门扇五金

按扇高的1/8～1/10（一般上留扇高1/10，下留扇高的1/8）在框上根据合页的大小画线，剔除合页槽，槽底要平，槽深要与合页后相适应，门插销应装在门拉手下面。安装窗钩的位置，应使开启后窗扇距墙20mm为宜。

门窗安装的允许偏差和留缝宽度应符合有关技术规程的要求。

4. 铝合金门窗安装施工工艺包括哪些内容?

答：铝合金门窗安装入洞口应横平竖直，外框与洞口弹性连接牢固，不得将门窗外框直接埋入墙体。

（1）安装工艺流程

放线→安框→填缝、抹面→门窗扇安装→安装五金配件。

（2）安装要点

铝合金门窗安装必须先预留洞口，严禁采取边安装边砌墙或先安装后砌墙的施工方法。

1）放线。按设计要求在门窗洞口弹出门窗位置线，并注意同一立面的窗在水平及竖直方向做到整齐一致，还要注意室内地面的标高。地弹簧的表面，应该与室内地面标高一致。

2）安框。在安装制作好的铝合金门窗框时，吊垂线后要卡方。待两条对角线的长度相等，表面垂直后，将框临时固定，待检查立面垂直、左右、上下位置符合要求后，再把镀锌锚固板固定在结构上。镀锌锚固板是铝合金门窗固定的连接件。它的一端固定在门窗框上的外侧，另一端固定在密实的基层上。门窗框的固定可以采用焊接、膨胀螺栓连接或射钉等方式，但砖墙严禁用射钉固定。

3）填缝、抹面。铝合金门窗框在填缝前，经过平整、垂直度等的安装质量复查后，再将框四周清扫干净，洒水湿润基层。对于较宽的窗框，仅靠内外挤灰挤进去一部分灰是不能填饱满的，应专门进行填缝。填缝所用的材料，原则上按设计要求选用。但不论采用何种材料，均应达到密实、防水的目的。铝合金门窗框四周用的灰砂浆达到一定强度后（一般需要 24 h），才能轻轻取下框旁的木楔，继续补灰，然后才能抹面层、压平抹光。

4）门窗栓安装：

① 铝合金门窗扇安装，应在室内外装饰基本完成后进行。

② 推拉门窗扇的安装。将配好的门窗栓分内扇和外扇，先将外扇插入上滑道的外槽内，自然下落于下滑道的外滑道内，然后再用同样的方法安装内扇。

③ 对于可调导向轮，应在门窗栓安装之后调整导向轮，调解门窗扇在滑道上的高度，并使门窗扇与边框间平行。

④ 平行门窗扇安装。应先把合页按要求位置固定在铝合金门窗框上，然后将门窗扇嵌入框内临时固定，调整合适后，再将门窗扇固定在合页上，必须保证上、下两个转动部分在同一个轴线上。

⑤ 地弹簧门窗扇安装。应先将地弹簧门主机埋设在地面上并浇筑混凝土使其固定。主机轴应与中横档上的顶轴在同一垂线上，主机表面与地面齐平，待混凝土达到设计强度后，调节上门顶轴将门扇安装，最后调整门扇间隙及门扇开启速度。

5）安装五金配件。五金件装配的原则是：要有足够的强度、位置正确，满足各项功能以及便于更换，五金件的安装位置必须严格按照标准执行。

5. 塑钢彩板门窗安装施工工艺包括哪些内容?

答：(1) 安装工艺流程

画线定位→塑钢门窗披水安装→防腐处理→塑钢门窗安装→嵌门窗四缝→门窗扇及玻璃的安装→安装五金配件。

(2) 安装要点

1) 画线定位

① 根据设计图纸中门窗的安装位置、尺寸和标高，依据门窗中线向两边量出门窗边线。多层或高层建筑时，以顶层门框边线为准，用线坠或经纬仪将门窗框边线下引，并在各层门窗口处画线标记，对个别不直的边应剔凿处理。

② 门窗的水平位置应以楼层室内+50cm 的水平线为准向上量出窗下皮标高，弹线找直，每一层必须保持窗下皮标高一致。

2) 塑钢门窗披水安装

按施工图纸要求将披水固定在塑钢门窗上，且要保证位置准确、安装牢固。

3) 防腐处理

① 门窗框四周外表面的防腐处理设计有要求时，按设计要求处理。如果设计没有要求时，可涂刷防腐涂料或粘贴塑料薄膜进行保护，以免水泥砂浆直接与塑钢门窗表面接触，产生电化反应，腐蚀塑钢门窗。

② 安装塑钢门窗时，如果采用连接铁件固定，则连接铁件，固定件等安装用金属零件最好用不锈钢，否则，必须采取防腐处理，以免产生电化反应，腐蚀塑钢门窗。

4) 塑钢门窗安装

根据画好的门窗定位线，安装塑钢门窗框。并及时调整好门框水平、垂直及对角线长度等符合质量标准，然后用木楔临时固定。

5) 塑钢门窗固定

① 当墙体上有预埋铁件时，可直接把塑钢门窗的铁脚直接

与墙体上的预埋件焊牢。

② 当墙体上没有预埋铁件时，可用射钉将塑钢门窗上的铁脚固定在墙体上。

③ 当墙体上没有预埋铁件时，也可将金属膨胀螺栓或塑料膨胀螺栓用射钉枪把塑钢门窗上的铁脚固定在墙体上。

④ 当墙体上没有预埋铁件时，也可用电钻在墙上打 80mm 深、直径为 6mm 的孔，用直径 6mm 的钢筋，在长的一端粘涂 108 胶，然后打入孔中。待 108 胶水泥浆终凝后，再将塑钢门窗的铁脚与预埋的直径 6mm 的钢筋焊牢。

6）门窗框与墙体间缝隙的处理

① 塑钢门窗安装固定后，应先进行隐蔽工程验收，合格后及时按设计要求处理门窗框与墙体之间的缝隙。

② 如果设计未要求时，可采用矿棉或玻璃棉毡条分层填塞缝隙，外表面留 5～8mm 深槽口填嵌嵌缝油膏，或在门框四周外表面进行防腐处理后，嵌填水泥砂浆或细石混凝土。

7）门窗扇及玻璃的安装

① 门窗框及玻璃应在洞口墙体表面装饰完成后安装。

② 推拉门窗在门窗框安装固定后，将配好玻璃的门窗扇整体安入框内滑道，调整好框与扇的间隙即可。

③ 平开门窗在框与扇格架组装上墙、安装固定好后再安玻璃，即先调好框与扇的间隙，再将玻璃安入扇并调整好位置，最终镶嵌密封条，填嵌密封胶。

④ 地弹簧门应在门框及地弹簧主机入地固定后再安门扇。先将玻璃嵌入扇格玻璃架并一起入框就位，调整好框扇缝隙，最后填嵌门窗四周的密封条及密封胶。

8）安装五金配件

五金配件与门框连接需要用镀锌螺钉。安装的五金配件应结实牢靠，使用灵活。

6. 玻璃地弹门安装施工工艺包括哪些内容?

答：(1) 安装工艺

画线定位→倒角处理→固定钢化玻璃→注玻璃胶封口→活动玻璃门扇安装→清理。

(2) 安装要点

1) 画线定位

根据设计图纸中门窗的安装位置、尺寸和标高，依据门窗中线向两边量出门窗边线。多层或高层建筑时，以顶层门框边线为准，用线锤或经纬仪将门窗框边线下引，并在各层门窗口处画线标记，对个别不直的边应剔凿处理。

2) 倒角处理

用玻璃磨边机给玻璃边缘打磨。

3) 固定钢化玻璃

用玻璃吸盘器把玻璃吸紧，然后手握吸盘器把玻璃板抬起，抬起时应有 2～3 人同时进行。抬起后的玻璃板，应先入门框顶部的限位槽内，然后放到底托上，并对好安装位置，使玻璃板的边部正好封住侧框柱的不锈钢饰面对缝口。

4) 注玻璃胶封口

注玻璃胶的封口，应从缝隙的端头开始。操作的要领是握紧压柄用力要均匀，同时顺着缝隙移动的速度也要均匀，即随着玻璃胶的挤出，匀速移动注口，使玻璃胶在缝隙处形成一条表面均匀的直线。最后用塑料胶片割去多余的玻璃胶，并用干净布擦去胶迹。

5) 玻璃板之间的对接

玻璃对接时，对接缝应留 2～3mm 的距离，玻璃边须倒角。两块相连的玻璃定位并固定后，用玻璃胶注入缝隙中，注满之后用塑料片在玻璃的两面割去多余的玻璃胶，用干净布擦去胶迹。

6) 活动玻璃门扇安装

活动玻璃门扇的结构没有门扇框。活动门扇的开闭是用地弹簧来实现，地弹簧与门扇的金属上下横档铰接。地弹簧的安装方法与铝合金门相同。

① 地弹簧转轴与定位销的中线必须在一条垂直线上。测量是否同轴线的方法可用垂线法。

② 在门扇的上下横档内侧划线，并按线固定转动轴销的销孔板和地弹簧的转动轴连接板，安装时可参考地弹簧所附的说明。

③ 钢化玻璃应倒角处理，并打好安装门把手的孔洞，通常在买钢化玻璃时，就要求加工好。注意钢化玻璃的高度尺寸，应包括插入上下横档的安装部分。通常钢化玻璃的裁切尺寸，应小于测量尺寸 5mm 左右，以便进行调节。

④ 把上下横档分别装在玻璃地弹门扇上下边，并进行门扇高度的测量。如果门扇高度不够，可向上下横档内的玻璃底下垫木夹板条，如果门扇高度超过安装尺寸，则需请专业玻璃工裁去玻璃地弹簧门扇的多余部分。

⑤ 在定好高度之后，进行固定上下横档操作。在钢化玻璃与金属横档内的两侧空隙处，两边同时插入小木条，并轻轻敲入其中，然后在小木条、钢化玻璃横档之间的缝隙中注入玻璃胶。

⑥ 门扇定位安装。门扇下横档内的转动销连接件的孔位必须对准套入地弹簧的转动销轴上，门框横梁上定位销必须插入门扇上横档转动销连接件孔内 15mm 左右。

⑦ 安装玻璃门拉手应注意。拉手的连接部位，插入玻璃门拉手孔时不能太紧，应略有松动。如果过松可以在插入部分裹上软质胶带。安装前在拉手插入玻璃的部分涂少许玻璃胶。拉手组装时，其根部与玻璃贴靠紧密后，再上紧固定螺钉，以保证拉手没有丝毫松动现象。

7. 整体楼地面施工工艺包括哪些内容？

答：(1) 安装工艺流程

基层处理→弹线、找规矩→铺设水泥砂浆面层→养护。

（2）施工要点

1）基层处理。对于表面较光滑的基层应进行凿毛，并用清水冲洗干净，冲洗后的基层不要上人。在现浇混凝土或水泥砂浆垫层、找平层上做水泥砂浆面层时，垫层强度达到1.2MPa，才能铺设面层。

2）弹线、找规矩。地面抹灰前，应先在四周墙上弹出50线作为水平基准线。

3）根据50线在地面四周做灰饼，并用类似于墙面抹灰的方法拉线打中间灰饼，并做好地面标筋，纵横标筋的间距为1500～2000mm，在有坡度要求的地面找好坡度；有地漏的房间，要在地漏四周做好坡度不小于5%的泛水。对于面积较大的地面，用水准仪测出面层的平均厚度，然后边测标高边做灰饼。

4）铺设水泥砂浆面层。面层水泥砂浆的配合比应符合设计要求，一般不低于1∶2，水灰比为1∶0.3～0.4，其稠度不大于3.5cm，面层厚度不小于20mm。水泥砂浆要搅拌均匀，颜色一致。铺设前，先将基层浇水湿润，第二次先刷一道水灰比0.4～0.5的素水泥砂浆结合层，并随刷随抹，操作时先在标筋之间均匀铺上砂浆，比标筋面略高，然后用刮尺以标筋为准刮平、拍实。待表面水分稍干后，用木模子打磨，将沙眼、凹坑、脚印打磨掉，随后用纯水泥砂浆均匀涂抹在面上，用铁抹子磨光，把抹纹、细孔等压平、压实。面层与基层结合要求牢固，无空鼓、裂纹、脱皮、麻面、起砂等缺陷，表面不得有泛水和积水。

5）养护。水泥砂浆面层施工完毕后，要及时进行浇水养护，必要时可蓄水养护，养护时间不得少于7d，强度等级不应低于15MPa。

8. 现浇水磨石地面的施工工艺包含哪些内容？

答：（1）施工工艺流程

基层处理（抹找平层）→弹线找规矩→设置分格缝、分格条→铺抹面层石粒→养护→磨光→涂刷草酸出光→打蜡抛光。

(2) 施工要点

1) 基层处理以及抹找平层、弹线找规矩同水泥砂浆地面的做法。找平层要避免平整、密实，并保持粗糙。找平层完成后，第二天应浇水养护至少 1d。

2) 设置并嵌固分隔条。现在找平层上按设计要求纵横垂直水平线或图案分格墨线，然后按墨线固定铜条或玻璃嵌条，用纯水泥砂浆在分格条下部，抹成八字通长座嵌牢固（与找平层成45°角），粘嵌高度略大于分格条高度的一半，纯水泥砂浆的涂膜高度比分格条低 4~6mm。分格条镶嵌牢固、接头严密、顶面平整一致，分格条镶嵌完成后应进行养护，时间不得少于 2d。

3) 铺抹面层石粒浆。铺水泥石子浆前一天，洒水将基层充分湿润。在涂刷素水泥浆结合层前，应将分格条内的积水和浮砂清理干净，接着刷水泥浆一遍，水泥品种与石子浆的品种一致。随即将水泥石子浆先铺在分格条旁边，将分格条边约 100mm 内水泥石子浆轻轻抹平压实（石子浆配合比一般为 1：2.5 或 1：1.5），不应用靠尺刮。面层应比分格条高 5mm，如局部石子浆过后，应用铁抹（灰匙）挖去，再将石子浆刮平压实，达到表面平整、石子（石粒）分布均匀。

石子浆面至少要两次用毛刷（横刷）粘拉开浆面（开面），检查石粒均匀（若过于稀疏要补上石子）后，再用铁抹子抹平压实，至泛浆为止。要求将波纹压平，分格条顶面上的石子应清除掉。在同一平面上有几种颜色图案时，应先做深色，后做浅色。待前一种色浆凝固后，再抹后一种色浆。两种颜色的色浆不应同时铺抹，以免做成串色，界限不清。间隔时间不宜过长，一般可隔日铺抹。

4) 养护。石子浆铺抹完成后，次日起浇水养护，并设警戒线严防行人踩踏。

5) 磨光。大面积施工宜用机械磨石机研磨，小面积、边角处可用小型手提磨石机研磨，对于局部无法使用机械研磨的地方，可用手工研磨。开模前应试磨，若试磨后石粒不松动，即可开磨。磨光可采用“两浆三磨”的方法进行，即整个磨光过程分为磨光三遍，补浆两次。要求磨至石子料显露，表面平整光洁，无砂眼细孔为止。

6）涂刷草酸出光。对研磨完成的水磨石面层，经检查达到平整度、光滑度的要求后，即可进行涂刷草酸出光工序。

7）打蜡抛光。按蜡：煤油=1：4 的比例加热融化，掺入松香水适量，调成稀糊状，用布将蜡薄薄地均匀涂刷在水磨石上。待蜡干后，把包有麻布的木板块装在磨石机的磨盘上进行磨光，直到水磨石表面光滑洁亮为止。

9. 陶瓷地砖楼地面铺设施工工艺包括哪些内容?

答：（1）施工工艺流程

基层处理（抹找平层）→弹线、找规矩→做灰饼、冲筋→试拼→铺贴地砖→压平、拔缝→铺贴踢脚线。

（2）施工要点

1）基层处理要点同砂浆楼地面的做法。

2）弹线找规矩根据设计确定的地面标高进行抄平、弹线，在四周墙上弹 50 线。

3）做灰饼、冲筋。根据中心点在地面四周每隔 1500mm 左右拉相互垂直的纵横十字线数条，并用半硬性水泥砂浆按 1500mm 左右做一个灰饼，灰饼高度必须与找平层在同一水平面纵横灰饼相连成标筋，作为铺贴地砖的依据。

4）试拼。铺贴前根据分格线确定地砖的铺贴顺序和标准块的位置，并进行试拼，检查图案、颜色及纹理的方向及效果，试拼后按顺序排列，编号，浸水备用。

5）铺贴地砖。根据地砖尺寸的大小分湿贴法和干贴法两种。

① 湿贴法。主要用于小尺寸地砖（常用于 400mm×400mm 以下）的铺贴。它是用 1：2 水泥砂浆摊铺在地砖背面，将其镶铺在找平层上。同时用橡胶锤轻轻敲击砖表面，使其与地面粘贴牢靠，以防止出现空鼓和裂缝。铺贴时，如果室内地面的整体水

平标高相差 40mm，需用 1∶2 的半硬性水泥砂浆铺找平层，边铺边用木方刮平、拍实，以保证地面的平整度，然后按地面纵横十字标筋在找平层上通铺一行地砖作为基准板，再沿基准板的两边进行大面积的铺贴。

② 干贴法。此方法主要适用于大尺寸地砖（500mm×500mm 以上）的铺贴。首先在地面用 1∶3 的干硬性水泥砂浆铺一层厚度 20～50mm 的垫层，干硬性水泥砂浆的密度大、收缩性小，以手捏成团、松手即散为好。找平层的砂浆应采用虚铺方式，即把干硬性水泥砂浆均匀铺在地面上，不可压实，然后将纯水泥砂浆刮在地砖背面，按地面十字筋通铺一行地砖于水泥砂浆上作为基准板，再沿基准板的临边进行大面积铺贴。

6）压平、拔缝。镶贴时，要边铺边用水平尺检查地砖的平整度，同时拉线检查缝格的平直度，如超出规定，应立即修整，将缝拔直，并用橡皮锤拍实，使纵横线之间的宽窄一致、笔直通顺，板面也应平整一致。

7）镶贴踢脚线。待地砖完全凝固硬化后，可在墙面与地砖交接处安装踢脚板。踢脚板一般采用与地面块材同品质、同颜色的材料。踢脚板的立缝应与地面缝对齐，厚度和高度应符合设计要求。铺完砖 24h 后洒水养护，时间不少于 7d。

10. 石材地面铺设施工工艺包括哪些内容？

答：(1) 施工工艺流程

基层处理→弹线、找规矩→做灰饼、冲筋→选板试拼→铺板→抹缝→打蜡→养护。

(2) 施工要点

1）基层处理、弹线找规矩、做灰饼、冲筋找平等做法与地砖楼面铺设方法相同。

2）选板试拼。铺设前应根据施工大样图进行选板、试拼、编号，以保证板与板之间的色彩、纹理协调自然。按编号顺序在石材的正面、背面以及四条侧边，同时涂刷保新剂，防止污渍、油污浸入石材内部，而使石材持久地保持光洁。

3）铺板。先铺找平层，根据地面标筋铺设找平层，找平层起到控制标高和粘结面层的作用。按设计要求用1∶1～1∶3干硬性水泥砂浆，在地面均匀铺一层厚度为20～50mm的干硬性水泥砂浆。因石材的厚度不均匀，在处理找平层时可把干硬性水泥砂浆的厚度适当增加，但不可压实。在找平层上拉线，随线铺设一行基准板，再从基准板的两边进行大面积的铺贴。铺装方法是将素水泥浆均匀地刮在选好的石板背面，随即将石材镶铺在找平层上，边铺边用水平尺检查石材平整度，同时调整石材间的间隙，并用橡胶锤敲击石材表面，使其与结合层粘结牢靠。

4）抹缝。铺装完毕后，用面纱将板面上的灰浆擦拭干净，并养护1～2d，进行踢脚板的安装，然后用与石材颜色相同的勾缝剂进行抹缝处理。

5）打蜡、养护。最后用草酸清洗板面，再打蜡、抛光。

11. 木地面铺设施工工艺包括哪些内容?

答：工程中木地板施工常用的方法分为实铺式，实铺式木地板施工又有搁栅式与粘贴式两种。

（1）施工工艺流程

1）搁栅式。基层清理→弹线定位→安装木搁栅→铺毛地板→铺面层地板→打磨→安装踢脚板→油漆→打蜡。

2）实贴式。清理基层→弹线→刷胶粘剂→铺贴地板→打磨→安装踢脚板→油漆→打蜡。

（2）施工要点

1）搁栅式

① 基层清理。将基层清理干净，并做好防潮、防腐处理。

② 弹线。先在地面按设计规定弹出木搁栅龙骨的位置线，在墙面上弹出50标高线。

③ 安装木搁栅。将木搁栅按位置线固定铺设在地面上，在安装搁栅过程中，边紧固边调整找平。找平后的木搁栅用斜钉和

垫木钉牢。木搁栅与地面间隙用干硬性水泥砂浆找平，与搁栅接触处做防腐处理。在集体装修中木搁栅可采用30mm×40mm木方，间距为400mm。为增强整体性，搁栅之间应设横撑，间距为1200～1500mm。为提高减振性和整体弹性，还可以加设橡胶垫。为改善吸声和保湿效果，可在龙骨下的空隙内填充一些轻质材料。

④ 铺毛地板。在木搁栅顶面上弹出300mm或400mm的铺钉线，将毛地板条逐块用扁钉钉牢，错缝铺钉在木搁栅上。铺钉好的毛地板要检查其表面的水平度和平整度，不平处可以刨削平整。毛地板也可用整张的细木工板或中密度板。采用整张毛板时，应在板上开槽，槽深度为板厚的1/3，方向与搁栅垂直，间距200mm左右。

⑤ 铺面层地板。将毛地板清扫干净，在表面弹出条形地板铺钉线。一般由中间向外边铺钉，线按线铺钉一块合格后逐渐展开。板条之间要靠紧，接头要错开，应在凸榫边用扁头钉斜向钉入板内，靠边留10～20mm空隙。铺完后要检查水平度与平整度，用平刨子或机械刨刨光。刨削时要避免产生划痕，最后用磨光机磨光。如使用已涂饰的木地板，铺钉完即可。

⑥ 装踢脚线。在墙面和地面弹出踢脚板高度、厚度线，将踢脚板钉在墙内木砖或木楔上。踢脚板接头锯成45°斜口搭接。

⑦ 油漆、打蜡。对于原木地板还需要刮腻子、打脚、涂刷、打蜡、磨光等表面处理。

2）实铺式

① 清理基层。先清理地面浮灰、杂质等。地面含水率不得大于16%，水平面误差不大于4mm；不允许有空鼓、起砂，不符合要求时需进行局部修正或刮水泥胶浆。

② 弹线。中心线与之相交的十字线应分别引入各房间作为控制要点；中心线和相交的十字形必须垂直，控制线须平行中心线或十字线；控制线的数量应根据空间大小、铺贴人员水平高低来确定，中心线应在试铺的情况下统筹各铺贴房间的几何尺寸后

确定。

③ 刷胶粘剂。在清洁的地面上用锯齿形的刮板均匀刮一遍胶，面积为 $1m^2$ 以内，然后用铲刀涂胶在木地板粘接面上，特别是凹槽内上胶要饱满，胶的厚度要控制在1～1.2mm。

④ 铺贴。按图案要求进行铺贴，并需用力挤出多余胶液，板面上胶液应及时清理干净。隔天铺贴的交接面上的胶须当天清理，以保证隔天交接面严密。

⑤ 打磨。待地板固化后（固化时间为24～72h），刨去地板高出部分，然后进行打磨，并用2m直尺检查平整度。控制要求：平整度2mm（2m），无刨痕、毛刺，表面光洁。

⑥ 踢脚板安装。与搁栅式的相同。

⑦ 油漆、打蜡。与搁栅式的相同。

12. 竹面层地面施工工艺包括哪些内容？

答：(1) 施工工艺流程

基层清理→弹线→安装木搁栅→铺毛地板→刨平磨光→油漆→打蜡。

(2) 施工要点

1) 基层处理、弹线安装木搁栅以及铺毛地板与搁栅式木地板相同。

2) 铺竹地板。从墙的一边开始铺钉企口竹地板，靠墙的一块板应离开墙面10mm左右，以后逐块排紧。钉法采用斜钉，竹地板面层的接头应按设计要求留置。不符合模数的板块，其不足部分在现场根据实际尺寸将板块切割后镶补，并用胶粘剂加强固定。铺竹地板时应从房间内退着向外铺设。

3) 刨平磨光。需要刨平磨光的底板应先粗刨后细刨，使面层完全平整后用砂带机磨光。

4) 油漆、打蜡。清理灰尘以及残渣后，油漆、打蜡与木地板相同。

13. 木龙骨吊顶施工工艺包括哪些内容?

答：(1) 工艺流程

弹线→木龙骨处理→龙骨架拼装→安装吊点紧固件→龙骨架吊装→面板安装→压条安装。

(2) 施工要点

1) 弹线。包括弹吊顶标高线。吊顶造型位置线、吊挂点位置线、大中型灯具吊点定位线。

2) 木龙骨处理。①防腐处理。建筑装饰工程中所用的木质龙骨材料，应按规定选材并实施在构造上的防潮处理，同时，也应涂刷防虫药剂。②防火处理。一般是将防火涂料涂刷或喷在木材表面，也可把木材在防火涂料浸渍。

3) 木龙骨拼接。①确定吊顶骨架需要分片或可以分片安装的位置和尺寸，根据分片的平面尺寸选取龙骨尺寸。②先拼接组合大片的龙骨骨架，再拼接小片的局部骨架。骨架的拼接按凹槽对凹槽咬口拼接，接口处涂胶并用圆钉固定。

4) 安装吊点紧固件。吊点紧固件的安装要求位置正确且牢固。吊杆常用直径 6mm 或 8mm 的 HPB 300 级钢筋。

5) 龙骨架吊装。①分片吊装。将组合好的木龙骨架托起至吊顶标高位置，先做临时固定，然后根据吊顶标高拉出纵横水平基准线，进行整片龙骨架调平，然后将其靠墙部分与沿墙边龙骨顶接。②龙骨架与吊杆固定。木骨架吊顶的吊杆，常用的有木吊杆、角钢吊杆和扁铁吊杆。分片龙骨架在同一平面内对接时，将其端头对正，然后用短木方钉于对接处的侧面或顶面进行加固。有叠级吊顶，一般自高而下开始吊装。吊装与调平的方法与上述内容相同，在分片龙骨吊装就位后，对于顶面需要设置的送风口、检修孔、内嵌式吸顶灯盘及窗帘盒等装置，在其预留位置处要加设龙骨，进行必要的加固处理及增设吊杆等。

6) 龙骨整体调平。龙骨架安装就位后，需对龙骨架整体调平，使其在同一个平面内。

7）面板安装。吊顶面板安装前要做修边倒角和防火处理，安装时由中间向四周呈对称排列。吊顶的接缝与墙面交圈应保持一致。面板应按照牢固且不得出现折裂、翘曲、缺棱、掉角和脱层等现象。

8）压条固定。面板安装后需要用压条固定，以防吊顶变形。

14. 轻钢龙骨吊顶施工工艺包括哪些内容?

答：（1）工艺流程

弹线→吊杆安装→安装主龙骨→安装次龙骨→安装面板（安装灯具）→板缝处理。

（2）施工要点

1）弹线。弹线包括：顶棚标高线、造型位置线、吊挂点布局线、大中型灯位线等。

2）吊杆安装。主要是进行吊杆固定件的安装。

3）主龙骨安装。①安装，将主龙骨与吊杆通过垂直吊挂件连接。②调平，在主龙骨与吊件及吊杆安装就位之后，以一个房间为单位进行调平调直。

4）次龙骨安装。①安装次龙骨。在主龙骨与次龙骨的交叉布置点，使用配套的龙骨挂件将二者连接固定。②安装横撑龙骨，横撑龙骨由中、小龙骨截取，其方向与次龙骨垂直装在罩面板的拼接处，地面与次龙骨平整。③固定墙边龙骨。墙边龙骨沿墙面或柱面标高线钉牢。

5）面板安装。面板常有明装、暗装、半隐装三种安装方式。

明装是指面板直接搁置在丁形龙骨两翼上，纵横丁形龙骨架均外露。暗装是指面板安装后骨架不外露。半隐装是指面板安装后外露部分骨架。

面板安装中应注意工种间的配合，避免返工拆装损坏龙骨、板材及吊顶上的风口、灯具。安装完成后要对龙骨及板面做最后调整，以保证平直。

6）嵌缝处理：

① 嵌缝材料。嵌缝时采用石膏腻子和穿孔纸带或网格胶带，嵌填钉孔则用石膏腻子。

② 嵌缝施工。整个吊顶面的纸面石膏板铺钉完成后，应进行嵌缝施工，用石膏腻子嵌平，并将所有的自攻螺钉的钉头做防锈处理。

15. 铝合金龙骨吊顶施工工艺包括哪些内容？

答：(1) 工艺流程

弹线→固定吊杆→安装主、次龙骨→灯具安装→面板安装→压条安装→板缝处理。

(2) 施工要点

1）弹线

① 将设计标高线弹至四周墙面或柱面上，吊顶如有不同标高，则应将变截面的位置在楼板上弹出。

② 将龙骨及吊点位置弹到楼板底面上。

2）固定吊杆

① 双层龙骨吊顶时，吊杆常用 HPB300 级直径 6mm 或 8mm 的钢筋。

② 方板、条板单层龙骨吊顶时，吊杆一般分别用 8 号铁丝和 $\phi 6$ 钢筋。

3）主、次龙骨安装与调平

① 主、次龙骨安装时宜从同一方向同时安装，按主龙骨已确定的位置及标高线，先将其大致基本就位。

② 龙骨接长一般选用配套连接件，连接件可用铝合金，也可用镀锌钢板，在其表面冲成倒刺，与龙骨方孔相连。

③ 龙骨架基本就位后，以纵横两个方向满拉控制标高线（十字线），从一端开始边安装边进行调整，直至龙骨调平调直为止。

④ 钉固墙边龙骨。沿标高线固定角铝墙边龙骨，其底面与

标高线齐平。

4）面板安装

面板通常有方形金属板和条形金属板两种。

① 方形金属板搁置式安装。搁置安装后的吊顶面形成格子式离缝效果。

② 方形金属板卡入式安装。这种安装方式的龙骨材料为带夹簧的嵌龙骨配套型材。

条形金属板的安装，基本上无需各种连接件，只是直接将条形板卡扣在特制的条龙骨内，即可完成安装，常被称为扣板。板缝处理，通常条形金属板吊顶需做板缝处理，有闭缝和透缝两种形式，使用其配套嵌条。安装嵌条的为闭缝式，不安装嵌条的为透缝式。两种板缝处理均要求吊顶面板平整、板缝顺直。

16. 贴面类内墙装饰施工工艺包括哪些内容?

答：(1) 工艺流程

基层处理→浸砖→复查墙面规矩→安装垫尺→搅拌水泥砂浆→镶贴→擦缝。

(2) 施工要点

① 基层处理：

A. 基层为抹灰找平层时，应将表面的灰砂、污垢和油渍等清除干净，如果表面灰白，表示太干，应洒水湿润。

B. 表面为混凝土面时要凿毛，受凿面积≥70%（即每 $1m^2$ 面积打点 200 个)；凿毛后，用钢丝刷清刷一遍，并用清水冲洗干净，或者将 30% 108 胶加 70%水拌合的水泥素浆用笤帚均匀甩到墙上，终凝后浇水养护（常温 3～5d)，直至水泥素浆疙瘩全部固化到混凝土光板上，用手掰不动为止。

② 浸砖：瓷砖铺贴前要将面砖浸透水，最好浸 24h，然后捞起晾干备用。

③ 复查墙面规矩。用拖线板复查墙面的平整度、垂直度，阴阳角是否垂直，再用水平尺检查抄平墨线是否水平。

④ 安放垫尺：内墙铺贴面砖顺序是自下而上、由阳到阴一皮一皮逐块地铺贴，墙面砖从第二皮开始铺起，铺前在第二皮砖的下方安放垫尺，以此托住第二皮面砖，垫尺定位要以水平墨线作为依据，保证水平，保持稳固。在第二皮砖的上口拉水平通线，作为贴砖的基准。

⑤ 搅拌水泥浆：贴面砖的水泥浆一般采用1∶1水泥浆，拌水泥浆的方法是：用灰浆桶装大约半桶水，用铲刀逐铲放入水泥粉，直到水泥粉刚好盖满水为止，稍等其水化，然后用铲刀搅一搅就可以用来贴砖。

⑥ 镶贴：砖背面满抹6～10mm厚水泥浆，四周刮成斜面，放在垫尺上口贴于墙上，用铲刀柄轻轻敲打，使灰浆饱满与墙面粘牢，顺手将挤出的水泥浆刮净。用靠尺理直灰缝，为保证美观，要留有1.5mm的砖缝。贴砖从阳角开始，使不成整块的砖放在阴角，阴角处的非整砖不能小于其宽度的一半，对于有镜框的地方，排砖应从镜框中心往两边分贴。

⑦ 擦缝：贴好后用毛刷蘸水洗净表面泥浆，用棉丝擦干净，灰缝用白水泥擦平或用1∶1水泥砂浆勾缝，擦完缝后对墙面的污垢用10%的盐酸刷洗，最后用清水冲洗干净。

17. 贴面类外墙装饰施工工艺包括哪些内容?

答：外墙面砖铺贴方法与内墙釉面砖铺贴方法基本相同，仅在以下工序有所区别。

(1) 调整抹灰厚度

由于外墙砖不允许出现非整砖，为了达到这个要求，可以通过调整砖缝宽度和抹灰厚度等方法予以控制。外墙砖的砖缝一般为7～10mm，根据外墙长宽尺寸先初选砖缝的宽度，使砖的宽度加半个砖缝（称为模数）的倍数正好是外墙的长或宽，如果还有微小差距，通过增加或减少抹灰厚度来调整，使抹灰后外墙的尺寸刚好是模数的整倍数。

（2）贴灰饼设标筋

根据墙面垂直度、平整度找出外墙面砖的规矩。在建筑物外墙四角吊通长垂直线，沿垂线贴灰饼，然后根据垂线拉横向通线，沿通线每隔 1.2～1.5m 贴一个灰饼，然后冲成标筋。

（3）构造做法

镶贴室外突出的檐口、腰线、窗台和女儿墙压顶等外墙面砖时，其上面必须有流水坡度，下面应做滴水线或滴水槽。流水坡向应正确，面砖压向应正确，如顶面的面砖应压向立面的面砖以免向内渗水。

18. 涂料类装修施工工艺包括哪些内容？

答：涂饰工程是指将建筑涂料涂刷于构配件或结构的表面，并与之较好地粘结，以达到保护、装饰建筑物，并改善构件性能的装饰层。

（1）施工工艺

基层处理→打底子→刮腻子→施涂涂料→养护。

（2）施工要点

1）基层处理

混凝土和抹灰表面：施涂前应将基体或基层的缺棱掉角处、孔洞用 1∶3 的水泥砂浆（或聚合物水泥砂浆）修补；表面麻面、接缝错位处及凹凸不平处先凿平或用砂轮机磨平，清洗干净，然后刮水泥聚合物、刮腻子或用聚合物水泥砂浆抹平；缝隙用腻子填补齐平；对于酥松、起皮、起砂等硬化不良或分离脱壳部分必须铲除重做。基层表面上的灰尘、污垢、溅沫和砂浆流痕应清除干净。施涂溶剂型涂料，基体或基层含水率不得大于 8%；施涂水性和乳液型涂料，含水率不得大于 10%，一般抹灰基层养护 14～21d，混凝土基层养护 21～28d 可达到要求。

木材表面：灰尘、污垢及粘着的砂浆、沥青或水柏油应除净。木材表面的缝隙、毛刺、掀岔和脂囊修整后，应用腻子填补，并用砂纸磨光，较大的脂囊、虫眼挖除后应用同种木材顺木纹粘结镶嵌。为防止节疤处树脂渗出，应点漆 2～4 遍。木材基层的含水率不得大于12％。

金属表面：施涂前应将灰尘、油渍、鳞皮、锈斑、焊渣、毛刺等消除干净。潮湿的表面不得施涂涂料。

2）打底子

木材表面涂刷混色涂料时，一般用工地自配的清油打底。若涂刷清漆，则应用油粉或水粉进行润粉，以填充木纹的虫眼，使表面平滑并起着色作用。油粉用大白粉，颜料，熟桐油，松香水等配成。

金属表面则应刷防锈漆打底。

抹灰或混凝土表面涂刷油性涂料时，一般也可用清油打底。打底子要求刷到、刷匀，不能有遗漏和流淌现象。涂刷顺序一般先上后下，先左后右，先外后里。

3）刮腻子、磨光

刮腻子的作用是使表面平整。腻子应按基层、底层涂料和面层涂料的性质配套使用，应具有塑性和易涂性，干燥后应坚固。

刮腻子的次数随涂料工程质量等级的高低而定，一般以三道为限，先局部刮腻子，然后再满刮腻子，头道要求平整，二、三道要求光洁。每刮一道腻子待其干燥后，用砂纸磨光一遍。对于做混色涂料的木料面，头道腻子应在刷过清油后才能批嵌；做清漆的木料面，则应在润粉后才能批嵌；金属面等防锈漆充分干燥后才能批嵌。

4）施涂涂料

① 刷涂：是指采用鬃刷或毛刷施涂。

刷涂时，头遍横涂走刷要平直，有流坠马上刷开，回刷一次；蘸涂料要少，一刷一蘸，防止流淌；由上向下一刷紧挨一刷，不得留缝；第一遍干后刷第二遍，第二遍一般为竖涂。

刷涂要求：

A. 上道涂层干燥后，再进行下道涂层，间隔时间依涂料性能而定。

B. 涂料挥发快的和流平性差的，不可过多重复回刷，注意每层厚薄一致。

C. 刷罩面层时，走刷速度要均匀，涂层要匀。

D. 第一道深层涂料稠度不宜过大，深层要薄，使基层快速吸收为佳。

② 滚涂：指利用滚涂辊子进行涂饰。

先把涂料搅匀调至施工黏度，少量倒入平漆盘中摊开。用辊筒均匀蘸涂料后在墙面或其他被涂物上滚涂。

滚涂要求：

A. 平面涂饰时，要求流平性好、黏度低的涂料；立面滚涂时，要求流平性小、黏度高的涂料。

B. 要用力压滚，以保证涂料厚薄均匀。不要让辊中的涂料全部挤压出后才蘸料，应使辊内保持一定数量的涂料。

C. 接槎部位或滚涂一定数量时，应用空辊子滚压一遍，以保护滚涂饰面的均匀和完整，不留痕迹。

③ 喷涂：是指利用压力将涂料喷于物面上的施工方法。喷涂施工要求喷枪运行时，喷嘴中心线必须与墙、顶棚垂直，喷枪与墙、顶棚有规则地平行移动，运行速度一致。涂层的接搓应留在分格缝处，门窗以及不喷涂的部位，应认真遮挡。喷涂操作一般应连续进行．一次成活，不得漏喷、流淌。室内喷涂一般先喷涂顶棚后喷涂墙面，两遍成活，间隔时间约 2h；外墙喷涂一般为两遍，较好的饰面为三遍，作业分段线设在水落管、接缝、雨罩等处。

④ 抹涂：是指用钢抹子将涂料抹压到各类物面上的施工方法。

A. 抹涂底层涂料。用刷涂、滚涂方法先刷一层底层涂料作结合层。

B. 抹涂面层涂料。底层涂料涂饰后 2h 左右，即可用不锈钢抹压工具涂抹面层涂料，涂层厚度为 2～30mm；抹完后，间隔 1h 左右，用不锈钢抹子拍抹饰面压光，使涂料中的粘结剂在表面形成一层光亮膜；涂层干燥时间一般为48h以上，期间如未干燥，应注意保护。

19. 墙面罩面板装饰施工工艺包括哪些内容？

答：(1) 工艺流程

外墙处理→弹线→制作、固定木骨架→安装木饰墙面→安装收口线条。

(2) 施工要点

1) 墙面要求平整。如墙面平整误差在10mm以内，可采取抹灰修正的办法；如果误差大于10mm，可在墙面和木龙骨之间加垫木块。墙面潮湿，应待墙面干燥后施工，或做防潮处理。

2) 弹线。根据木护墙板、木墙裙高度在墙面弹好线。

3) 制作、固定木骨架。根据护墙板、木墙裙高度和房间大小钉做木龙骨架，横龙骨一般为400mm左右，竖龙骨为600mm左右。面板厚度1mm以上时，横龙骨间距可适当放大。在墙内埋设防腐木砖，然后将木龙骨架整片或分片安装在木砖上。墙面的阴阳角处，必须加钉木龙骨。

4) 安装木饰面板。护墙板、木墙裙顶部要拉线找平。将面板固定在木龙骨上，面板与墙体需离开一定的距离，避免潮气对面板的影响。在护墙板、木墙裙底部安装踢脚板，将踢脚板固定在垫木及墙板上，踢脚板高度150mm，冒头用踢脚线固定在护墙板上。护墙板、木墙裙安装后，涂刷清油一道，木压条需钉在木钉上。

20. 软包墙面装饰施工工艺包括哪些内容？

答：软包墙面是现代室内墙面装修常用做法，它具有吸声、保温、防儿童碰伤、质感舒适、美观大方等特点。特别适用于有吸声要求的会议厅、会议室、多功能厅、娱乐厅、消声室、住宅起居室、儿童卧室等处。原则上是房间内的地、顶内装修已基本完成，墙面和细木装修底板做完，开始做面层装修时插入软包墙面镶贴装饰和安装工程。

（1）工艺流程

基层或底层处理→吊装、套方、找规矩、弹线→计算用料、套裁填充料和面料→粘贴面料→安装贴脸或装饰边线、刷镶边油漆→修整软包墙面

（2）施工要点

1）基层或底板处理。先在结构墙上预埋木砖、抹水泥砂浆找平层、刷喷冷底子油、铺贴一毡二油防潮层、安装 50mm×50mm 木墙筋（中距为 450mm）、上铺五层胶合板。如采取直接铺贴法，基层必须作认真的处理，方法是先将底板拼缝用油腻子嵌平密实、满刮腻子 1～2 遍，待腻子干燥后用砂纸磨平，粘贴前，在基层表面满刷清油（清漆＋香蕉水）一道。如有填充层，此工序可以简化。

2）吊直、套方、找规矩、弹线。根据设计图纸要求，把房间需要软包墙面的装饰尺寸、造型等通过吊直、套方、找规矩、弹线等工序，把实际设计的尺寸与造型落实到墙面上。

3）计算用料、套裁填充料和面料。首先根据设计图纸的要求，确定软包墙面的具体做法。一是直接铺贴法，此法操作比较简便，但对基层或底板的平整度要求较高；二是预制铺贴镶嵌法，此法有一定的难度，要求必须横平竖直、不得歪斜，尺寸必须准确等。故需要做定位标志以利于对号入座。然后按照设计要求进行用料计算和底材（填充料）、下料套裁工作。要注意同一房间、同一图案与面料必须用同一卷材料和相同部位（含填充料）套裁面料。

4）粘贴面料。按照设计图纸和造型的要求先粘贴填充料（如泡沫塑料、聚苯板或矿棉、木条、五合板等），按设计用料（粘结用胶、钉子、木螺钉、电化铝帽头钉、铜丝等）把填充垫层固定在预制的铺贴镶嵌底板上，然后把面料按照定位标志找好横竖坐标上下摆正。首先把上部用木条加钉子临时固定，然后把下端和两侧位置找好后，便可按设计要求粘贴面料。

5）安装贴脸或装饰边线。根据设计选择和加工好的贴脸或装饰边线，并按设计要求先把油漆刷好（达到交活条件），粘贴面料准备工作达到设计要求和效果后，便可与基层厘定和安装贴脸或装饰边线，最后修刷镶边油漆成活。

6）修整软包墙面。软包墙面施工后需清除灰尘、处理钉粘保护膜的钉眼和胶痕等。

21. 裱糊类装饰施工工艺包括哪些内容?

答：裱糊工程是指在室内平整光洁的墙面、顶棚面、柱体面和室内其他构件表面，用壁纸、墙布等材料裱糊的装饰工程。

（1）PVC壁纸裱糊施工工艺流程

基层处理→封闭底涂一道→弹线→预拼→裁纸、编号→润纸→刷胶→上墙裱糊→修整表面→养护。

（2）金属壁纸裱糊

金属壁纸是室内高档装修材料，它以特种纸为基层，将很薄的金属箔压合于基层表面，加工而成 。用以装饰墙面，雍容华贵、金碧辉煌。高级宾馆、饭店、娱乐建筑等多采用。

施工工艺流程：基层表面处理→刮腻子→封闭底层→弹线→预拼→裁纸、编号→刷胶→上墙裱糊→修整表面→养护。

（3）锦缎裱糊

锦缎柔软光滑，极易变形，不易裁剪，故很难直接裱糊在各种基层表面。因此，必须先在锦缎背面裱一层宣纸，使锦缎硬朗挺括以后再上墙。

施工工艺流程：基层表面处理→刮腻子→封闭底层、涂防潮底漆→弹线→锦缎上浆→锦缎裱纸→预拼→裁纸、编号→刷胶→上墙裱糊→修整表面→涂防虫涂料→养护。

（4）施工要点（三种裱糊类装饰共同要点）

1）基层表面必须平整光滑，否则需处理后达到要求。混凝土及抹灰基层的含水率＞8%，木基层的含水率＞12%时，不得进行粘贴壁纸的施工。新抹水泥石灰膏砂浆基层常温龄期至少需

10 天以上（冬期需 20 天以上），普通混凝土基层至少需 28 天以上，才可裱糊装饰施工。

2）刮腻子厚薄要均匀，且不宜过厚。

3）弹线。裱糊类装饰施工前，需在墙面弹好线，以保证裱糊成品顺直。

4）裱糊。裱糊材料上墙前，墙面需刷胶，涂胶要均匀。裱贴时需用一定的力度张拉裱糊材料，以免裱糊材料起皱。

5）裱糊完工后，要去除表面不洁之物，并注意保持温度与湿度适宜。

第五节　施工项目管理

1. 施工项目管理的内容有哪些？

答：施工项目管理的内容包括如下几个方面。

（1）建立施工项目管理组织

①由企业采用适当的方式选聘称职的项目经理。②根据施工项目组织原则，采用适当的组织方式，组建施工项目管理机构，明确责任、权限和义务。③在遵守企业规章制度的前提下，根据施工管理的需要，制定施工项目管理制度。

（2）编制项目施工管理规划

施工项目管理规划包括如下内容：①进行工程项目分解，形成施工对象分解体系，以便确定阶段性控制目标，从局部到整体地进行施工活动和施工项目管理。②建立施工项目管理工作体系，绘制施工项目管理工作体系图和施工项目管理工作信息流程图。③编制施工管理规划，确定管理点，形成文件，以利执行。

（3）进行施工项目的目标控制

实现各项目标是施工管理的目的所在。施工项目的控制目标有进度控制目标、质量控制目标、成本控制目标、安全控制目标等。

（4）对施工项目施工现场的生产要素进行优化配置和动态管理

生产要素管理的内容包括：①分析各项生产要素的特点。②按照一定的原则、方法对施工项目生产要素进行优化配置，并对配置状况进行评价。③对施工项目的各项生产要素进行动态管理。

（5）施工项目的合同管理

在市场经济条件下，合同管理是施工项目管理的主要内容，是企业实现项目工程施工目标的主要途径。依法经营的重要组成部分就是按施工合同约定履行义务、承担责任、享有权利。

（6）施工项目的信息管理

施工项目信息管理是一项复杂的现代化管理活动，施工的目标控制、动态管理更要依靠大量的信息及大量的信息管理来实现。

（7）组织协调

组织协调是指以一定的组织形式、手段和方法，对项目管理中产生的关系不畅进行疏通，对产生的干扰和障碍予以排除的活动。协调与控制的最终目标是确保项目施工目标的实现。

2. 施工项目管理的组织任务有哪些？

答：施工项目管理的组织任务主要包括：

（1）合同管理

通过行之有效的合同管理来实现项目施工的目标。

（2）组织协调

组织协调是管理的技能和艺术，也是实现项目目标不可缺少的方法和手段。它包括与外部环境之间的协调，项目参与单位之间的协调和项目参与单位内部的协调等三种类型。

（3）目标控制

施工项目目标控制是施工项目管理的重要职能，它是指项目管理人员在不断变化的动态环境中为确保既定规划目标的实现而进行的一系列检查和调整活动。其任务是在项目施工阶段采用计划、组织、协调手段，从组织、技术、经济、合同等方面采取措施，确保项目目标的实现。

(4) 风险管理

风险管理是一个确定和度量项目风险及制定、选择和管理风险应对方案的过程。其目的是通过风险分析减少项目施工过程中的不确定因素，使决策更科学，保证项目的顺利实施，更好地实现项目的质量、进度和投资目标。

(5) 信息管理

信息管理是施工项目管理中的基础性工作之一，是实现项目目标控制的保证。它是对施工项目的各类信息收集、储存、加工整理、传递及使用等一系列工作的总称。

(6) 环境保护

环境保护是施工企业项目管理的重要内容，是项目目标的重要组成部分。

3. 施工项目目标控制的任务包括哪些内容?

答：施工项目包括成本目标、进度目标、质量目标三大目标。目标控制的任务包括使工程项目不超过合同约定的成本额度；保证在没有特殊事件发生和不改变成本投入、不降低质量标准的情况下按期完成；在投资不增加，工期不变化的情况下按合同约定的质量目标完成工程项目施工任务。

4. 施工资源管理的内容有哪些?

答：施工项目资源，也称施工项目生产要素，是指投入施工项目的劳动力、材料、机械设备、技术和资金等因素，它是施工项目管理的基本要素。施工项目管理实际上就是根据施工项目的目标、特点、施工条件，通过对生产要素的有效和有序地组织和管理项目，并实现最终目标。施工项目的计划和控制的各项工作最终都要落实到生产要素管理上。生产要素的管理对施工项目的质量、成本、进度和安全管理都有重要影响。

施工项目资源管理的内容包括以下几个方面：

（1）劳动力。施工项目中的劳动力，关键在使用，使用的关键在提高效率，提高效率的关键是如何调动职工的积极性，调动积极性最有效的途径是加强思想教育工作和利用行为科学的原理，从劳动力个人需要与行为关系的观点出发，进行恰当的激励。

（2）材料。建筑施工现场使用的材料按其在生产中的作用可以分为主要材料、辅助材料、其他材料三类。施工项目材料管理的重点在现场、在使用、在节约、在核算。

（3）机械设备。施工项目的机械设备，主要是指作为大型工具使用的大、中、小型机械，既是固定资产，又是劳动手段。它的管理环节包括选择、使用、保养、维护、改造、更新。其关键在使用，使用的关键是提高机械效率，提高机械效率必须提高利用率和完好率。利用率的提高依靠人，完好率的提高在于保养与维修。

（4）技术。技术管理的四项任务是：①正确贯彻国家和行政主管部门的技术政策，贯彻上级对技术工作的指示与决定；②研究、认识和利用技术规律，科学地组织各项技术工作，充分发挥技术的作用；③确立正常的生产技术秩序，进行文明施工，以技术保证工程质量；④努力提高技术工作的经济效果，使技术与经济有机地结合。

（5）资金。工程项目的资金是一种特殊的资源，是获得其他资源的基础，是所有项目活动的基础。资金管理有以下环节：编制资金计划，筹集资金，投入资金，使用资金，资金核算与分析。其重点是收入与支出问题。收支之差涉及核算、筹资、贷款、利息、利润、税收等问题。

5. 施工资源管理的任务有哪些？

答：施工资源管理的任务有以下几个方面：

（1）确定资源类型及数量。具体包括：确定项目施工所需的各层次管理人员和各工种工人的数量；②确定项目施工所需的各种资源的品种、类型、规格和相应的数量；③确定项目施工所需的各种施工设施的定量需求；④确定项目所需的各种来源的资金的数量。

（2）确定资源的分布计划。包括编制人员需求分配计划、编制物资需求分配计划、编制施工设备和设施需求分配计划、编制资金需求分配计划。在各项计划中，明确各种资源的需求在时间上的分配，以及相应的子项目或工程部位上的分配。

（3）编制资源进度计划。它是按时间的供应计划，应重视项目对施工资源的需求情况和施工资源的供应条件而确定编制哪种资源进度计划。编制资源进度计划能合理地考虑施工资源的运用，这将有利于提高施工质量，降低施工成本加快施工进度。

（4）施工资源进度计划的执行和动态调整。施工项目施工资源管理不能仅停留于确定和编制上述计划，在施工开始前和在施工过程中应落实和执行所编的资源管理计划，并需要根据工程实际情况进行动态调整。

6. 施工项目目标控制的措施有哪些?

答：施工项目目标控制的措施有组织措施、技术措施、经济措施等。

（1）组织措施是指施工任务承包企业通过建立施工项目管理组织，建立健全施工项目管理制度，健全施工项目管理机构，进行确切和有效的组织和人员分工，通过合理的资源配置作为施工项目目标实现的基础性措施。

（2）技术措施是指施工管理组织通过一定的技术手段对施工过程中的各项任务进行合理划分，通过施工组织设计和施工进度计划安排，通过技术交底、工序检查指导、验收评定等手段确保施工任务实现的措施。

（3）经济措施是指施工管理组织通过一定程序对施工项目的

各项经济投入的手段和措施。包括各种技术准备的投入，各种施工设施的投入，各种涉及管理人员施工操作人员的工资、奖金和福利待遇的提高等各种与项目施工有关的经济投入措施。

7. 施工现场管理的任务和内容各有哪些？

答：施工现场管理分为施工准备阶段的工作和施工阶段的工作两个不同阶段的管理工作。

（1）施工准备阶段的管理工作

它主要包括拆迁安置、清理障碍、平整场地、修建临时设施，架设临时供电线路、接通临时用水管线、组织材料机具进场，施工队伍进场安排等工作，这些工作虽然比较零碎，但头绪很多，需要协调和管理的组织层次和范围比较广，是对项目管理组织的一个考验。

（2）施工阶段的现场管理工作

此阶段现场管理工作头绪更多，施工参与各方人员的管理和协调，设备和器具，材料和零配件，生产运输车辆，地面、空间等都是现场管理的对象。为了有效进行现场管理，根本的一条就是要根据施工组织设计确定的现场平面图进行布置，需要调整变动时首先申请、协商，得到批准后方可变动，不能擅自变动，以免引起各部分主体之间的矛盾，以免造成违反消防安全、环境保护等方面的问题造成不必要的麻烦和损失。

对于节点、节水、用电安全、修建临时厕所及卫生设施等方面的管理工作，最好列入合同附则，有明确的约定，以便能有效进行管理，以在安全文明卫生的条件下实现施工管理目标。

第二章　基础知识

第一节　建筑力学

1. 力、力矩、力偶的基本性质有哪些？

答：(1) 力

1) 力的概念。力是物体之间的相互作用，这种作用的效果是使物体的运动状态发生改变，或者是物体发生变形。

2) 力的三要素。力的大小、力的方向和力的作用点。

3) 静力学公理。①作用力与反作用力公理：两个物体之间的作用力和反作用力，总是大小相等，方向相反，沿同一直线，并分别作用在这两个物体上。②二力平衡公理：作用在同一物体上的两个力，使物体平衡的必要和充分条件是，这两个力大小相等，方向相反，且作用在同一直线上。③加减平衡力系公理：作用于刚体上的力可以沿其作用线移到刚体的内的任意点，而不改变原力对刚体的作用效应。根据力的可传性原理，力对刚体的作用效应与力的作用点与作用线的位置无关。加减平衡力系公理和力的可传性原理都只适用于刚体。

(2) 力偶

1) 力偶的概念。把作用在同一物体上大小相等、方向相反但不共线的一对平行力组成的力系称为力偶，记为 (F, F')。力偶中两个力的作用线间的距离 d 称为力偶臂。两个力所在的平面称为力偶的作用面。

2) 力偶矩。用力和力偶臂的乘积再加上适当的正负号所得的物理量称之为力偶矩，记作 $M(F, F')$ 或 M，即

$$M(F,F') = \pm Fd$$

力偶正负号的规定：力偶正负号表示力偶的转向，其规定与

力矩相同。即力偶使物体逆时针转动则为力偶正，反之，为负。力偶矩的单位与力矩的单位相同。力偶矩的三要素：力偶矩的大小、转向和力偶的作用面的方位。

3）力偶的性质。力偶的性质包括：①力偶无合力，不能与一个力平衡或等效，力偶只能用力偶来平衡。力偶在任意轴上的投影对于零。②力偶对于其平面内任意点之矩，恒等于其力偶矩，而与矩心的位置无关。凡是三要素相同的力偶，彼此相同，可以互相代替。力偶对物体的作用效应是转动。

（3）力偶系

1）力偶系的概念。作用在同一物体上的力偶组成一个力偶系，若力偶系的各力偶均作用在同一平面，则称为平面力偶系。

2）力偶系的合成。平面力偶系合成的结果为一合力偶，其合力偶矩等于各分力偶矩的代数和。即：

$$M = M_1 + M_2 + \cdots + M_n = \Sigma M_i$$

（4）力矩

1）力矩的概念。将力 F 与转动中心点到力 F 作用线的垂直距离 d 的乘积 Fd 并加上表示转动方向的正负号称为力 F 对 o 点的力矩，用 $M_o(F)$ 表示，即

$$M_o(F) = \pm Fd$$

正负号的规定与力偶的规定相同。

2）合力矩定理

合力对平面内任意一点之矩，等于所有分力对同一点之矩的代数和。即

$$F = F_1 + F_2 + \cdots + F_n$$

则

$$M_o(F) = M_o(F_1) + M_o(F_2) + \cdots M_o(F_n)$$

2. 平面力系的平衡方程有哪几个？

答：（1）力系的概念

凡各力的作用线都在同一平面内的力系称为平面力系。在平面

力系中各力的作用线均汇交于一点的力系，称为平面汇交力系；各力作用线在同一平面内并且相互平行的力系，称为平面平行力系；各力的作用线既不完全平行，也不完全汇交的力系称为平面一般力系。

（2）力在坐标轴上的投影

力在两个坐标轴上的投影、力的值、力与 x 轴的夹角分别如下各式所示。

$$F_x = F\cos\alpha$$

$$F_y = F\sin\alpha$$

$$F = \sqrt{F_x^2 + F_y^2}$$

$$\alpha = \arctan\left|\frac{F_y}{F_x}\right|$$

（3）平面汇交力系的平衡方程

平面一般力系的平衡条件：平面一般力系中各力在两个任选的直角坐标系上的投影代数和分别等于零，各力对任一点之矩的代数和也等于零。用数学公式表达为：

$$\Sigma F_x = 0$$

$$\Sigma F_y = 0$$

$$\Sigma m_o(F) = 0$$

此外，平面一般力系平衡方程还可以表示为二矩式和三力矩式。它们各自平衡的方程组分别如下：

二矩式：

$$\Sigma F_x = 0$$

$$\Sigma m_A(F) = 0$$

$$\Sigma m_B(F) = 0$$

三力矩式：

$$\Sigma F_x = 0$$

$$\Sigma m_A(F) = 0$$

$$\Sigma m_C(F) = 0$$

（4）平面力偶系

在物体的某一平面内同时作用有两个或两个以上的力偶时，

这群力偶就称为平面力偶系。由于力偶在坐标轴上的投影恒等于零，因此，平面力偶系的平衡条件为：平面力偶系中各力偶的代数和等于零。即

$$\Sigma M = 0$$

3. 单跨静定梁的内力计算方法和步骤各有哪些?

答：静定结构在几何特性上是无多余联系的几何不变体系，在静力特征上仅由静力平衡条件可求全部反力和内力。

（1）单跨静定梁的受力

静定结构只在荷载作用下才产生反力、内力；反力和内力只与结构的尺寸、几何形状等有关，而与构件截面尺寸、形状、材料无关，且支座沉陷、温度变化、制造误差等均不会产生内力，只产生位移。

1）单跨静定梁的形式

以轴线变弯为主要特征的变形形式称为弯曲变形或简称弯曲。以弯曲为主要变形的杆件称为梁。单跨静定梁包括单跨简支、伸臂梁（一端伸臂或两端伸臂）和悬臂梁。

2）静定梁的受力

静定梁在上部荷载作用下通常受到弯矩、剪力和支座反力的作用，对于悬臂梁支座根部为了平衡固端弯矩就需要竖直方向的支反力和水平方向的轴向力。一般梁纵向轴力对梁受力的影响不大，讨论时不予考虑。

① 弯矩。截面上应力对截面形心的力矩之和，不规定正负号，弯矩图画在杆件受拉一侧，不注符号。

② 剪力。剪力截面上应力沿杆轴法线方向的合力，使杆端微有顺时针方向转动趋势的为正，画剪力图要注明正负号；由力的性质可知：在刚体内，力沿其作用线滑移，其作用效应不改变。如果将力的作用线平行移动到另一位置，其作用效应将发生变化，其原因是力的转动效应与力的位置有直接的关系。

（2）用截面法计算单跨静定梁

计算单跨静定梁常用截面法，其具体步骤如下：

1）根据力和力矩平衡关系求出梁端支座反力。

2）截取隔离体。从梁的左端支座开始取距支座为 x 长度的任意截面，假想将梁切开，并取左端为分离体。

3）根据分离体截面的竖向力平衡的思路求出截面剪力表达式（也称为剪力方程），将任一点的水平坐标代入剪力平衡方程就可得到该截面的剪力。

4）根据分离体截面的弯矩平衡的思路求出截面弯矩表达式（也称为弯矩方程），将任一点的水平坐标代入剪力平衡方程就可得到该截面的弯矩。

5）根据剪力方程和弯矩方程可以任意地绘制出剪力图和弯矩图，以直观观察梁截面的内力分配。

4. 多跨静定梁的内力分析方法和步骤各有哪些？

答：多跨静定梁是指由若干根梁用铰相连，并用若干支座与基础相连而组成的静定结构。多跨静定梁的受力分析应先进行附属部分，后基本部分的分析顺序。分析时先计算全部反力（包括基本部分反力及连接基本部分与附属部分的铰处的约束反力），做出层叠图；然后将多跨静定梁拆成几个单跨梁，按先附属部分后基本部分的顺序绘内力图。

5. 静定平面桁架的内力分析方法和步骤各有哪些？

答：静定平面桁架的功能和横跨的大梁相似，只是为了提供房屋建筑更大的跨度。其构成上与梁不同，内力计算也就不同。它的内力分析步骤如下。

1）根据静力平衡条件求出支座反力。

2）从左向右、从上而下对桁架各节点编号。

3）从左端支座右侧的第一节间开始，用截面法将上下弦第一节间截开，按该截面各杆件到支座中心弯矩平衡求出各杆件的轴向内力。

4）依次类推，将第二节间和第三节间截开，根据被截截面各杆件弯矩和剪力平衡的思路，求出相应节间内各杆件的轴力。

6. 杆件变形的基本形式有哪些？

答：杆件变形的基本形式有拉伸和压缩、弯曲和剪切、扭曲等。

拉伸或压缩是杆件在沿纵向轴线方向受到轴向拉力或压力后长度方向的伸长或缩短。在弹性限度内产生的伸长或缩短是与外力的大小成正比例的。

弯曲变形是杆件截面受到集中力偶或沿梁横截面方向外力作用后引起的弯曲变形。杆件的变形是曲线形式。

剪切变形是指杆件在沿横向一对力相向作用下截面受剪后产生的截面错位的变形。

扭转是指杆件受到扭矩作用后截面绕纵向形心轴产生扭转变形。

7. 什么是应力、什么是应变？在工程中怎样控制应力和应变不超过相关结构规范的规定？

答：应力是指构件在外荷载作用下，截面上单位面积内所产生的力。应变是指构件在外力作用下单位长度内的变形值。

在工程设计中应根据相应的结构进行准确的荷载计算、内力分析，根据相关设计规范的规定进行必要的强度验算、变形验算，使杆件的内力值和变形值不超过实际规范的规定，以满足设计要求。

8. 什么是杆件的强度？在工程中怎样应用？

答：强度是指杆件在特定受力状态下达到破坏状态时截面能够承受的最大应力。也可以简单理解为，强度就是杆件在外力作用下抵抗破坏的能力。对杆件来说，就是结构构件在规定的荷载作用下，保证不因材料强度发生破坏的要求，称为强度要求。

在进行工程设计时，针对每个不同构件，应在明确受力性质和准确内力计算基础上，根据工程设计规范的规定，通过相应的强度计算，使杆件所受到的内力不超过其强度值来保证。

9. 什么是杆件刚度和压杆稳定性？在工程中怎样应用？

答：杆件的刚度是指杆件在弹性限度范围内抵抗变形的能力。在同样荷载或内力作用下，变形小的杆件其刚度就大。为了保证杆件变形不超过规范规定的最大变形值，就需要通过改变和控制杆件的刚度来满足。换句话说，刚度概念的工程应用就是用来控制杆件的变形值。

对于梁和板其截面刚度越大，它在上部荷载作用下产生的弯曲变形就越小，反映在变形上就是挠度小。对于一个受压构件，它的截面刚度大，它在竖向力作用下的侧移的发生和增长速度就慢，到达承载力极限时的临界荷载就大，稳定性就高。

稳定性是指构件保持原有平衡状态的能力。压杆通常长细比比较大，承受轴向的轴心力或偏心力作用，由于杆件细长，在竖向力作用下，它自身保持原有平衡状态的能力就比较低，并且越是细长其稳定性越差。

细长压杆的稳定承载力和临界应力可以根据欧拉临界承载力公式和临界应力公式计算确定。

工程设计中要保证受压构件不发生失稳破坏，就必须按照力学原理分析杆件受力，严格按照设计规范的规定进行验算和设计。

第二节　建筑构造、建筑结构的基本知识

1. 民用建筑由哪些部分组成？它们的作用和应具备的性能各有哪些？

答：一幢工业或民用建筑一般都是由基础、墙或柱、楼地

层、楼梯、屋顶和门窗六大部分组成，如图 2-1 所示。

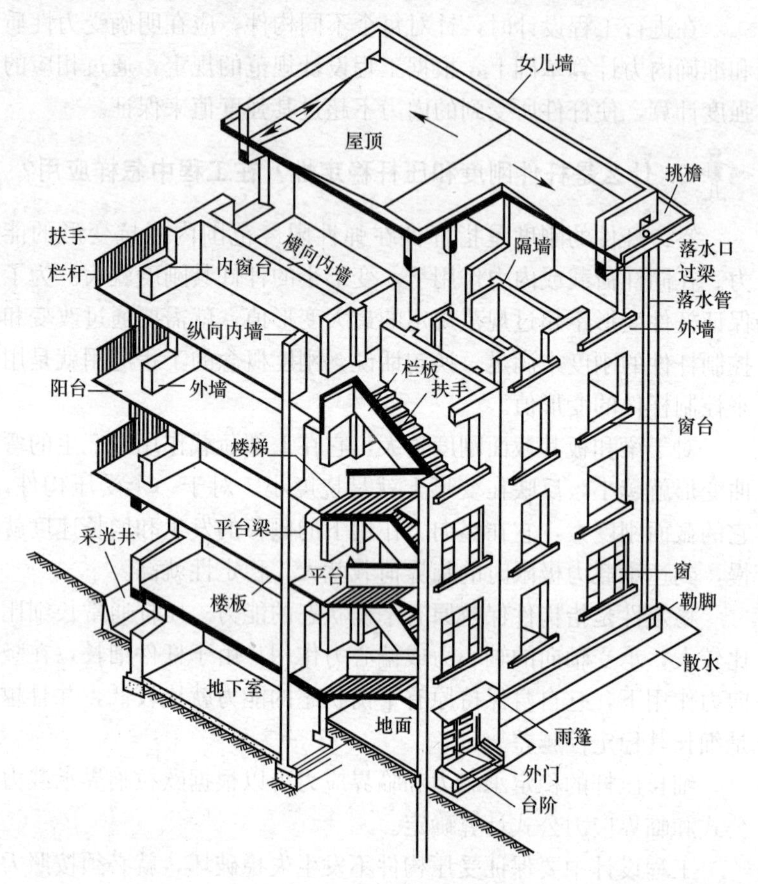

图 2-1　房屋的构造组成

各部分的作用如下。

(1) 基础

它是建筑物最下部的承重构件，其作用是承受建筑物的全部荷载，并将这些荷载传给地基。因此，基础必须具有足够的强度，并能抵御地下各种有害因素的侵蚀。

(2) 墙（或柱）

它是建筑物的承重构件和围护构件。作为承重构件的外墙也是抵御自然界各种因素对室内的侵袭；内墙主要起分隔作用及保证舒适环境的作用。框架和排架结构的建筑中，柱起承重作用，墙不仅起围护作用，同时在地震发生后作为抗震第二道防线可以协助框架和排架柱抵抗水平地震作用对房屋的影响。因此，要求墙体具有足够的强度、稳定性，保温、隔热、防水、防火、耐久及经济等性能。

（3）楼板层和地坪

楼板是水平方向的承重构件，按房间层高将整个建筑物沿水平方向分为若干层；楼板层承受家具、设备和人体荷载以及本身的自重，并将这些荷载传给墙和柱；同时对墙体起着水平支撑作用。因此，要求楼板层应具有足够的抗弯强度、刚度和隔声性能，对有水平侵蚀的房间，还应具有防潮、防水的性能。

地坪是底层房间与地基土层相连的构件，起承受底部房间荷载和防潮、防水等作用。要求地坪具有耐磨、防潮、防水、防尘和保温等性能。

（4）楼梯

它是房屋建筑的垂直交通设施，供人们上下楼层和紧急疏散之用，故要求楼梯具有足够的通行能力，并能防滑、防火，能保证安全使用。

（5）屋顶

屋顶是建筑物顶部的围护和承重构件。抵御风、雨、雪霜、冰雹等的侵袭和太阳辐射热的影响；又能承受风雪荷载及施工、检修等屋面荷载，并将这些荷载传给墙或柱。故屋顶应具有足够的强度、刚度以及防水、保温、隔热等性能。

（6）门与窗

门与窗均属非承重构件，也称为配件。门主要是供人们出入房间、承担室内外具体联系和分隔房间之用；窗除过满足通风、采光、日照、造型等功要求能外，处于外墙上的门窗又是围护构件的一部分，要具有隔热、得热或散热的作用，某些特殊要求的房间，门、窗应具有隔声、防火性能。

建筑物除以上六大组成部分外，对于不同功能的建筑物还可能有阳台、雨篷、台阶、排烟道等。

2. 幕墙的特点和一般构造要点有哪些？

答：幕墙是现代建筑中经常用的一种墙体形式，一般是用金属龙骨架把各种板材悬挂在建筑主体结构的外侧，有时也可以作为建筑结构的围护结构。常用的幕墙有玻璃幕墙、石材幕墙和金属幕墙三类。

（1）幕墙的特点

幕墙的特点是：①装饰效果好、造型美观、丰富了墙面装饰的类型；②通常采用拼装组合式构件、施工速度快、维护方便；③自重轻，具有较好的物理性能；④造价偏高，施工难度较大，部分玻璃幕墙的效果不理想，存在光污染现象。

（2）幕墙的构造要点

1）玻璃幕墙的构造

玻璃幕墙分为有框式玻璃幕墙、点式玻璃幕墙和全玻璃式幕墙等，它们所用的材料主要有玻璃、支撑体系、连接件和粘结密封材料。玻璃幕墙在构造方面主要应解决好以下问题：

① 结构的安全性：要保证幕墙与建筑主体（支撑体系）之间既要连接牢固、又要有一定的变形空间（包括结构变形和温度变形），以保证幕墙的使用安全。

② 防雷与防火：幕墙中使用了大量的金属构配件，要求做好防雷工作，幕墙后侧与主体结构之间存在一定的缝隙，对隔火、防烟不利。通常要求幕墙形成自身的防雷体系，并与主体建筑的防雷装置有效连接；在幕墙与楼板、隔墙之间的缝隙内填塞岩棉、矿棉或玻璃丝等阻燃材料，并用耐热钢板封闭。

2）石材幕墙

石材幕墙可以分为天然石材幕墙和人造石材幕墙两种。天然石材可以用在室内、也可以用在室外，人造石材多用在室内。石材幕墙的构造：需要事先把板材四角部分开出暗槽（多用于天然石材）或粘结连接金属件（多用于人造石材），然后利用特制的连接铁件（高强、耐腐）把板材固定在金属支架上，并用密封胶嵌缝饰面板与主体结构之间一般需要留有 80～100mm 的空隙。由于安装幕墙时需要较大的构造空间，需要在实际阶段就统筹考虑，留出必要的空间，并对墙面线脚、门窗洞口、墙面转角处进行专门的设计和排版。

3）金属幕墙

金属幕墙是用薄铝板、复合铝板以及不锈钢板作为主材，经过压型或折边制成不同规格和形状的饰面板材，然后通过技术固件或连接件与建筑主体结构相连，最后用密封材料嵌缝。金属幕墙按照固定面板的形式不同可分为附着式和骨架式两类。骨架式幕墙的构造为：一般采用铝合金骨架，与主体建筑结构（墙体、柱、梁）连接固定，然后把金属面板通过连接件固定在框格上，然后再固定。

3. 民用建筑常用的整体式、板材式室内地面的装饰构造各包括哪些内容？

答：（1）整体地面

用现场浇筑或涂抹的施工方法做成的地面称为整体地面。常见的有水泥砂浆地面和水磨石地面。

1）水泥砂浆地面。它可以作为完成面使用，也可以作为其他面层的基层。它具有造价低、施工方便、适应性好的优点，但观感差、易结露和起灰、耐磨度一般。水泥砂浆地面一般先用 15～20mm 厚 1∶3 水泥砂浆打底、找平，再以 5～10mm 厚的 1∶2 或 1∶2.5 的水泥砂浆抹面，用抹子拍出净浆，最后洒上干粉水泥揉光、抹平。为了防止面层开裂，可以在结构层变形较大的位置设置分仓缝。

2）水磨石地面。它是用水泥作为胶凝材料、大理石碎块和白云石等中等硬度的石屑作为骨料组成的水泥石屑浆作为面层材料，经磨光而成的地面。水磨石地面的构造做法为：水磨石地面一般先用10～15mm厚1∶3水泥砂浆打底并找平，然后按计划的要求固定分格条。然后用1∶2～1∶2.5水泥石屑抹面，浇水养护后用磨光机磨光，再用草酸清洗，并打蜡保护。

(2) 块材地面

块材地面是指利用各种块材铺贴而成的地面，按面层材料不同有陶瓷类板材地面、石材地面和木板地面。陶瓷类地面的铺贴方式一般是在结构层或垫层找平的基础上，用1∶3的水泥砂浆作粘结层，按事先设计好的顺序铺贴面层材料，最后用水泥粉嵌缝。石材地面按石材的不同分为天然石材地面和人造石材地面两类。石材地面的构造做法是在垫层上先用20～30mm厚的1∶3～1∶4干硬性水泥砂浆找平，再用5～10mm厚1∶1水泥砂浆铺贴石材，并用干粉水泥或水泥浆擦缝。在首层地面可以采用泼浆的铺法。

(3) 木地板

木地板分为实木地板、复合地板及实木复合地板三种。木地板按构造形式可以分为空铺式和实铺式两种，空铺式耗费木料较多，占用空间较大，使用已逐渐减少；实铺式使用较多，目前采用铺钉式和直铺式做法。

4. 民用建筑室内墙面的装饰构造做法包括哪些内容?

答：民用建筑室内墙面按材料和施工方法不同分为抹灰类、贴面类、涂料类、裱糊类和铺钉类。抹灰类墙面和块材墙面的构造做法分别为：

(1) 抹灰类

抹灰类墙面在施工时一般要分层操作，一般分底层抹灰和面层两遍抹灰成活。对于要求较高的地面在面层和底层之间增加一个中间层，抹灰厚度控制在15～20mm。底层抹灰的作用是保证抹灰与墙面牢靠粘结和找平。普通砌块墙体常用石灰砂浆或混合砂浆，混凝土墙则用混合砂浆或水泥砂浆，在抹灰之前要把墙淋湿，中层抹灰的主要作用是找平，所用材料与底层材料相同，也可以根据装修要求不同选用其他材料；面层抹灰的作用就是为了达到装饰效果，是抹灰构造做法中最重要的一环。要求表面平整、色彩均匀、无裂纹，并根据设计要求做成光滑、粗糙等不同质感的表面。

在室内抹灰中，对于人群活动频繁，易受碰撞或有防水、防潮要求的墙面，常用 1∶3 水泥砂浆打底，1∶2 水泥砂浆做高约 1.5m 的墙裙。对于易被碰撞的内墙阳角，宜用 1∶2 水泥砂浆做护角，高度不应小于 2m，每侧宽度不应小于 50mm。

（2）贴面类墙面

贴面类装修是目前用得最多的一种墙面装饰做法，包括粘贴、绑扎、悬挂等工艺。它具有耐久性好、装饰效果好、容易养护预清理等优点。常用的贴面材料有花岗岩和大理石等天然石板、面砖、瓷砖等。

面砖是以陶土或瓷土为原料，压制成型后煅烧而成的，它一般用水泥砂浆作为粘结材料。铺贴前一般是先将墙面清洗干净，然后将面砖放入水中浸泡一段时间，粘结前去除表面的水分。先抹 15mm 厚的 1∶3 水泥砂浆打底找平，再抹 5mm 厚 1∶1 水泥细砂砂浆作为粘贴层，为了延长砂浆的初凝时间，可以在砂浆中掺入一定比例的 108 胶，面砖的排列方式和接缝的大小对立面效果有一定的影响，通常有横铺、竖铺和错开排列。

石材墙面装修具有较高的强度、结构密实、不易污染、装修效果好等优点。但由于加工复杂、造价高，通常用于中高档装修中。人造石一般由白水泥、彩色石子、颜料等配合而成，具有天然石材的花纹和质感，重量轻、表面光洁、色彩多样、造价低等优点，常见的有水磨石板、大理石板等。石板墙湿挂法一般需要先在主体墙面上用 $\phi8 \sim \phi10$ 钢筋制作的钢筋网，再用双股铜线或镀锌铁丝穿好事先在石材上钻好的孔眼（人造板则利用预埋在板中的安装环），将石材绑扎在钢筋网上。上下两块石材用不锈钢卡销固定。石材与墙之间一般留 30mm 的缝隙，上部用定位活动木楔做临时固定，校正无误后，在板与墙之间分层浇筑 1∶2.5 的水泥砂浆，每次贯入高度不超过200mm。待砂浆初凝后，去掉定位活动木楔，继续上层石板的安装。

5. 民用建筑室内顶棚的装饰构造要求及构成各有哪些？

答：(1) 顶棚的装饰构造要求

满足装饰和空间的要求；具有可靠的技术性能；具有良好的物理功能；提供设备空间等。

(2) 顶棚常见的装饰构造

1) 直接顶棚。是指在主体结构层（楼板或屋面板）下表面直接进行装饰处理的顶棚。它构造简单、节省空间。它分为以下两种：

① 抹灰顶棚。常用1：3：9混合砂浆抹灰，一般是两遍成活，要求与墙面抹灰基本相同。

② 直接铺钉饰面板顶棚。它和吊顶的直接区别在于不设顶棚吊杆，而直接在主体结构下表面铺设龙骨，然后再设置饰面板。这种吊顶多使用木龙骨，断面一般为40mm×40mm或40mm×60mm，龙骨常用射钉与主体结构相连。它对结构层平整度要求较高，当存在较小误差时可用垫木直接做调整。

2) 吊顶棚。具有装饰效果好、多样化、可以改善室内空间比例，具有适应视听要求较高的厅堂要求，以及方便布置设备管线的优点，在室内装饰要求较高的建筑中广泛应用。它可以分为轻钢龙骨吊顶、矿棉吸声吊顶、金属方板吊顶、开敞式吊顶等。主要组成部分有吊杆、龙骨、饰面板等。

6. 建筑的室外装饰的重点部位和构造包括哪些内容？

答：(1) 室外装饰的重点部位

建筑室外重点装饰部位包括：

1) 墙面

外墙面它是外立面的最重要组成部分，建筑外观的总体效果由墙面效果体现。在外墙面处理时，主要关注墙面材料的质感、色彩和组合方式，墙面的线脚以及施工工艺效果。

2）门窗

门窗在外墙面中制定面积居于第二位，它在一定程度上左右着建筑立面风格，反映建筑的时代和档次，门窗的尺寸、比例很重要，同时门窗的框料和镶嵌材料的种类、色彩、质感对建筑立面效果影响很大。

3）檐口和勒角

檐口是墙面的最上端组成部分，它的位置比较显眼，而且与屋顶关系密切；勒角靠近地面，与人们的日常活动的距离最近，它也是装饰的重点部位。

4）阳台

阳台是住宅建筑的重要组成部分，数量多、分布规律。应当结合建筑的整体风格来对阳台的形状、线脚、饰面材料进行设计。

（2）外墙面的装饰构造

通常使用的有水刷石墙面和剁斧石（假石）墙面。

1）水刷石墙面的具体做法是：先用15mm厚的1∶3水泥砂浆打底刮毛；然后进行分格，并固定好分格条；在刷一道素水泥砂浆，然后抹水泥石渣浆，其配合比与石子的粒径有关，等到墙面半凝固之后，用喷枪刷去表面的水泥浆，使石子半露即可。

2）剁斧石墙面是以水泥石渣浆作为面层，等到面层全部硬化、具有相当强度之后，用斧子、凿子、切割机等工具按照事先设计好的方案进行剁斩，最终形成类似于天然石材的一种装饰方法。剁斩的方法有主纹剁斩、花锤剁斩和棱点剁斩等方式。

大多数情况下，室内外装饰构造的差异不大，如抹灰类和涂刷类墙面，以及其他类型的饰面，关键是要根据室外自然环境的差异，选择好面层材料和粘结方法。

7. 钢结构的连接有哪些类型？各有什么特点？

答：钢结构的连接包括焊接、螺栓连接、高强度螺栓连接和铆接等几种。

（1）焊接。它是钢结构连接中应用最广泛的一种方式，它的优点就是连接密封性很好，适用于对密封性能要求较高的结构。它具有施工效率高、焊接强度高、刚性大等很多优势。但施工时产生的电弧会影响环境。

（2）螺栓。螺栓连接直接、间接传力明确、施工速度快、易于拆卸，在临时结构中使用对施工企业迁移较为有利。但是对连接件之间的打孔，削弱了构件截面有效面积，同时螺栓施工费时费工，间接增加了造价。

（3）高强度螺栓连接。高强度螺栓连接是螺栓连接的分类，它和螺栓连接的共同点就是所用材料加工费工费时，对板材打孔后会影响构件的受力。高强度螺栓连接的特点是充分利用了高强材料、节省钢材，但施工时需要专门加工螺栓，费事费时。其使用尚处初级阶段。

8. 钢结构轴心受力、受弯构件的受力特点各是什么？

答：（1）轴心受力构件

轴心受力构件是指构件承受外力的作用线与构件轴线重合的构件。它沿构件纵向形心轴方向受力，截面各部分均匀受拉。对于受压构件通常考虑强度、刚度和稳定三个方面；对于轴心受拉构件，只考虑其强度、刚度和长细比等。

（2）受弯构件

受弯构件是建筑物中最常用的构件之一，它截面非均匀受力，一侧偏心受压、一侧偏心受拉，以梁和板为主。设计时应进行强度验算、整体稳定性验算、局部稳定性验算等。截面形状以工字形、H形、箱形为主。

9. 钢筋混凝土受弯、受压和受扭构件的受力特点、配筋有哪些种类？

答：（1）钢筋混凝土受弯

钢筋混凝土受弯构件是指支撑与房屋结构竖向承重构件柱、

墙上的梁和以梁或墙为支座的板类构件。它在上部荷载作用下各截面承受弯矩和剪力的作用，发生弯曲和剪切变形，承受主拉应力影响，简支梁的梁板跨中、连续梁的支座和跨间承受最大弯矩作用，梁的支座两侧承受最大剪力影响。

板内配筋主要有根据弯矩最大截面计算所配置的受力钢筋和为了固定受力钢筋在其内侧垂直方向所配置的分布钢筋；其次，在板角和沿墙板的上表面配置的构造钢筋，在连续支座上部配置的抵抗支座边缘负弯矩的弯起式钢筋或分离式钢筋等。

梁内钢筋通常包括纵向受力钢筋、箍筋、架立筋等；在梁的腹板高度大于 450mm 后梁中部箍筋内侧沿高度方向对称配置的构造钢筋和拉结筋等。

（2）钢筋混凝土受压构件

钢筋混凝土受压构件是指房屋结构中以柱、屋架中受压腹杆和弦杆等为代表的承受轴向压力为主的构件。根据轴向力是否沿构件纵向形心轴作用可分为轴心受压构件和偏心受压构件。

受压构件中的钢筋主要包括纵向受力钢筋、箍筋两类。

（3）钢筋混凝土受扭构件

钢筋混凝土受扭构件是指构件截面除受到其他内力影响还同时受到扭矩影响的构件。如框架边梁在跨中垂直梁纵向的梁端弯矩影响下受扭，雨篷梁、阳台梁、折线梁等都是受扭构件。

受扭构件通常会同时受到弯矩和剪力的作用，它的钢筋包括了纵向钢筋和箍筋两类。受扭构件的纵向钢筋是由受弯纵筋和受扭纵筋配筋值合起来通盘考虑配置的，其中截面受拉区和受压区的配筋是两部分之和，中部对称配置的是受扭钢筋。箍筋也是受剪箍筋和受扭箍筋二者之和配置的结果。

10. 现浇钢筋混凝土肋形楼盖由哪几部分组成？各自的受力特点是什么？

答：现浇钢筋混凝土肋形楼盖由板、次梁和主梁三部分组成。

现浇钢筋混凝土肋形楼盖中的板的主要受力边与次梁上部相

连，非主要受力边与主梁上部相连，它以次梁为支座并向其传递楼面荷载和自重等产生的线荷载，一般是单向受力板。

现浇钢筋混凝土肋形楼盖中次梁通常与主梁垂直相交，以主梁和两端墙体为支座，并向其支座传递集中荷载。主梁承受包括自重等在内的全部楼盖的荷载，并将其以集中荷载的形式传给了它自身支座柱和两端的墙。现浇钢筋混凝土肋形楼盖荷载的传递线路为板→次梁→主梁→柱（或墙）。板主要承受跨内和支座上部的弯矩作用；次梁和主梁除承受跨间和支座截面的弯矩作用外，还要承受支座截面剪力的作用。主次梁交接处主梁还要承受次梁传来的集中竖向荷载产生的局部压力，形成的主拉应力使次梁下部产生“八”字形裂缝。

11. 钢筋混凝土框架结构按制作工艺分为哪几类？各自的特点和施工工序是什么？

答：钢筋混凝土框架结构按施工工艺不同分为全现浇框架、半现浇框架、装配整体式框架和全装配式框架四类。

（1）全现浇框架

全现浇框架是指作为框架结构的板、梁和柱整体浇筑成为整体的框架结构。它的特点是整体性好、抗震性能好，建筑平面布置灵活，能比较好地满足使用功能要求；但由于施工工序多，质量难以控制，工期长，需要的模板量大，建筑成本高，在北方地区冬期施工成本高、质量较难控制。它的主要工序是绑扎柱内钢筋、经检验合格后支柱模板；支楼面梁和板的模板、绑扎楼面梁和板的钢筋，经检验合格后浇筑柱梁板的混凝土并养护；逐层类推完成主体框架施工。

（2）半现浇框架

半现浇框架是柱预制、承重梁和连续梁现浇、板预制，或柱和承重梁现浇，板和连系梁预制，组装成型的框架结构。它的特点节点构造简单、整体性好；比全现浇框架结构节约模板，比装配式框架节约水泥，经济性能较好。它的主要施工工序是先绑扎柱钢筋，经检验合格后支模；接着绑扎框架承重梁和连系梁的钢筋，经检验和合格后支模板，然后浇筑混凝土；等现浇梁柱混凝土达到设计规定的值后，铺设预应力混凝土预制板，并按构造要求灌缝做好细部处理工作。

（3）装配整体式框架

它是指在装配式框架或半现浇框架的基础上，为了提高原框架的整体性，对楼屋面采用后浇叠合层，使之形成整体，以达到盖上楼盖后形成整体性框架结构形式的目的。它的特点是具有装配式框架施工进度快、也具有现浇框架整体性好的双重优点，在地震低烈度区应用较为广泛。它的主要施工工序是在现场吊装梁、柱，浇筑节点混凝土形成框架，或现场现浇混凝土框架梁、柱，在混凝土达到设计规定的强度值后，开始铺设预应力混凝土空心板，然后在楼屋面浇筑后浇钢筋混凝土整体面层。

（4）全装配式框架

它是指框架结构中的梁、板、柱均为预制构件，通过施工现场组装所形成的拼装框架结构。它的主要特点是构件设计定型化、生产标准化、施工机械化程度高，与全现浇框架相比节约模板、施工进度快、节约劳动力、成本相对较低。但整体性差、接头多，预埋件多、焊接节点多，耗钢量大，层数多、高度大的结构吊装难度和费用都会增加，由于其整体性差的缺点在大多数情况下已不再使用。它的主要工序包括现场吊装框架柱和梁并就位，支撑、焊接梁和柱连接节点处的钢筋，后浇节点混凝土形成所拼装框架结构。

12. 砌体结构的特点是什么？怎样改善砌体结构的抗震性能？

答：砌体结构是块材和砂浆砌筑的墙、柱作为建筑物主要受力构件的结构，是砖砌体、砌块砌体和石砌体结构的统称。砌体材料包括块材和砂浆两部分，块材和硬化后的砂浆均为脆性材料，抗压强度较高，抗拉强度较低。黏土砖是砌体结构中的主要块材，生产工艺简单、砌筑时便于操作、强度较高、价格较低廉，所以使用量很大。但是由于生产黏土砖消耗黏土的量大、毁坏农田与农业争地的矛盾突出，焙烧时造成的大气污染等对国家可持续发展构成负面影响，除在广大农村和城镇大量使用以外，大中城市已不允许建设隔热保温性能差的实心砖砌体房屋。空心砖相对于实心砖具有强度不降低、重量轻、制坯时消耗的黏土量少、可有效节约农田、节约烧制时的燃料、施工时劳动强度低和生产效率高、在墙体中使用隔热保温性能良好等特点，所以，它可作为实心黏土砖最好的替代品。水泥砂浆是砌体结构的主要用料。水泥和砖各地都有生产，所以砌体材料便于就地取材，砌体结构价格低廉。但砌体结构所用材料是脆性的，所以结构整体延性差，抗震能力不足。

通过限制不同烈度区房屋总高和层数的做法减少震害，通过对结构体系的改进和淘汰减少震害，通过对材料强度限定确保结构受力性能，通过采取设置圈梁、构造柱、配置墙体拉结钢筋、明确施工工艺、完善结构体系和对设计中各个具体和局部尺寸的限制等一系列方法和思路提高其抗震性能。

13. 什么是震级？什么是地震烈度？它们有什么联系和区别？

答：震级是一次地震释放能量大小的尺度，每次地震只有一个震级，世界上使用里克特震级来定义地震的强烈程度。震级越高地震造成的破坏作用越大，同一地区的烈度值就越高。

烈度是某地遭受一次特定地震后地表、地面建筑物和构筑物所遭受到影响和破坏的强烈程度。也就是某次地震所造成的影响大小的程度。特定的某次地震在不同震中距处造成的烈度可能不同，也可能在相同震中距处造成明显不同的烈度，这主要是震级与地质地貌条件有关，也与建筑物和构筑物自身的设计施工质量和房屋的综合抗震能力有关。即一次地震可能有好多个烈度。

震级和烈度是正向相关关系，震级越大，烈度就越高；但是每次地震只有一个震级，但可能在不同地区或在同一地区产生不同的烈度；震级是地震释放能量大小的判定尺度，而烈度则是地震在地表上所造成后果的严重性的判定尺度，二者有联系但不是同一个概念。

14. 什么是抗震设防？抗震设防的目标是什么？怎样才能实现抗震设防目标？

答：抗震设防是指在建筑物和结构物等设计和施工过程中，为了实现抗震减灾目标，所采取的一系列政策性、技术性、经济性措施和手段的统称。

抗震设防的目标是：

（1）当受到低于本地区基本烈度的多遇地震影响时，一般不受损坏或不需修理可以继续使用。

（2）当受到相当于本地区基本烈度的地震影响时，可能损坏，经一般修理或不需修理仍可继续使用。

（3）当受到高于本地区基本烈度预估的罕遇地震影响时，不致倒塌或危及生命的严重破坏。概括起来就是俗称的“小震不坏、中震可修，大震不倒”，并且最终的落脚点是大震不倒。

要实现抗震设防目标必须从以下几个方面着手：一是从设计入手，严格遵循国家抗震设计的有关规定、规程和抗震规范的要求从源头上设计出满足抗震要求的高质量合格的建筑作品。二是施工阶段要严格质量把关和质量验收，切实执行设计文件和图纸的要求，从材料使用、工艺工序等环节着手严把质量关，切实实现设计意图，用高质量的施工保证抗震设防目标的实现。

第三节　工程预算的基本知识

1. 什么是建筑面积？计算建筑面积的规定包括哪些内容？

答：（1）建筑面积

建筑面积也称为建筑展开面积，它是指建筑物外墙勒角以上外围水平测定的各层面积之和，它是表示一个建筑物规模大小的经济指标。建筑面积应该根据《建筑工程建筑面积计算规范》GB/T 50353—2013 的规定确定。

（2）计算建筑面积的规定

1）建筑物的建筑面积应按自然层外墙结构外围水平面积之和计算。结构层高在 2.20m 及以上的，应计算全面积；结构层高在 2.20m 以下的，应计算 1/2 面积。

2）建筑物内设有局部楼层时，对于局部楼层的二层及以上楼层，有围护结构的应按其围护结构外围水平面积计算，无围护结构的应按其结构底板水平面积计算，且结构层高在 2.20m 及以上的，应计算全面积，结构层高在 2.20m 以下的，应计算 1/2 面积。

3）对于形成建筑空间的坡屋顶，结构净高在 2.10m 及以上的部位应计算全面积；结构净高在 1.20m 及以上至 2.10m 以下的部位应计算 1/2 面积；结构净高在 1.20m 以下的部位不应计算建筑面积。

4）对于场馆看台下的建筑空间，结构净高在 2.10m 及以上的部位应计算全面积；结构净高在 1.20m 及以上至 2.10m 以下的部位应计算 1/2 面积；结构净高在 1.20m 以下的部位不应计算建筑面积。室内单独设置的有围护设施的悬挑看台，应按看台结构底板水平投影面积计算建筑面积。有顶盖无围护结构的场馆看台应按其顶盖水平投影面积的 1/2 计算面积。

5）地下室、半地下室应按其结构外围水平面积计算。结构层高在 2.20m 及以上的，应计算全面积；结构层高在 2.20m 以下的，应计算 1/2 面积。

6）出入口外墙外侧坡道有顶盖的部位，应按其外墙结构外围水平面积的 1/2 计算面积。

7）建筑物架空层及坡地建筑物吊脚架空层，应按其顶板水平投影计算建筑面积。结构层高在 2.20m 及以上的，应计算全面积；结构层高在 2.20m 以下的，应计算 1/2 面积。

8）建筑物的门厅、大厅应按一层计算建筑面积，门厅、大厅内设置的走廊应按走廊结构底板水平投影面积计算建筑面积。结构层高在 2.20m 及以上的，应计算全面积；结构层高在 2.20m 以下的，应计算 1/2 面积。

9）对于建筑物间的架空走廊，有顶盖和围护设施的，应按其围护结构外围水平面积计算全面积；无围护结构、有围护设施的，应按其结构底板水平投影面积计算 1/2 面积。

10）对于立体书库、立体仓库、立体车库，有围护结构的，应按其围护结构外围水平面积计算建筑面积；无围护结构、有围护设施的，应按其结构底板水平投影面积计算建筑面积。无结构层的应按一层计算，有结构层的应按其结构层面积分别计算。结构层高在 2.20m 及以上的，应计算全面积；结构层高在 2.20m 以下的，应计算 1/2 面积。

11）有围护结构的舞台灯光控制室，应按其围护结构外围水平面积计算。结构层高在 2.20m 及以上的，应计算全面积；结构层高在 2.20m 以下的，应计算 1/2 面积。

12）附属在建筑物外墙的落地橱窗，应按其围护结构外围水平面积计算。结构层高在 2.20m 及以上的，应计算全面积；结构层高在 2.20m 以下的，应计算 1/2 面积。

13）窗台与室内楼地面高差在 0.45m 以下且结构净高在 2.10m 及以上的凸（飘）窗，应按其围护结构外围水平面积计算 1/2 面积。

14）有围护设施的室外走廊（挑廊），应按其结构底板水平投影面积计算 1/2 面积；有围护设施（或柱）的檐廊，应按其围护设施（或柱）外围水平面积计算 1/2 面积。

15）门斗应按其围护结构外围水平面积计算建筑面积，且结构层高在 2.20m 及以上的，应计算全面积；结构层高在 2.20m 以下的，应计算 1/2 面积。

16）门廊应按其顶板的水平投影面积的 1/2 计算建筑面积；有柱雨篷应按其结构板水平投影面积的 1/2 计算建筑面积；无柱

雨篷的结构外边线至外墙结构外边线的宽度在 2.10m 及以上的，应按雨篷结构板的水平投影面积的 1/2 计算建筑面积。

17）设在建筑物顶部的、有围护结构的楼梯间、水箱间、电梯机房等，结构层高在 2.20m 及以上的应计算全面积；结构层高在 2.20m 以下的，应计算 1/2 面积。

18）围护结构不垂直于水平面的楼层，应按其底板面的外墙外围水平面积计算。结构净高在 2.10m 及以上的部位，应计算全面积；结构净高在 1.20m 及以上至 2.10m 以下的部位，应计算 1/2 面积；结构净高在 1.20m 以下的部位，不应计算建筑面积。

19）建筑物的室内楼梯、电梯井、提物井、管道井、通风排气竖井、烟道，应并入建筑物的自然层计算建筑面积。有顶盖的采光井应按一层计算面积，且结构净高在 2.10m 及以上的，应计算全面积；结构净高在 2.10m 以下的，应计算 1/2 面积。

20）室外楼梯应并入所依附建筑物自然层，并应按其水平投影面积的 1/2 计算建筑面积。

21）在主体结构内的阳台，应按其结构外围水平面积计算全面积；在主体结构外的阳台，应按其结构底板水平投影面积计算 1/2 面积。

22）有顶盖无围护结构的车棚、货棚、站台、加油站、收费站等，应按其顶盖水平投影面积的 1/2 计算建筑面积。

23）以幕墙作为围护结构的建筑物，应按幕墙外边线计算建筑面积。

24）建筑物的外墙外保温层，应按其保温材料的水平截面积计算，并计入自然层建筑面积。

25）与室内相通的变形缝，应按其自然层合并在建筑物建筑面积内计算。对于高低联跨的建筑物，当高低跨内部连通时，其变形缝应计算在低跨面积内。

26）对于建筑物内的设备层、管道层、避难层等有结构层的楼层，结构层高在 2.20m 及以上的，应计算全面积；结构层高在 2.20m 以下的，应计算 1/2 面积。

27）下列项目不应计算建筑面积：

① 与建筑物内不相连通的建筑部件；

② 骑楼、过街楼底层的开放公共空间和建筑物通道；

③ 舞台及后台悬挂幕布和布景的天桥、挑台等；

④ 露台、露天游泳池、花架、屋顶的水箱及装饰性结构构件；

⑤ 建筑物内的操作平台、上料平台、安装箱和罐体的平台；

⑥ 勒脚、附墙柱、垛、台阶、墙面抹灰、装饰面、镶贴块料面层、装饰性幕墙，主体结构外的空调室外机搁板（箱）、构件、配件，挑出宽度在 2.10m 以下的无柱雨篷和顶盖高度达到或超过两个楼层的无柱雨篷；

⑦ 窗台与室内地面高差在 0.45m 以下且结构净高在 2.10m 以下的凸（飘）窗，窗台与室内地面高差在 0.45m 及以上的凸（飘）窗；

⑧ 室外爬梯、室外专用消防钢楼梯；

⑨ 无围护结构的观光电梯；

⑩ 建筑物以外的地下人防通道，独立的烟囱、烟道、地沟、油（水）罐、气柜、水塔、贮油（水）池、贮仓、栈桥等构筑物。

2. 怎样计算装饰装修工程的工程量?

答：计算工程量应分不同情况，一般采用以下几种方法：

（1）按顺时针顺序计算。以图纸左上角为起点，按顺时针方向依次进行计算，当按计算顺序绕图一周后又重新回到起点。它的特点是能有效防止漏算和重复计算。

（2）按编号顺序计算。结构图中包括不同种类、不同型号的构件，而且分布在不同的部位，为了便于计算和复核，需要按构件编号顺序统计数量，然后进行计算。

（3）按轴线编号计算。对于结构比较复杂的工程量，为了方便计算和复核，有些分项工程可按施工图轴线编号的方法计算。

（4）分段计算。在通长构件中，当其中截面有变化时，可采取分段计算。如多跨连续梁，当某跨的截面高度或宽度与其他跨不同时可按柱间尺寸分段计算。

（5）分层计算。该方法在工程量计算中较为常见，例如墙体、柱面装饰、楼地面做法等各层不同时，都应按分层计算，然后再将各层相同工程做法的项目分别汇总。

（6）分区域计算。大型工程项目平面设计比较复杂时，可在伸缩缝或沉降缝处将平面图划分成几个区域分别计算工程量，然后再将各区域相同特征的项目合并计算。

3. 工程造价由哪几部分构成？

答：建筑工程造价是为了进行某项工程建设所花费的全部费用，它是建设工程项目有计划进行固定资产再生产所形成的最低流动资金的一次性费用总和。它包括以下三方面的内容。

（1）建筑安装工程费

是建设单位为从事该项目建筑安装工程所支付的全部生产费用，包括直接用于各单位工程的材料、人工、施工机械费用以及分摊到各单位工程中去的服务费用及税金。

（2）设备工、器具费

是指建设单位按照建设项目文件要求而购置或自制的设备及工、器具所需的全部费用，包括设备工、器具原价及运杂费。

（3）工程建设其他费用

根据有关规定在周期固定资产投资中支付并列入工程建设项目总概算或单位工程综合概算的除建筑安装工程费和设备工、器具费以外的一切费用。

4. 什么是定额计价？进行定额计价的依据和方法是什么？

答：（1）工程造价的定额计价

工程建设定额是指在工程建设中单位产品上人工、材料、机械、资金消耗的规定额度。工程建设定额是根据国家一定时期的管理体制和管理制度，根据不同定额的用途和适用范围，由指定的机构按照一定的程序制定的，并按照规定的程序审批和办法执行。工程建设定额反映了工程建设和各种资源消耗之间的客观规律。

工程造价的定额计价就是根据所需的工程建设定额对工程造价进行计算或审定的方法和制度。

（2）进行工程造价的定额计价的依据

计价所需的有关工程建设定额，当地工程建设基价表，工程设计文件、图纸，以及当地工程造价部门发布的月度或季度主要材料指导价格表等。

（3）进行工程造价的定额计价的方法

1）计算工程量；

2）套用相应工程计价定额；

3）套用基价表；

4）计算工程造价基础价；

5）根据相关规定计算各种规费、税费；

6）根据主材指导价和有关规定调整工程造价基础价得到确定的工程造价。

5. 什么是工程量清单？它包括哪些内容？工程量清单计价方法的特点有哪些？

答：（1）工程量清单

工程量清单是载明拟建工程的分部分项工程项目、措施项目、其他项目名称和相应数量以及规费、税金项目等内容的明细清单。是按招标要求和施工设计图纸要求规定将拟建招标工程的全部项目和内容，依据统一的工程量计算规则，统一的工程量清单项目编制规则要求，计算拟建招标工程的分部分项工程数量的表格。工程量清单是招标文件的组成部分，是由招标人发出的一套注有拟建工程各实物工程名称、性质、特征、单位、数量及开办项目、税费等相关表格的组成文件。

（2）工程量清单的组成

1）工程量清单说明

工程量清单说明主要是招标人解释拟招标工程量清单的编制依据以及重要作用，明确清单中的工程量是招标人估算得出的，仅仅作为投标报价的基础，结算时的工程量以招标人或其委托授权的监理工程师核准的实际完成量为依据，提示投标申请人重视清单，以及如何使用清单。

2）工程量清单表

工程量清单表作为清单项目和工程数量的载体，是工程量清单的重要组成部分。

（3）工程量清单计价方法的特点

概括起来说，工程量清单计价的特点包括如下几点：

1）满足竞争的需要；

2）提供了一个平等的竞争机会；

3）有利于工程款的拨付和工程造价的最终确定；

4）有利于实现风险的合理分担；

5）有利于业主对投资的控制。

第四节　计算机和相关资料信息管理软件的应用知识

1. 办公自动化（office）应用程序在项目管理工作中的应用包括哪些方面？

答：办公自动化应用程序在项目管理工作中的应用包括：

（1）文字处理及文档编辑、储存；

（2）编制工程施工管理资料，绘制所需的工程技术图纸；

（3）提高办公自动化和管理现代化水平；

（4）局域网络和互联网资源共享；

（5）获取工程管理的各类可能获得的信息；

（6）与项目管理外部组织和内部管理系统各单位可进行工程项目资源共享。

2. 怎样应用 AutoCAD 知识进行工程项目管理?

答：AutoCAD 工具软件在项目工程施工管理中通常用来绘制建筑平面图、立面图、剖面图、节点图。绘图基本步骤包括：图形界限、图层、文字样式、标注式样等基本设置；联机操作；图形绘制；图形修改；图形文字、尺寸标注；保存打印出图。可以随时调整各项设置及修改图形，以满足施工的实际需要。

3. 常见管理软件在工程中怎样应用?

答：管理软件与一般应用软件相比具有功能强大、专业性强的特点。针对施工企业不同的管理需求，可以将集团公司、施工企业、分公司或子公司、项目部等多个层次的主体集中于一个协同的管理平台上，也可以用于单项、多项目组织管理，达到两级管理、三级管理、多级管理等多种模式。

第五节　施工测量的基本知识

1. 怎样使用水准仪进行工程测量?

答：使用水准仪进行工程测量的步骤包括安置仪器、粗略整平、瞄准目标、精平、读数等几个步骤。

（1）安置仪器

把三脚架应安置在距离两个测站点大致等距离的位置，保证架头大致平行。打开三脚架调整至高度适中，将架脚伸缩螺栓拧紧，并保证脚架与地面有稳固连接。从仪器箱中取出水准仪置于架头，用架头上的连接螺栓将仪器三脚架连接牢固。

（2）粗略整平

首先使物镜平行任意两个螺栓的连线；然后，两手同时向内或向外旋转调平螺栓，使气泡作用方向移至两个最先操作的调平螺栓连线中间；再用左手旋转顶部，另外一只手调平螺栓，使气泡居中。

（3）瞄准

首先将物镜对着明亮的背景，转动目镜调焦螺旋，调节十字丝清楚。然后松开制动螺旋，利用粗瞄准器瞄准水准尺，拧紧水平制动螺旋。再调节物镜调焦螺旋，使水准尺分划清楚，调节水平微动螺旋，使十字丝的竖丝照准水准尺边缘或中央。

（4）精平

目视水准管气泡观察窗，同时调整微倾螺旋，使水准管气泡两端的影像重合，此时水准仪达到精平（自动安平水准仪不需要此步操作）。

（5）读数

眼睛通过目镜读取十字丝中丝水准尺上的读数，直接读米、分米、厘米，估读毫米共四位。

2. 怎样使用经纬仪进行工程测量？

答：经纬仪使用的步骤包括安置仪器、照准目标、读数等工作。

（1）安置仪器

经纬仪的安置包括对中和整平两项工作。打开三脚架，调整好长度使高度适中，将其安置在测站上，使架头大致水平，架顶中心大致对准站点中心标记。取出经纬仪放置在经纬仪三脚架头上，旋紧连接螺旋。然后开始对中和调平工作。

1）对中

分为垂球对中和光学对中，光学对中的精度高，目前主要采用光学对中，分为粗对中和精对中两个步骤。

① 粗对中。目视光学对准器，调节光学对准器目镜使照准圈和测站点目标清晰。双手紧握并移动三脚架使照准圈对准站点中心并保持三脚架稳定，架头基本水平。

② 精对中。旋转脚架螺旋使照准圈对准测站点的中心，光学对中的误差应小于1mm。

2）整平

分为粗平和精平两个步骤。

① 粗平。伸长或缩短三脚架腿，使圆水准气泡居中。

② 精平。旋转照准部使照准部水准管的位置与操作的两只螺旋平行，并旋转两只螺旋使水准管气泡居中；然后旋转照准部90°使水准管与开始操作的两只螺旋呈垂直关系，旋转另外一只螺旋使气泡居中。如此反复，直至照准部旋转到任何位置，气泡均居中为止。

在完成上述工作后，再次进行精对中、精平。目视光学对准器，如照准圈偏离测站点的中心侧移量较小，则旋松连接螺旋，在架顶上平移仪器，使照准圈对准测站点中心，旋紧连接螺旋。精平仪器，直至照准部旋转至任何位置，气泡居中为止；如偏移量过大则应重新对中、整平仪器。

（2）照准目标

首先调节目镜，使十字丝清晰，通过瞄准器瞄准目标，然后拧紧制动螺旋，调节物镜螺旋使目标清楚并消除视差，利用微动螺旋精确照准目标的底部。

（3）读数

先打开度盘照明反光镜，调整反光镜，使读数窗亮度适中，旋转读数显微镜的目镜使度盘影像清楚，然后读数。DJ2 级光学经纬仪读数方式为首先转动测微轮，使读数窗中的主、副像分划线清晰，然后在读数窗中读出数值。

3. 怎样使用全站仪进行工程测量？

答：用全站仪进行建筑工程测量的操作步骤包括测前的准备工作、安装仪器、开机、角度测量、距离测量和放样。

（1）测前的准备工作

安装电池，检查电池的容量，确定电池电量充足。

（2）安置仪器

全站仪安置步骤如下：

1）安放三脚架，调整长度至高度适中，固定全站仪到三脚架上，架设仪器使测点在视场内，完成仪器安置。

2）移动三脚架，使光学对点器中心与测点重合，完成粗对中工作。

3）调节三脚架，使圆水准气泡居中，完成粗平工作。

4）调节脚螺旋，使长水准气泡居中，完成精平工作。

5）移动基座，精确对中，完成精对中工作；重复以上步骤直至完全对中、整平。

（3）开机

按开机键开机。按提示转动仪器望远镜一周显示基本测量屏幕。确认棱镜常数值和大气改正值。

（4）角度测量

仪器瞄准角度起始方向的目标，按键选择显示角度菜单屏幕（按置零键可以将水平角读数设置为 0°00′00″）；精确照准目标方向仪器即显示两个方向间水平夹角和垂直角。

（5）距离测量

按键选择进入斜距测量模式界面；照准棱镜中心，按测距键两次即可得到测量结果。按 ESC 键，清空测距值。按切换键，可将结果切换为平距、高差显示模式。

（6）放样

选择坐标数据文件。可进行测站坐标数据及后视坐标数据的调用；置测站点；置后视点，确定方位角；输入或调用待放样点坐标，开始放样。

4. 怎样使用测距仪进行工程测量？

答：用测距仪可以完成距离、面积体积等测量工作。

（1）距离测量

1）单一距离测量。按测量键，启动激光光束，再次按测量键，在一秒钟内显示测量结果。

2）连续距离测量。按住测量键两秒，可以启动连续距离测量模式。在连续测量期间，每 8～15 秒次的测量结果更新显示在结果行中，再次按测量键终止。

（2）面积测量

按面积功能键，激光光束切换为开。将测距仪瞄准目标，按测量键，将测得并显示所量物体的宽度，再按测量键，将测得物体的长度，且立即计算出面积，并将结果显示在结果行中。计算面积按所需的两端距离，显示在中间的结果行中。

5. 高程测设要点有哪些?

答：已知高程的测设，就是根据一个已知高程的水准点，将另一点的设计高程测设到实地上。高程测设要点如下。

1）假设A点为已知高程水准点，B点的设计高程为 H_B。

2）将水准仪安置在A，B两点之间，现在A点立水准尺，读得读数为 a，由此可以测得仪器视线高程为 $H_i=H_A+a$。

3）B点在水准尺的读数确定。要使B点的设计高程为 H_B，则在B点的水准尺上的读数为 $b=H_i-H_B$。

4）确定B点设计高程的位置。将水准尺紧靠B桩，在其上、下移动水准尺子，当中丝读数正好为 b 时，则 B 尺底部高程即为要测设的高程 H_B。然后在B桩上沿B尺底部做记号，即得设计高程的位置。

5）确定B点的设计高程。将水准尺立于B桩顶上，若水准仪读数小于 b 时，逐渐将桩打入土中，使尺上读数逐渐增加到 b，这样B点桩顶的高程就是 H_B。

6. 已知水平距离的测设要点有哪些?

答：已知水平距离的测设，就是由地面已知点起，沿给定方向，测设出直线上另一点，使得两点的水平距离为设计的水平距离。

（1）钢尺测设法

以A点为地面上的已知点，D 为设计的水平距离，要在地面给定的方向测设出B点，使得AB两点的水平距离等于 D。

1）将钢尺的零点对准地面上的已知的A点，沿给定方向拉平钢尺，在尺上读数为 D 处插测钎或吊垂球，以定出一点。

2）校核。将钢尺的零端移动 10～20cm，同法再测定一点。当两点相对误差在允许范围（1/3000～1/5000）内时，取其中点作为 B 点的位置。

（2）全站仪（测距仪）测设水平距离

将全站仪（测距仪）安置于 A 点，瞄准已知方向，观测人员指挥施棱镜人员沿仪器所指方向移动棱镜位置，当显示的水平距离等于待测设的水平距离时，在地面上标定出过渡点 B′，然后实测 AB′的水平距离，如果测得的水平距离与已知距离之差不符合精度要求，应进行改正，直到测设的距离符合限差要求为止。

7. 已知水平角测设的一般方法要点有哪些？

答：设 AB 为地面上的已知方向，顺时针方向测设一个已知的水平角 β，定出 AB 的方向。具体做法是：

1）将经纬仪和全站仪安置在 A 点，用盘左瞄准 B 点，将水平盘设置为 0°，顺时针旋转照准部使读数为 β 值，在此视线上定出 C′点。

2）然后用盘右位置按照上述步骤再测一次，定出 C″点。

3）取 C′到 C″中点 C，则∠BAC 即为所需测设的水平角 β。

8. 怎样进行建筑的定位和放线？

答：（1）建筑物的定位

建筑物的定位是根据设计图纸的规定，将建筑物的外轮廓墙的各轴线交点即角点测设到地面上，作为基础放线和细部放线的依据。常用的建筑物定位方法有以下几种。

1）根据控制点定位。如果建筑物附近有控制点可供利用，可根据控制点和建筑物定位点设计坐标，采取极坐标法、角度交会法或距离交会法将建筑物测设到地面上。其中极坐标法用得较多。

2）根据建筑基线和建筑方格网定位。建筑场地已有建筑基线或建筑方格网时，可根据建筑基线或建筑方格网和建筑物定位点设计坐标，用直角坐标等方法将建筑物测设到地面上。

3）根据与原有建（构）筑物或道路的关系定位。当新建建筑物与原有建筑物或道路的相互位置关系为已知时，则可以根据已知条件的不同采用不同的方法将新建的建筑物测设到地面上。

（2）建筑物的放线

建筑物放线是根据已定位的外墙轴线交点桩，详细测设各轴线交点的位置，并引测至适宜位置做好标记。然后据此用白灰撒出基坑（槽）开挖边界线。

1）测设细部轴线交点。根据建筑物定位所确定的纵向两个边缘的定位轴线，以及横向两个边缘定位轴线确定四个角点就是建筑物的定位点，这四个角点已在地面上测设完毕。现欲测设次要轴线与主轴线的交点：可利用经纬仪加钢尺或全站仪定位等方法依次定出各次要轴线与主轴线的角点位置，并打入木桩并钉好小钉。

2）引测轴线。基坑（槽）开挖时，所有定位点桩都会被挖掉，为了使开挖后各阶段施工能恢复各轴线位置，需要把建筑物各轴线延长到开挖范围以外的安全地点，并做好标志，这个工作称为引测轴线。

① 龙门板法。在一般民用建筑中常用此法。

A. 在建筑物四角和之间隔墙的两侧开挖边线约 2m 处，钉设木桩，及龙门桩。龙门桩要铅直、牢固、桩的侧面应平行于基槽。

B. 根据水准控制点，用水准仪将±0.000（或某一固定标高值）标高测设在每个龙门桩外侧，并做好标志。

C. 沿龙门桩上±0.000（或某一固定标高值）标高线钉设水平的木板，即龙门板，应保证龙门板标高误差在规定范围内。

D. 用经纬仪或拉线方法将各轴线引测到龙门板顶面，并钉好小钉，即轴线钉。

E. 用钢尺沿龙门板顶面检查轴线钉的间距，误差应符合有关规范的要求。

② 轴线控制桩法。龙门板法占地大，使用材料较多，施工时易被破坏。目前工程中多采用轴线控制桩法。轴线控制桩一般设在轴线延长线上距开挖边线 4m 以外的地方，牢固地埋设在地下，也可把轴线投测到附近的建筑物上，做好标志，代替轴线控制桩。

9. 怎样进行基础施工测量？

答：基础施工测量包括开挖深度和垫层标高控制、垫层上基础中线的投测和基础墙标高的控制等内容。

（1）开挖深度和垫层标高控制

为了控制基槽的开挖深度，当快挖到槽底标高时，应用水准仪根据地面±0.000 控制点，在槽壁上测设一些小木桩（称为水平桩），使木桩的上表面离槽底的设计标高为一固定值（如 0.500m），作为控制挖槽深度、槽底清理和基础垫层施工的依据。一般在基槽转角处均应设置水平桩，中间每隔 5m 设一个。

（2）垫层上基础中线的投测

基础垫层打好后，根据龙门板上的轴线钉或轴线控制桩，用经纬仪或拉线挂垂球的方法，把轴线投测到垫层上，并用墨线弹出基础周线和边线，并作为砌筑基础的依据。

（3）基础墙标高的控制

基础墙是指±0.000 以下的墙体，它的标高一般是用基础皮数杆来控制的。在杆上按照设计尺寸将砖和灰缝的厚度，按皮数画出，杆上注记从±0.000 向下增加，并标明防潮层和预留洞口的标高位置等。

10. 怎样进行墙体施工测量？

答：（1）首层楼层墙体的轴线测设

基础墙砌筑到防潮层以后，可以根据轴线控制桩或龙门板上轴线钉，用经纬仪或拉线，把首层楼房的轴线和边线测设到防潮层上，并弹出墨线，检查外墙轴线交角是否为90°。符合要求后，把墙轴线延伸到基础外墙侧面做出标志，作为向上投测轴线的依据。同时还应把门、窗和其他洞口的边线，在外墙侧面上做出标志。

（2）上层楼层墙体标高测设

墙体砌筑时，其标高用墙身皮数杆控制。在墙体皮数杆上根据设计尺寸，按砖和灰缝的厚度画线，并标明门、窗、过梁、楼板等的标高位置。杆上注记从±0.000向上增设。每层墙体砌筑到一定高度后，常在各层墙面上测出+0.5m的水平标高线，即常说的50线，作为室内施工及装修的标高依据。

（3）二层以上楼层轴线测设

在多层建筑墙身砌筑过程中，为了保证建筑物轴线准确，可用吊垂球和经纬仪将基础或首层墙面上的标志轴线投测到各施工楼层上。

① 吊垂球的方法。将较重的垂球悬吊在楼板边缘，当垂球尖对准下面轴线标志时，垂球线在楼板边缘的位置，在此做出标志线。各轴线的标志线投测完毕后，检查个轴线间的距离，符合要求后，各轴线的标志线连接线即为楼层墙体轴线。

② 经纬仪投测法。在轴线控制桩上安置经纬仪，对中整平后，照准基础或首层墙面上的轴线标志，用盘左、盘右分中法，将轴线投测到楼层边缘，在此做出标注线。各轴线的标注线投测完毕后，检查各轴线间的间距，符合要求后，各轴线的标志线连接线即为楼层墙体轴线。

（4）二层以上楼层标高传递

可以采用皮数杆传递、钢尺直接丈量、悬吊钢尺等方法。

① 利用皮数杆传递。一层楼房砌筑完成后，当采用外墙皮数杆时，沿外墙接上皮数杆，即可以把标高传递到各楼层上去。

② 利用钢尺直接丈量。在标高精度要求较高时，可用钢尺从±0.000标高处向上直接丈量，把高程传递上来，然后设置楼

层皮数杆，统一抄平后作为该楼层施工时控制标高的依据。

③ 悬吊钢尺法。在楼面上或楼梯间悬吊钢尺，钢尺下端悬挂一重锤，然后使用水准仪把高程传递上来。一般需要从三个标高点向上传递，最后用水准仪检查传递的高程点是在同一高程，误差不超过 3mm。

11. 怎样进行柱子安装测量?

答：柱子安装测量包括以下内容：

（1）投测柱列轴线

在基础顶面用经纬仪根据柱列轴心控制桩，将柱列轴线投测到杯口顶面上，并弹出墨线，用红漆画出“◤”标志，作为安装柱子时确定轴线的依据。如果柱列轴线不通过柱子的中心线，应在杯型基础顶面加弹柱子中心线。同时用水准仪在杯口内壁测设一条－0.600 的标高线，并画出“▼”标志，作为杯底找平的依据。

（2）柱身弹线

柱子安装前，先将柱子按轴线编号。并在每根柱子的三个侧面弹出柱中心线，并在每条线的上端和下端靠近杯口处画出“◤”标志。根据牛腿面的标高，从牛腿面向下用钢尺量出－0.600的标高线，并画出“▼”标志。

（3）杯底找平

首先量出柱子的－0.600 标高线至柱子底面的长度，再量出相应的柱基杯口内－0.600 标高线至杯底的尺寸，两个值之差即为杯底找平厚度，用水泥砂浆在杯底进行找平，使牛腿面符合设计标高的要求。

（4）柱子的安装测量

柱子安装测量的目的是保证柱子垂直度、平面位置和标高符合要求。柱子被吊入杯口后，应使柱子三面的中线与杯口中心线对齐，用木楔或钢楔临时固定。通过敲打楔子等方法调整好柱子平面位置符合要求。用水准仪检测柱身已标定的轴线标高线。然后用两台经纬仪，分别安置在柱基纵、横轴线离柱子不小于柱高的1.5倍距离位置上，先照准柱子底部的中心线标志，固定照准部位后，再缓慢抬高望远镜，通过校正使柱身双向中心线与望远镜十字丝竖丝相重合，柱子垂直度校正完成，最后在杯口与柱子的缝隙中分两次浇筑混凝土，固定柱子。

12. 怎样进行吊车梁的安装测量？

答：吊车梁的安装测量主要是保证吊车梁平面位置和吊车梁的标高符合要求，具体步骤如下。

（1）安装前的准备工作

首先在吊车梁的顶面和两端面上用墨线弹出中心线。再根据厂房中心线，在牛腿面上弹测出吊车梁的中心线。同时根据柱子上的±0.000标高线，用钢尺沿柱侧面向上量出吊车梁顶面设计标高线，作为调整吊车梁顶面标高的依据。

（2）吊车梁的安装测量

安装时，使吊车梁两端的中心线与牛腿面上的梁中心线重合，吊车梁初步定位。然后可根据校正好的两端吊车梁为准，梁上拉钢丝作为校正中间各吊车梁的依据，使每个吊车梁中心线与钢丝重合。也可以采用平行线法对吊车梁的中心线进行校正。

当吊车梁就位后，还应根据柱上面定出的吊车梁标高线检查梁面的标高，不满足时可采用垫铁及抹灰调整。然后将水准仪安置在吊车梁上，检测梁面的标高是否符合要求。

13. 怎样进行屋架安装测量？

答：（1）安装前的准备工作

屋架吊装前，在屋架两端弹出中心线，并用经纬仪在柱顶面上测设出屋架定位轴线。

（2）屋架的安装测量

屋架吊装就位时，应使屋架的就位线与柱顶面的定位轴线对准，其误差符合要求。屋架的垂直度可用垂球或经纬仪进行检查。

在屋架上弦中部及两端安装三把卡尺，自屋架几何中心向外量出一定距离（一般为500mm），做出标志。在地面上，距屋架中线相同距离处，安置经纬仪，通过观测三把卡尺的标志来校正屋架，最后将屋架用电焊固定。

14. 什么是建筑变形观测？建筑变形观测的任务、内容有哪些？

答：利用观测设备对建筑物在各种荷载和各种影响因素作用下产生的结构位置和总体形状的变化，所进行的长期测量工作称为建筑变形观测。建筑物变形观测的任务是周期性地对设置在建筑物上的观测点进行重复观测，求得观测点位置的变化量。变形观测的主要内容包括沉降观测、倾斜观测、位移观测、裂缝观测和挠度观测等。在建筑物变形观测中，进行最多的是沉降观测。

15. 沉降观测时水准点的设置和观测点的布设有哪些要求？

答：（1）水准点的设置

水准点的设置应满足下列要求：

1）水准点的数目不应少于3个，以便检查。

2）水准点应该设置在沉降变形区以外，距沉降观测点不应大于100m，观测方便且不受施工影响的地方。

3）为防止冻结影响，水准点埋设深度至少要在冻结线以下0.5m。

（2）观测点的布设

沉降观测点的布设应能全面反映建筑及地基变形特征，并顾及地质情况和建筑结构的特点，点位宜选在下列位置。

1）建筑物四角、核心筒四角、大转角处以及沿外墙每10～20m处或每隔2～3根柱基上；

2）新旧建筑物、高低层建筑物、纵横墙交接处的两侧；

3）裂缝、沉降缝、伸缩缝或后浇带两侧、基础埋深相差悬殊处、人工地基与天然地基接壤处、不同结构的分界处及填挖方分界处；

4）宽度大于等于15m或小于15m而地质复杂以及膨胀土地区的建筑物，应在承重内隔墙中部设内墙点，并在室内地面中心及四周设地面点；

5）临近堆置重物处、受振动有显著影响的部位及基础下的暗浜（沟）处；

6）框架结构建筑物的每个或部分柱基上或沿纵横轴线设点；

7）筏板基础、箱形基础底部或接近基础的结构部分的四角处及中部位置；

8）重型设备基础和动力设备基础的四角处、基础形式改变处、埋深改变处以及地质条件变化处两侧；

9）电视塔、烟囱、水塔、油罐、炼油塔、高楼等高耸构筑物，沿周边与基础轴线相交的对称位置，不得少于4个点。

16. 沉降观测的周期怎样确定？

答：沉降观测周期和观测时间应根据工程性质、施工进度、地基地质情况及基础荷载的变化情况而定，应按下列要求并结合实际情况而定：

（1）普通建筑可在基础完工后或地下室砌完后开始检测，大型、高层建筑可在基础垫层或基础底部完成后开始观测。

（2）观测次数与观测时间应视地基和加荷情况而定。民用高层建筑可每加高1～5层观测一次，工业建筑可按回填基坑、安装柱子和屋架、砌筑墙体、设备安装等不同施工阶段分别进行观测。若建筑施工均匀增高，应至少在增加荷载25%、50%、75%和100%时各测一次。

（3）施工过程中若暂停施工，在停工时和重新开始时应各观测一次。停工期间可每隔2～3个月观测一次。

（4）在观测过程中，若有基础附近地面荷载突然增加、基础四周大量积水、长时间连续降雨等情况，均应及时增加观测次数。当建筑突然发生大量沉降、不均匀沉降或严重裂缝时，应立即进行逐日或2～3d一次的连续观测。

（5）建筑物使用阶段的观测次数，应视地面土类型和沉降速率大小而定。除有特殊要求外，可在第一年观测3～4次，第二年观测2～3次，第三年以后每年观测1次，直至稳定为止。

（6）按建筑沉降是否进入稳定阶段，应由沉降量时间关系曲线决定。当最后100d的沉降量在0.01～0.04mm/d时可认为已经进入稳定阶段。具体取值宜根据各地区地基土的压缩性能确定。

17. 建筑沉降观测的方法和观测的有关资料各有哪些？

答：（1）沉降观测的方法

建筑沉降观测的方法视沉降观测的精度而定，有一、二、三等水准测量、三角高程测量等常用的水准测量方法。

（2）观测的有关资料

沉降观测的资料有：

1）沉降观测成果表；

2）沉降观测点位分布图及各周期沉降展开图；

3）荷载、时间、沉降量曲线图；

4）建筑物等沉降曲线图；

5）沉降观测分析报告。

18. 怎样进行倾斜观测？

答：倾斜观测通常包括一般建筑物倾斜观测和建筑物基础倾斜观测。

（1）一般建筑物倾斜观测

将经纬仪安置在距建筑物约1.5倍建筑物高度处，瞄准建筑物某墙面上部的观测点1（可预先编号并做标记），用盘左、盘右分中投点法向下定出新的一点2（可预先编号或做标记）。相隔一段时间后，经纬仪瞄准上部的观测点，用盘左、盘右分中投点法，向下定出最新的一点 3，用钢尺量出下部点 2 和更新的下部点 3 之间的偏移值，同样方法可以得到垂直方向另一个观测点在另一方向的侧移值。根据两个方向的偏移值可以计算出该建筑物的总偏移值为相互垂直方向的偏移值各自平方之和再开方。根据总偏移值和建筑物总高度可以算出倾斜率为总偏移值与房屋总高之比。

（2）建筑物基础倾斜观测

建筑物基础倾斜观测一般采用精密水准测量的方法，定期测出基础两端点的沉降量差值，根据两点间的距离，可计算出倾斜度。对于整体刚性较好的建筑物的倾斜观测，也可采用基础沉降量差值推算主体侧移值。用精密水准测量测定建筑物两端点的沉降量差值，再根据建筑物的宽度和高度，推算出该建筑物主体的侧移值。

19. 怎样进行裂缝观测？

答：裂缝观测的步骤如下：

（1）石膏板标志法。用厚 10mm，宽 50～80mm 的石膏板，固定在裂缝的两侧，当裂缝继续发展时，石膏板也随之开裂，从而观察裂缝的大小及继续发展的情况。

（2）白钢板标志。用两块白钢板。一片为 150mm×150mm 的正方形，固定在裂缝的一侧。另一片为 50mm×200mm 的矩形，固定在裂缝的另一侧。在两块白钢板的表面，涂上红色油漆。如果裂缝继续发展，两块白钢板将逐渐被拉开，露出正方形上没有油漆的部分，其宽度即为裂缝增大的宽度，用尺子量出。

20. 怎样进行水平位移观测？

答：水平位移的观测方法如下：

1）角度前方交会法。利用角度前方会交法，对观测点进行角度观测，计算观测点的坐标利用两点之间的坐标差值，计算该点的水平位移。

2）基准线法。观测时先在位移方向的垂直方向上选取一条基准线，在其上取两个控制点 1、2，在另一端为观测点 3。只要定期测量观测点 3 与基准线 1、2 的角度变化值，即可测定水平位移量。在 1 点安装经纬仪，第一次观测水平角∠213，第二次观测水平角∠213′，算出两次观测水平角值之差，则可计算出其位移量。

第三章 岗位知识

第一节 装饰装修管理规定和标准

1.《建筑装饰装修工程专业承包企业资质等级标准》中关于资质认定及承包工程范围的要求有哪些规定?

答:(1)资质认定

根据《建筑装饰装修工程专业承包企业资质等级标准》,建筑装饰装修工程专业承包企业资质分为一级、二级、三级。

一级资质标准:

1)企业近5年承担过3项以上单位工程造价1000万元以上或三星级以上宾馆大堂的装修装饰工程施工,工程质量合格。

2)企业经理具有8年以上从事工程管理工作经历或具有高级职称;总工程师具有8年以上从事建筑装修装饰施工技术管理工作经历并具有相关专业高级职称;总会计师具有中级以上会计职称。企业有职称的工程技术和经济管理人员不少于40人,其中工程技术人员不少于30人,且建筑学或环境艺术、结构、暖通、给水排水、电气等专业人员齐全;工程技术人员中,具有中级以上职称的人员不少于10人。企业具有的一级资质项目经理不少于5人。

3)企业注册资本金1000万元以上,企业净资产1200万元以上。

4)企业近3年最高年工程结算收入3000万元以上。

二级资质标准:

1)企业近5年承担过2项以上单位工程造价500万元以上的装修装饰工程或10项以上单位工程造价50万元以上的装修装

饰工程施工，工程质量合格。

2）企业经理具有 5 年以上从事工程管理工作经历或具有中级以上职称；技术负责人具有 5 年以上从事装修装饰施工技术管理工作经历并具有相关专业中级以上职称；财务负责人具有中级以上会计职称。企业有职称的工程技术和经济管理人员不少于 25 人，其中工程技术人员不少于 20 人，且建筑学或环境艺术、结构、暖通、给水排水、电气等专业人员齐全；工程技术人员中，具有中级以上职称的人员不少于 5 人。企业具有的二级资质以上项目经理不少于 5 人。

3）企业注册资本金 500 万元以上，企业净资产 600 万元以上。

4）企业近 3 年最高年工程结算收入 1000 万元以上。

三级资质标准：

1）企业近 3 年承担过 3 项以上单位工程造价 20 万元以上的装修装饰工程，工程质量合格。

2）企业经理具有 3 年以上从事工程管理工作经历；技术负责人具有 5 年以上从事装修装饰施工技术管理工作经历并具有相关专业中级以上职称；财务负责人具有初中级以上会计职称。企业有职称的工程技术和经济管理人员不少于 15 人，其中工程技术人员不少于 10 人，且建筑学或环境艺术、结构、暖通、给水排水、电气等专业人员齐全；工程技术人员中，具有中级以上职称的人员不少于 2 人。企业具有的三级资质以上项目经理不少于 2 人。

3）企业注册资本金 50 万元以上，企业净资产 60 万元以上。

4）企业近 3 年最高年工程结算收入 100 万元以上。

（2）承包范围

一级企业可承担各类室内、外装饰装修工程（建筑幕墙工程除外）的施工。二级企业可承担单位工程造价 1200 万元及以下建筑室内、外装饰装修工程（建筑幕墙工程除外）的施工。三级企业可承担单位工程造价 60 万元及以下建筑室内、外装饰装修工程（建筑幕墙工程除外）的施工。承担住宅室内装饰装修工程的装饰装修施工企业，必须经建设行政主管部门资质审查，取得相应的建筑业企业资格证书，并在其资质等级许可的范围内承揽工程。

2. 什么是建筑主体？什么是承重结构？住宅装修活动中禁止哪些行为？

答：(1) 建筑主体

建筑主体是指建筑实体的结构构造，包括屋盖、楼盖、梁、柱、支撑、墙体、连接接点和基础等。

(2) 承重结构

承重结构是指直接将本身自重与各种外加作用力系统地传递给基础和地基的主要结构构件和其连接接点，包括承重墙、立杆、柱、框架柱、支墩、楼板、梁、屋架、悬索等。

(3) 住宅装修活动中禁止的行为

1）未经原设计单位或者具有相应资质的设计单位提出设计方案，变动建筑主体和垂直结构；

2）将没有防水要求的房间或阳台改为卫生间、厨房间；

3）扩大承重墙上原有的门窗洞尺寸、拆除连接阳台的砖、混凝土墙体；

4）损坏房屋原有的节能设施，降低节能效果；

5）其他影响建筑结构和使用安全的行为。

3. 施工作业人员安全生产的权利和义务各有哪些？

答：《中华人民共和国安全生产法》对建设工程项目施工从业人员的权利和义务作出了明确的规定。

(1) 从业人员的权利

从业人员处在施工第一线，直接面对许多危险因素和危及生命健康安全因素，为了使从业人员的人身安全得到切实保护，法律赋予从业人员以自我保护的权利。

1）签订合法劳务合同权

通过与施工承包企业签订合法有效的劳务合同，对保障从业人员劳动安全、防止专业危害的事项明确约定，依法为从业人员办理工伤和社会保险，确保施工企业与从业人员双方合法的权利和义务。

2）知情权

从业人员有权了解施工现场和工作岗位的危险因素、防范措施及事故应急措施，施工承包单位应主动告知有关实情。

3）建议、批评、检举、控告权

从业人员有权参与安全生产方面的民主管理和民主监督。对本单位的安全生产工作提出意见和建议，对其中存在的问题提出批评、检举和控告。生产经营单位不得降低从业人员的工资和福利待遇，不得解除与从业人员签订的劳务合同。

4）对违章指挥、强令冒险作业的拒绝权。

对施工承包企业负责人、生产管理人员和工程技术人员违反规章制度，不顾从业人员的生命安全与健康，指挥从业人员进行生产活动的行为，以及存在有危及人身安全的危险因素而又无相应安全措施的情况下，强迫命令从业人员冒险进行作业的行为，从业人员有权拒绝违章指挥和强令冒险作业。

5）在有安全危险时有停止作业紧急撤离的权利

从业人员发现直接危及人身安全的紧急情况时，有权停止作业或采取可能的应急措施后撤离现场。

以上3）～5）项，生产经营单位不得降低从业人员的工资和福利待遇，不得解除与从业人员签订的劳务合同。

6）依法获得赔偿权

因生产事故受到损害的从业人员，除依法享有工伤保险外，依照有关民事法律的规定还有获得赔偿的权利，有权向与自己确定劳务合同的施工承包企业提出赔偿要求，施工承包单位应依法予以赔偿。

（2）从业人员的义务

1）遵章守规的义务

从业人员在作业过程中，应当严格遵守施工企业安全生产规章制度和操作规程，服从管理，正确佩戴和使用劳动防护用品。

2）掌握安全知识、技能的义务

从业人员应当接受安全生产教育和培训，掌握本职工作所需的安全生产知识，提高安全生产技能，增强事故预防和应急处理能力。

3）安全隐患及时报告的义务

从业人员发现事故隐患或其他不安全因素，应当立即向现场安全生产管理人员或施工企业技术负责人报告；接到报告的人员应当及时处理。

4. 安全技术措施、专项施工方案和安全技术交底有哪些规定?

答：安全技术措施、专项施工方案和安全技术交底工作，《建设工程安全生产管理条例》规定如下。

（1）施工企业必须编制安全生产技术措施及专项施工方案

施工单位应当在施工组织设计中编制安全技术措施及施工现场临时用电方案，对达到一定规模的危险性较大的分部分项工程，如基坑支护与降水工程、土方开挖工程、模板工程、起重吊装工程、脚手架工程、拆除工程、爆破工程等，必须编制专项施工方案，并附具安全验算结果，经施工单位技术负责人，总监理工程师签字后实施，由专职安全生产管理人员进行现场监督。

（2）施工企业必须进行安全技术交底

建设工程施工前，施工单位负责项目管理的施工员应当对有关安全施工的技术要求向施工作业班组、作业人员作出说明，并由双方签字。施工单位有必要对工程的概况、危险部位和施工技术要求、作业安全注意事项向作业人员作出详细说明，以保证施工质量和安全生产。

5. 危险性较大的分部分项工程的范围是什么？

答：危险性较大的分部分项工程是指建筑工程或装饰装修工程在施工过程中存在的、可能导致作业人员群死群伤或造成重大不良社会影响的分部分项工程，具体包括以下内容：

（1）基坑支护

开挖深度超过 3m（含 3m）或虽未超过 3m 但地质条件和周边环境复杂的基坑（槽）支护、降水工程。

（2）土方开挖工程

开挖深度超过 3m（含 3m）的基坑（槽）的土方开挖工程。

（3）模板工程及支撑体系

1）各类工具式模板工程：包括大模板、滑模、爬模、飞模等工程。

2）混凝土模板支撑工程：搭设高度 5m 及以上；搭设跨度 10m 及以上；施工总荷载 $10kN/m^2$ 及以上；集中线荷载 $15kN/m^2$ 及以上；高度大于支撑水平投影宽度且相对独立无联系构件的混凝土模板支撑工程。

3）承重支撑体系：用于钢结构安装等满堂支撑体系。

（4）起重吊装及安装拆卸工程

采用非常规起重设备、方法，且单机起吊重量在 10kN 及以上的起重吊装工程；采用起重机械进行安装的工程；起重机械设备自身的安装、拆卸。

（5）脚手架工程

搭设高度在 24m 及以上的落地式钢管脚手架工程；附着式整体和分片提升脚手架工程；悬挂式脚手架工程；吊篮式脚手架工程；自制卸料平台、移动操作平台工程；新型及异型脚手架工程。

（6）拆除、爆破工程

建筑物、构筑物拆除工程，采用爆破拆除的工程。

（7）其他

建筑幕墙安装工程；钢结构、网架和索膜结构工程；人工挖扩孔桩工程；地下暗挖、顶管及水下作用工程；预应力工程；采用新技术、新工艺、新材料、新设备及尚无相关技术标准的危险性较大的分部分项工程。

6. 超过一定规模的危险性较大的分部分项工程的范围是什么？

答：（1）深基坑支护

开挖深度超过5m（含5m）基坑（槽）的土方开挖、支护、降水工程；开挖深度未超过5m，但地质条件、周边环境和地下管线复杂，或影响毗邻建筑（构筑）物安全的基坑（槽）土方开挖、支护、降水工程。

（2）模板工程及支撑体系

各类工具式模板工程：包括大模板、滑模、爬模、飞模等工程。

混凝土模板支撑工程：搭设高度8m及以上；搭设跨度18m及以上；施工总荷载15kN/m^2及以上；集中线荷载20kN/m^2及以上。

承重支撑体系：用于钢结构安装等满堂支撑体系，承受单点集中荷载700kg以上。

（3）起重吊装及安装拆卸工程

采用非常规起重设备、方法，且单机起吊重量在100kN及以上的起重吊装工程；起重量300kN及以上的起重设备安装工程；高度200m及以上内爬起重设备的拆除工程。

（4）脚手架工程

搭设高度在50m及以上的落地式钢管脚手架工程；提升高度150m及以上附着式整体和分片提升脚手架工程；架体高度20m及以上悬挂式脚手架工程。

（5）拆除、爆破工程

采用爆破拆除的工程；码头、桥梁、高架、烟囱、水塔或拆除中容易引起有毒有害气（液）体或粉尘扩散、易燃、易爆事故发生的建、构筑物的拆除工程；文物保护建筑、优秀历史建筑或历史文化风貌区控制范围的拆除工程。

(6) 其他

施工高度 50m 及以上的建筑幕墙安装工程；跨度大于 36m 及以上的钢结构安装工程；跨度大于 60m 及以上网架和索膜结构工程；开挖深度超过 16m 的人工挖孔桩工程；地下暗挖、顶管及水下作用工程；预应力工程；采用新技术、新工艺、新材料、新设备及尚无相关技术标准的危险性较大的分部分项工程。

7. 危险性较大的分部工程专项施工方案包括哪些内容？怎样实施专项方案？

答：(1) 危险性较大的分部工程专项施工方案的内容

危险性较大的分部工程专项施工方案是指施工单位在编制施工组织设计的基础上，针对危险性较大的分部工程单独编制的安全技术措施文件。专项施工方案编制应当包括以下内容：工程概况、编制依据、施工计划、施工工艺技术、施工安全保证措施、劳动力计划、计算书及相关图纸等。

(2) 危险性较大的分部工程专项施工方案的实施

施工单位应当根据论证报告修改完善专项方案，并经施工单位技术负责人、项目总监理工程师、建设单位项目负责人签字后，方可组织实施。实行施工总承包的，应当由施工总承包单位、相关专业承包单位技术负责人签字。

施工单位应当严格按照专项方案组织施工，不得擅自修改、调整专项方案。如因设计、结构、外部环境等因素变化确需修改的，修改后的专项方案应当重新进行审查。对于超过一定规模的危险性较大工程的专项方案，施工单位应当组织专家进行论证。

专项方案实施前，编制人员或项目技术负责人应当向现场管理人员和作业人员进行安全技术交底。施工单位应当指定专人对专项方案的实施情况进行现场监督和按规定进行监测。发现不按专项施工方案施工的，应当要求其立即整改；发现有危及人身安全紧急情况的，应当立即组织作业人员撤离危险区域。施工单位技术负责人应当定期巡查专项方案的实施情况。

8. 实施工程建设强制性标准监督的内容、方式、违规处罚的规定各有哪些?

答：(1) 强制性标准监督的内容

1) 新技术、新工艺、新材料以及国际标准的监督管理工作

工程建设中拟采用的新技术、新工艺、新材料，不符合强制性标准规定的，应当由拟采用单位提请建设单位组织专题论证，报批建设行政主管部门或者国务院有关主管部门审定。

工程建设中采用国际标准或者外国标准，现行强制性标准未作规定的，建设单位应当向国务院建设行政主管或者国务院有关行政主管部门备案。

2) 强制性标准监督检查的内容

① 有关工程技术人员是否熟悉、掌握强制性标准；

② 工程项目的规划、勘察、设计、施工、验收等是否符合强制性标准的规定；

③ 工程项目采用的材料、设备是否符合强制性标准的规定；

④ 工程项目的安全、质量是否符合强制性标准的规定；

⑤ 工程中采用的导则、指南、手册、计算机软件的内容是否符合强制性标准的规定。

(2) 工程建设强制性标准监督方式

工程建设标准批准部门应当对工程项目执行强制性标准的情况进行监督检查。监督检查可以采用重点检查、抽查和专项检查的方式。

9. 建设装饰装修工程专项质量检测、见证取样检测内容有哪些?

答：建设装饰装修工程质量检测是工程质量检测机构接受委托，根据国家有关法律、法规和工程建设强制性标准，对涉及结构安全项目的抽样检测和对施工现场的建筑材料、构配件的见证

取样检测。

（1）专项检测的业务内容

专项检测的业务内容包括：防火工程检测、节能工程现场检测、建筑幕墙工程检测等。

（2）见证取样检测的业务内容

见证取样检测的业务内容包括：主要装饰装修材料（木材、塑料、涂料、油漆等主要材料和辅料）；板材力学性能检验；主要防火材料防火性能检验等。

10. 怎样进行质量检测试样取样？检测报告生效的条件是什么？检测结果有争议时怎样处理？

答：（1）质量检测试样取样

质量检查试样的取样应在建设单位或者工程监理单位监督下现场取样。提供质量检验试样的单位和个人，应当对试样的真实性负责。

1）见证人员。应由建设单位或者工程监理单位具备试验知识的工程技术人员担任，并应由建设单位或该工程的监理单位书面通知装饰装修施工单位、检测单位和负责该工程的质量监督机构。

2）见证取样和送检。在装饰装修工程施工过程中，见证人员应当按照见证取样和送检计划，对施工现场的取样和送检进行见证，取样人员应在试样或其包装上作出标识、标志。标识和标志要标明工程名称、取样部位、取样日期、取样名称和样品数量，并由见证人员和取样人员签字。见证人员应制作见证记录，并将见证记录归入施工技术档案。见证人员和取样人员应对试样代表性和真实性负责。见证取样的材料送检时，应由送检单位填写委托书，委托单应有见证人员和送检人员签字。检测单位应检查委托单及试样上的标识和标志，确认无误后方可进行检测。

（2）检测报告生效

检测报告生效的条件是：检测报告经检测人员签字、检测机构法定代表人或者其授权的签字人签署，并加盖检测机构公章或检测专用章后方可生效。检测报告经建设单位或监理单位确认后，由施工单位归档。

（3）检测结果争议的处理

检测结果利害关系人对检测结果发生争议的，由双方共同认可的检测机构复检，复检结果由提出复检方报当地建设主管部门备案。

11. 房屋建筑工程质量保修范围、保修期限和违规处罚内容有哪些？

答：（1）房屋建筑工程质量保修范围

《中华人民共和国建筑法》第 62 条规定的建设工程质量保修范围包括：地基基础工程、主体结构工程、屋面防水工程、其他土建工程，以及配套的电气管线、上下水管线的安装工程；供热供冷系统工程等项目。

（2）房屋建筑工程质量保修期

在正常使用条件下，房屋建筑最低质量保修期限为：

1）地基基础工程和主体结构工程，为设计文件规定的该工程的合理使用年限；

2）屋面防水工程、有防水要求的卫生间、房间和外墙面的防渗漏，为 5 年。

3）供热与供冷系统工程，为两个供暖、供冷期。

4）电气管线、给水排水管道、设备安装工程为 2 年。

5）装修工程为 2 年。

其他项目的保修期限由建设单位和施工单位约定。房屋建设保修期从工程竣工验收合格之日起计算。

12. 工程质量监督实施的主体有哪些规定？建筑工程质量监督内容有哪些？

答：（1）工程质量进度的主体

国务院建设和住房建设主管部门负责全国房屋建筑和市政基

础设施工程质量监督管理工作。

县级以上地方人民政府建设主管部门负责本行政区域内工程质量监督工作。

工程质量监督管理的具体工作可以由县级以上地方人民政府建设主管部门委托所属的工程质量监督机构实施。

（2）工程质量监督的内容

1）执行工程建设法律法规和工程建设强制性标准的情况；

2）抽查涉及工程主体结构安全和主要使用功能的工程实体质量；

3）抽查工程质量责任主体和质量检测等单位的工程质量行为；

4）抽查主要建筑材料、建筑构配件的质量；

5）对工程竣工验收进行监督；

6）组织或参与工程质量施工的调查处理；

7）定期对本地区工程质量状况进行统计分析；

8）依法对违法违规行为实施处罚。

13. 工程项目竣工验收的范围、条件和依据各有哪些？

答：（1）验收的范围

根据国家建设法律、法规的规定，凡新建、扩建、改建的基本基本建设项目和技术改造项目，按批准的设计文件所规定的内容建成，符合验收标准，都应及时验收办理固定资产移交手续。项目工程验收的标准为：工业项目经投料试车（带负荷运转）合格，形成生产能力的，非工业项目符合设计要求，能够正常使用的。对于某些特殊情况，工程施工虽未全部按设计要求完成，也应进行验收，这些特殊情况是指以下几种。

1）因少数非主要设备或某些特殊材料短期内不能解决，虽然工程内容尚未全部完成，但已可以投产或使用的工程项目。

2）按规定的内容已建成，但因外部条件的制约。如流动资金不足，生产所需原材料不足等，而使已建工程不能投入使用的项目。

3）有些建设项目或单项工程，已形成生产能力或实际上生产单位已经使用，但近期内不能按原设计规模续建，应从实际情况出发经主管部门批准后，可缩小规模对已完成的工程和设备组织竣工验收，移交固定资产。

（2）竣工验收的条件

建设项目必须达到以下基本条件，才能组织竣工验收：

1）建设项目按照工程合同规定和设计图纸要求已全部施工完毕，达到国家规定的质量标准，能够满足生产和使用要求。

2）交工工程达到窗明地净，水通灯亮及采暖通风设备正常运转。

3）主要工艺设备已安装配套，经联动负荷试车合格，构成生产线，形成生产能力，能够生产出设计文件规定的产品。

4）职工公寓和其他必要的生活福利设施，能适应初期的需要。

5）生产准备工作能适应投产初期的需要。

6）建筑物周围 2m 以内场地清理完毕。

7）竣工结算已完成。

8）技术档案资料齐全，符合交工要求。

（3）竣工验收的依据

1）上级主管部门对该项目批准的文件。包括可行性研究报告、初步设计以及与项目建设有关的各种文件。

2）工程设计文件。包括图纸设计及说明、设备技术说明书等。

3）国家颁布的各种标准和规范。包括现行的《工程施工及验收规范》、《工程质量检验评定标准》等。

4）合同文件。包括施工承包的工作内容和应达到的标准，以及施工过程中的设计修改变更通知书等。

14. 建筑工程质量验收划分的要求是什么？

答：《建筑工程施工质量验收统一标准》GB 50300—2013 中

规定：建筑工程质量验收应划分为单位（子单位）工程、分部（子分部）工程、分项工程和检验批。

(1) 单位工程划分的原则

1）具有独立施工条件并能形成独立使用功能的建筑物及构筑物为一个单位工程。

2）建筑规模较大的单位工程，可将其能形成独立使用功能的部分为一个单位工程。

(2) 分部工程划分的原则

1）分部工程的划分应当按专业性质、建筑部位确定。

2）当分部工程较大或较复杂时，可按材料种类、施工特点、施工程序、专业系统及类别等划分为若干个分部工程。

3）分部工程应按主要工种、材料、施工工艺、设备类别等进行划分。

4）分项工程可由一个或若干个检验批组成，检验批可以根据施工质量控制和专业验收需要按楼层、施工段、变形缝等进行划分。

5）室外工程可根据专业类别和工程规模划分单位（子单位）工程。

15. 怎样判定建筑工程质量验收是否合格？

答：(1) 检验批质量验收合格的规定

1）主控项目和一般项目的质量经抽样检验合格。

2）具有完整的施工操作依据、质量检查记录。

(2) 分项工程质量验收合格的规定

1）分项工程所含的检验批均符合合格质量的规定。

2）分项工程所含的检验批的质量验收记录应完整。

(3) 分部（子分部）工程验收质量合格的规定

1）分部（子分部）工程所含工程的质量均验收合格。

2）质量控制资料完整。

3）地基与基础、主体结构和设备安装等分部工程有关安全及功能的检验和抽样检测结构应符合有关规定。

4）观感质量验收应符合要求。

（4）单位（子单位）工程质量验收合格的规定

1）单位（子单位）工程所含分部（子分部）工程的质量均验收合格。

2）质量控制资料完整。

3）单位（子单位）工程所含分部（子分部）工程有关安全和功能的检测资料完整。

4）主要功能项目的抽查结果应符合相关专业质量验收的规定。

5）观感质量验收应符合要求。

16. 怎样对工程质量不符合要求的部分进行处理？

答：（1）经返工重做更换器具、设备的检验批，应重新进行验收。

（2）经有资质的检测单位检测鉴定能够达到设计要求的检验批，应予验收。

（3）经有资质的检测单位检测鉴定能够达不到设计要求，当经原设计单位核算认可能够满足结构安全和使用功能的检验批，可予以验收。

（4）经返修或加固处理的分项、分部工程，虽然改变外形尺寸但仍能满足安全使用要求，可按技术处理方案和协商文件进行验收。

通过返修加固处理仍不能满足安全使用功能要求的分部工程、单位（子单位）工程，严禁验收。

17. 质量验收的程序和组织包括哪些内容？

答：（1）检验批及分项工程应由监理工程师（建设单位项目技术负责人）组织施工单位项目专业质量（技术）负责人等进行验收。

(2) 分部工程应由总监理工程师（建设单位负责人）组织施工单位项目负责人和技术、质量负责人等进行验收；地基基础、主体结构分部工程的勘察、设计单位的项目负责人和施工单位技术、质量部门负责人也应参加相关分部工程验收。

(3) 单位工程完工后，施工单位应组织应组织有关技术人员进行检查评定，并向建设单位提交工程质量报告。

(4) 建设单位收到工程报告后，应由建设单位（项目）负责人组织施工（含分包单位)、设计、监理等部门（项目）负责人进行单位（子单位）工程验收。

(5) 单位工程有分包单位施工时，分包单位对承包的工程项目应按《建筑工程质量验收标准》GB 50300—2013 规定的程序检查评定，总包单位应派人参加。分包工程完成后，应将工程有关资料交总包单位。

(6) 当参加验收各方对工程质量验收意见不一致时，可请当地建设行政主管部门或工程质量进度机构协调处理。

(7) 单位工程质量验收合格后，建设单位在规定的时间内将工程竣工报告和有关文件，报送建设行政主管部门备案。

18. 住宅装饰装修工程施工规范有哪些要求？

答：住宅装饰装修工程施工规范的有关要求如下：

(1) 施工前应进行设计交底工作，并应对施工现场进行核查，了解物业管理的有关规定。

(2) 各工序、各分项工程应自检、互检及交接检。

(3) 施工中，严禁损坏房屋原有绝热设施；严禁损坏受力钢筋；严禁超荷载集中堆放物品；严禁在预制混凝土空心楼板上打孔安装埋件。

(4) 施工中，严禁擅自改动建筑主体、承重结构或改变房间主要使用功能；严禁擅自拆改燃气、暖气、通信等配套设施。

(5) 管道、设备工程的安装及调试应在装饰装修工程施工前完成，必须同步进行的应在饰面层施工前完成。装饰装修工程不得影响管道、设备的使用和维修。涉及燃气管道的装饰装修工程必须符合有关安全管理的规定。

(6) 施工人员应遵守有关施工安全、劳动保护、防火、防毒的法律，法规。

(7) 施工现场用电应符合下列规定：

① 施工现场用电应从户表以后设立临时施工用电系统。

② 安装、维修或拆除临时施工用电系统，应由电工完成。

③ 临时施工供电开关箱中应装设漏电保护器。进入开关箱的电源线不得用插销连接。

④ 最先进用电线路应避开易燃、易爆物品堆放地。

⑤ 暂停施工时应切断电源。

(8) 施工现场用水应符合下列规定：

① 不得在未做防水的地面蓄水。

② 临时用水管不得有破损、滴漏。

③ 暂停施工时应切断水源。

(9) 文明施工和现场环境应符合下列要求：

① 施工人员应衣着整齐。

② 施工人员应服从物业管理或治安保卫人员的监督、管理。

③ 应控制粉尘、污染物、噪声、振动等对相邻居民、居民区和城市环境的污染及危害。

④ 施工堆料不得占用楼道内的公共空间，封堵紧急出口。

⑤ 室外堆料应遵守物业管理规定，避开公共通道、绿化地、化粪池等市政公用设施。

⑥ 工程垃圾宜密封包装，并放在指定垃圾堆放地。

⑦ 不得堵塞、破坏上下水管道、垃圾道等公共设施，不得损坏楼内各种公共标识。

⑧ 工程验收前应将施工现场清理干净。

19. 材料进场检验及验收有哪些规定?

答：材料进场检验及验收的规定如下：

（1）各种原材料、半成品材料进场，必须经过检查验收。首先点清数量，核对规格型号，视外观合格后方可卸车。其次卸车后，立即取样作试验，合格后才准使用，否则不准使用。

（2）对水泥的验收，每进一批都必须按规定要求抽样做试验；钢材也必须是每进一批都要及时抽检试验。

（3）水泥堆放必须入库，库房四周应排水通畅。严禁露天堆放。库房要设两道门，有进有出。本着先进先出的原则。入库水泥不得超过一个月，以免降低水泥强度，影响工程质量。水泥码高不得超过15袋。

（4）钢材必须存入料棚，四周排水沟通畅。做到上苫下垫，严禁露天存放，以减少锈蚀造成的损失。各种规格型号由小到大，排成一条线，堆放整齐，严禁规格型号混淆不清堆放。

20. 民用建筑工程室内环境污染控制要求有哪些规定？

答：民用建筑工程室内环境污染控制规范的有关要求

（1）采取防氡设计措施的民用建筑工程，其地下工程的变形缝、施工缝、穿墙管（盒入埋设件）、预留孔洞等特殊部位的施工工艺，应符合现行国家标准《地下工程防水技术规范》GB 50108—2008的有关规定。

（2）I类民用建筑工程当采用异地土作为回填土时，该回填土应进行镭－226、钍-32、钾－40的比活度测定。当内照射指数（TR_a）不大于1.0和外照射指数（T_r）不大于1.3时，方可使用。

（3）民用建筑工程室内装修所采用的稀释剂和溶剂，严禁使用苯、工业苯、石油苯、重质苯及混苯。

（4）民用建筑工程室内装修施工时，不应使用苯、甲苯、二甲苯和汽油进行除油和清除旧油漆作业。

（5）涂料、胶粘剂、水性处理剂、稀释剂和溶剂等使用后，应及时封闭存放，废料应及时清出室内。

（6）严禁在民用建筑工程室内用有机溶剂清洗施工用具。

（7）供暖地区的民用建筑工程，室内装修施工不宜在供暖期内进行。

（8）民用建筑工程室内装修中，进行饰面人造木板拼接施工时，除芯板为 EI 类外，应对其断面及无饰面部位进行密封处理。

21.《建筑装饰装修工程质量验收规范》中对施工质量的要求有哪些内容?

答：《建筑装饰装修工程质量验收规范》GB 50210—2001 中对施工质量的要求包括：

（1）承担建筑装饰装修工程施工的单位应具备相应的资质，并应建立质量管理体系。施工单位应编制施工组织设计并应经过审查批准。施工单位应按有关的施工工艺标准或经审定的施工技术方案施工，并应对施工全过程实行质量控制。

（2）承担建筑装饰装修工程施工的人员应有相应岗位的资格证书。

（3）建筑装饰装修工程的施工质量应符合设计要求和本规范的规定，由于违反设计文件和相关规范的规定施工造成的质量问题应由施工单位负责。

（4）建筑装饰装修工程施工中，严禁违反设计文件擅自改动建筑主体、承重结构或主要使用功能；严禁未经设计确认和有关部门批准擅自拆改水、暖、电、燃气、通信等配套设施。

（5）施工单位应遵守有关环境保护的法律法规，并应采取有效措施控制现场的各种粉尘、废气、废弃物、噪声、振动等对周围环境造成的污染和危害。

（6）施工单位应遵守有关施工安全、劳动保护、防火和防毒的法律法规，应建立相应的管理制度，并应配备必要的设备、器具和标识。

（7）建筑装饰装修工程应在基体或基层的质量验收合格后施工。对既有建筑进行装饰装修前，应对基层进行处理并达到本规范的要求。

（8）建筑装饰装修工程施工前应有主要材料的样板或做样板间（件），并应经有关各方确认。

（9）墙面采用保温材料的建筑装饰装修工程，所用保温材料的类型、品种、规格及施工工艺应符合设计的要求。

（10）管道、设备等的安装及调试应在建筑装饰装修工程施工前完成，当必须同步进行时，应在饰面层施工前完成。装饰装修工程不得影响管道、设备等的使用和维修。涉及燃气管道的建筑装饰装修工程必须符合有关安全管理的规定。

（11）建筑装饰装修工程的电器安装应符合设计要求和国家现行标准的规定。严禁不经穿管直接埋设电线。

（12）室内外装饰装修工程施工的环境条件应满足施工工艺的要求。施工环境温度不应低于5℃。当必须在低于5℃气温下施工时，应采取保证工程质量的有效措施。

（13）建筑装饰装修工程施工过程中应做好半成品、成品的保护，防止污染和损坏。

（14）建筑装饰装修工程验收前应将施工现场清理干净。

22. 房屋内部建筑地面工程质量验收的要求有哪些规定？

答：《建筑地面工程施工质量验收规范》GB 50209—2010的有关要求如下：

（1）建筑地面工程采用的材料或产品应符合设计要求和国家现行有关标准的规定。无国家现行标准的，应具有省级住房和城乡建设行政主管部门的技术认可文件。材料或产品进场时还应符合下列规定：

1）应有质量合格证明文件。

2）应对型号、规格、外观等进行验收，对重要材料或产品应抽样进行复验。

（2）厕浴间和有防滑要求的建筑地面应符合设计防滑要求。

（3）厕浴间、厨房和有排水（或其他液体）要求的建筑地面面层与相连接各类面层的标高差应符合设计要求。

（4）有防水要求的建筑地面工程，铺设前必须对立管、套管和地漏与楼板节点之间进行密封处理，并应进行隐蔽验收；排水坡度应符合设计要求。

（5）厕浴间和有防水要求的建筑地面必须设置防水隔离层。楼层结构必须采用现浇混凝土或整块预制混凝土板，混凝土强度等级不应小于C20；房间的楼板四周除门洞外应做混凝土翻边，高度不应小于200mm，宽同墙厚，混凝土强度等级不应小于C20。施工时结构层标高和预留孔洞位置应准确，严禁乱凿洞。

（6）防水隔离层严禁渗漏，排水的坡向应正确、排水通畅。

（7）不发火（防爆）面层中碎石的不发火性必须合格；砂应质地坚硬、表面粗糙，其粒径宜为0.15～5mm，含泥量不应大于3%，有机物含量不应大于0.5%；水泥应采用硅酸盐水泥、普通硅酸盐水泥；面层分格的嵌条应采用不发生火花的材料配制。配制时应随时检查，不得混入金属或其他发生火花的杂质。

23. 建筑节能工程施工质量验收的一般要求是什么？

答：建筑节能工程施工质量验收的一般要求有：

（1）承担建筑节能工程施工企业应具备相应的资质，施工现场应建立有效的质量管理体系、施工质量控制和检验制度，具有相应的施工技术标准。

（2）建筑节能工程采用的新技术、新设备、新材料、新工艺，应按照有关规定进行评审、鉴定及备案。施工前对新的或首次采用的施工工艺进行评价，并制定专门的施工技术方案。

（3）单位工程的施工组织设计应包括建筑节能工程施工内容。

（4）建筑节能工程使用的材料、设备等，必须符合施工图设计要求及国家有关标准的规定。严禁使用国家命令禁止使用与淘汰的材料和设备。

（5）建筑节能工程施工应当按照经审核合格的设计文件和经审批的建筑节能工程施工技术方案的要求施工。

24. 建筑墙体节能工程施工质量验收的要求是什么？

答：建筑墙体节能工程施工质量验收的要求包括：

（1）主体结构完成后进行施工的墙体节能工程，应在基层质量验收合格后施工，施工过程中应及时进行质量检查、隐蔽工程验收和检验批验收，施工完成后应进行墙体节能分项工程验收。与主体结构同时施工的墙体节能工程，应与主体结构一同验收。

（2）墙体节能工程采用外保温定型产品、成套技术或产品时，其型式检验报告中应包括安全性和耐候性检验。

（3）墙体节能工程应对下列部位或内容进行隐蔽工程验收，并应有详细的文字记录和必要的图像资料：保温层附着的基层及其表面处理、保温板粘结或固定、锚固件、增强网铺设、墙体热桥部位处理、预制保温板或预制保温墙板的板缝及构造节点、现场喷涂或浇筑有机类材料的界面、被封闭的保温材料的厚度、保温隔热砌块填充墙。

（4）墙体节能工程的保温材料在施工过程中应采取防潮、防水等保护措施。

（5）墙体节能工程的材料、构件和部品等，其品种、规格、尺寸和性能应符合设计要求和相关标准的规定。

（6）严寒和寒冷地区外保温使用的粘结材料，其冻融试验结果应符合该地区最低气温环境的使用要求。

（7）墙体节能工程的施工，应符合下列规定：保温隔热材料的厚度必须符合设计要求；保温板材与基层及各构造层之间粘结必须牢固，粘结强度和连接方式应符合设计要求，保温板材与基层的粘结强度应做现场拉拔试验；浆料保温层应分层施工；当墙体节能工程的保温层采用预埋或后置锚固件固定时，其锚固件数量、位置、锚固深度和拉拔力应符合设计要求。后置锚固件应进行锚固力现场拉拔试验。

（8）严寒和寒冷地区外墙热桥部位，应按设计要求采取节能保温等隔断热桥措施。

25. 幕墙节能工程、门窗节能工程施工质量验收的要求是什么？

答：（1）幕墙节能工程施工质量验收的要求

1）附着于主体结构上的隔汽层、保温层应在主体结构工程质量验收合格后施工。施工过程应及时进行质量检查、隐蔽工程质量验收和检验批工程验收，施工完成后应进行建筑幕墙节能分项工程验收。

2）幕墙节能工程施工中应对相关项目进行隐蔽工程验收，并应有详细的文字记录和必要的图像资料。

（2）门窗节能工程施工质量验收的要求

1）建筑门窗进场后，应对其外观、品种、规格及附件进行检查验收，对质量证明文件进行检查。

2）建筑外门窗工程施工中，应对门窗框与墙体缝隙的保温填充做法进行隐蔽工程验收，并应有隐蔽工程验收记录和必要的图像资料。

26. 屋面节能工程、地面节能工程施工质量验收的要求是什么？

答：（1）屋面节能工程施工质量验收的要求

1）屋面保温隔热工程的施工，应在基层质量验收合格后进行。施工过程中应及时进行质量检查、隐蔽工程验收和检验批验收，施工完成后应进行屋面节能分项工程验收。

2）屋面保温隔热工程应对下列部位进行隐蔽工程验收，并应有隐蔽工程验收记录和图像资料：基层；保温层的敷设方式、厚度；板材缝隙填充质量；屋面热桥部位；隔汽层。

3）屋面保温隔热施工完成后，应及时进行找平层和防水层的施工，避免保温层受潮、浸泡和受损。

（2）地面节能工程施工质量验收的要求

地面节能工程应对下列部位进行隐蔽工程验收，并应有详细的文字记录和必要的图像资料：基层、被封闭的保温材料厚度、保温材料粘结、隔断热桥部位。

第二节 施工组织设计及专项施工方案的内容和编制方法

1. 施工组织设计的类型有哪些？

答：（1）施工组织设计的概念

在满足国家和建设单位要求的前提下，依据设计文件及图纸、现场施工条件和编制施工组织设计的原则所编制的指导现场施工全过程的重要技术经济文件称为施工组织设计。

（2）施工组织设计的类型

1）施工组织总设计

对群体建筑或一个施工项目的施工全过程起着战略性、控制性的作用。在初步设计或技术设计获得批准后，由总承包单位的总工程师领导编制；对多个合同工程的项目，由监理单位编制。

2）单位工程施工组织设计

指导和组织单位工程或单项工程施工的全过程。施工图设计完成后，由承包单位的技术负责人组织编制。

3）分部分项工程施工组织设计

对技术复杂或专业性较强的分部工程作更详细的施工组织设计。可与单位工程施工组织设计同时编制，或由专业承包单位负责编制。

2. 施工组织设计的内容和编写要求各有哪些？

答：（1）施工组织设计的内容

施工组织设计不仅具有指导施工现场施工的作用，还要对工程商务运作进行规划。施工组织设计除了施工组织与技术措施，还需包含单位工程施工的经济效益分析，成本控制等措施。具体包括如下内容：

1）封面。一般包含工程名称、施工组织设计或专项施工方案、编制单位、编制时间、编制人、审批人、编制企业标识。

2）目录。可以让使用人了解施工组织设计或专项施工方案的各组成部分，快速而方便地找到所需的内容。

3）编制依据。国家与工程建设法律、法规和政策要求、主管部门的批文及要求，主要有工程合同，施工图纸，技术图集，所需的标准、规范、规程等，工程预算及定额，建设单位对施工可能提供的条件，施工条件以及施工企业的生产能力、机具设备状况、技术水平，施工现场的勘察资料等，有关的参考资料及施工组织设计实例等。

4）工程概况。简述工程概况和施工特点，包括：工程名称、工程地址、建设单位、设计单位、监理单位、质量监督单位、施工总包方、主要分包方的基本情况；合同的性质、合同的范围、合同的工期、工程的难点与特点、建筑专业设计概况、结构专业设计概况、其他专业设计概况等；建设地点的地质、水质、气温、风力等；施工技术和管理水平，水、电、场地、道路及四周环境，材料、构件、机械和运输工具的情况等。

5）施工方案。是从时间、空间、工艺、资源等方面确定施工顺序、施工方法、施工机械和技术组织措施等内容。

6）施工进度计划。计算各分项工程的工程量、劳动量和机械台班量，从而计算工作持续时间、班组人数，编制施工进度计划。

7）施工准备工作及各项资源需要量计划。编制施工准备工作计划和劳动力、主要材料、施工机具、构件及半成品的需要量计划等。

8）施工现场平面图。确定起重运输机械的布置，搅拌站、仓库、材料和构件堆场、加工场的位置，现场运输道路的布置，管理和生活临时设施及临时水电管网的布置等内容。

9）主要经济技术指标。主要包括工期指标、质量和安全指标、实物消耗量指标、成本指标和投资额指标等。

10）文明施工技术措施。主要包括施工现场及周边环境卫生、噪声治理、扰民问题解决方案，社区精神文明建设，文明施工费用计划安排等。

11）新技术、新材料和新工艺的使用。对工程项目施工中可能采用的新技术、新工艺、新材料的使用情况、效果、效益等的分析。

12）其他。如冬期施工措施，极端气候条件下的应对措施等。

对于一般常见的建筑结构类型和规模不大的建筑装饰工程，其施工组织设计可以编写得简单一些，其内容一般以施工方案、施工进度计划、施工平面图为主，同时辅以简单的文字说明即可。

（2）施工组织设计编写要求

1）技术文件层次划分。施工组织设计是对一个项目工程的战略性的宏观的部署，具有指导性；方案是每个分部或分项工程的战略计划，需要细致、全面、明确；措施交底是针对作业层编制的细化的施工安排，须突出可操作性。

2）工程难点、重点和特点的体现。充分考虑施工中可能遇到的各种情况，针对工程设计和施工条件的重点和特点制定切实可行的施工方法和保障措施。

3）合同内容的体现。施工组织设计的编制应满足合同条件的约束，将各方权利和义务具体化。

4）经济效益的保障。施工组织设计必须提供合理的施工组织、工序安排、施工方法和施工机械的选择，在确保工程质量的前提下，减少成本投入，为实现经济效益目标提供条件。

5）技术措施合理。施工组织设计必须符合工程设计和现场条件，施工方法先进、恰当、合理、可行。

6）体现创新意识、反映现场施工水平。施工组织设计应体现出管理的创新意识，反映出现场的管理水平，通过细化的施工组织管理保证整个项目的有机运作。

7）编制各类施工组织设计均应进行多方案比较，选择技术先进、可行、可靠、优质、低成本及工序进度合理，能加速工程整体提前交工的方案，以提高业主和施工企业双方的低投入、高产出的经济效果。

3. 专项施工方案的内容、编制方法各包括哪些内容？

答：（1）专项施工方案的内容

主要有专项分部分项工程的概况、施工安排、施工进度计划、施工准备与资源配置计划、施工方法与工艺要求、主要施工管理计划等。

（2）专项施工方案的编制方法

1）工程概况编制

施工方案的工程概况比较简单，一般应对工程的主要情况、设计方案和工程施工条件等重点内容加以简单介绍，重点说明工程的难点和施工特点。

2）施工安排的编制

专项工程的施工安排包括专项工程的施工目标，施工顺序与施工流水段。施工重点和难点分析及主要管理与技术措施、工程管理组织机构与各位职责等内容。此内容是施工方案的核心，关系专项工程实施的成败。

工程的重点和难点的设置，主要是根据工程的重要程度，即质量特征值对整个工程质量的影响程度来确定。首先对施工对象进行全面的分析、比较，以明确工程的重点和难点，然后进一步分析所设置的重点和难点在施工中可能出现的问题或质量安全隐患的原因，针对隐患的原因相应地提出对策，加以预防。专项施工方案的技术重点和难点设置应包括设计、计算、详图、文字说明等。

工程管理的组织结构及岗位职责应在施工安排中确定并符合总承包单位的要求。根据分部（分项）工程的规模、特点、复杂程度、目标控制和总承包单位的要求设置项目管理机构，该机构中各种专业人员配备齐全，完善项目管理网络并建立健全岗位责任制。

3）施工进度计划与资源配置计划的编制

① 施工进度计划

专项工程施工进度计划应按照施工安排，并结合总承包单位的施工进度计划进行编制。施工进度计划可以采用横道图或网络图表示，并附必要说明。

② 施工准备与资源配置计划

施工准备的主要内容技术准备、现场准备和资金准备。技术准备包括施工所需技术资料准备、图纸深化和技术交底的要求，试验检验和测试工作计划、样板制作计划以及与相关单位的技术交底计划等。专项工程技术负责人认真查阅技术交底、图纸会审记录、设计工作联系单、甲方工作联系单、监理通知等是否与施工的项目有出入的地方，发现问题立即处理。现场准备包括生产生活等临时设施的施工准备以及与相关单位进行现场交接的计划。资金准备主要包括编制施工进度计划等。

资源配置计划的内容主要包括劳动力配置计划和物资配置计划。劳动力配置计划应根据工程施工计划要求确定工程用工量并编制专业工种劳动力计划表。物资配置计划包括工程材料和设备配置计划、周转材料和施工机具配置计划以及计量、测量及检测仪器配置计划等。

4）施工方法及工艺要求

① 施工方法。施工方法是工程施工期间所采用的技术方案、工艺流程、组织措施、检验手段等。它直接影响工程进度、质量、安全以及安全成本。施工方法中应进行必要的技术核算，对主要分项（工序）明确施工工艺要求。施工方法比施工组织总设计和单位工程施工组织设计的相关内容更细化。

② 施工重点。专项工程施工方法应对易发生质量通病、易出现安全问题、施工难度大、技术含量高的分项工程（工序）等作出重点说明。

③ 新技术应用。新技术应用。对开发和使用的新技术、新

工艺及采用的新材料和新设备，可以采用目前国家和地方推广的，也可以根据工程具体情况由企业创新；对于企业创新的新工艺、新技术，要制定理论和试验研究实施方案，并组织鉴定评价。

④ 季节性施工措施。对季节性施工要求应提出具体要求。根据施工地点的气候特点，提出具体有针对性的施工措施。

在施工过程中还应根据气象部门的天气预报资料，对具体措施进行细化。

4. 设计技术交底和施工技术交底文件的内容、程序各是什么？

答：技术交底包括设计交底和施工技术交底两类。

(1) 设计交底

在施工图完成并经审查合格后，设计单位在设计文件交付施工时，按照法律规定的义务就施工设计文件向施工单位和监理单位做出详细的说明。它是在建设单位主持下由设计单位向各施工单位（土建施工单位和各设备安装单位）进行的交底，主要任务是向施工企业交代建筑的功能特点、设计意图与要求。其目的是让施工单位和监理单位正确理解施工意图，使他们加深对设计文件难点、重点、疑点的理解，掌握关键工程部位的质量要求，确保工程质量。明确第一次设计变更及工程洽商变更。设计交底一般以会议形式进行，由文字记录会议纪要和洽商纪要两部分组成。

设计交底的主要内容如下：

1）设计文件的依据：上级批文、规划准备条件、人防要求、建设单位的具体要求及设计合同。

2）建设项目所规划的位置、地形、地貌、气象、水文地质、工程地质、地质烈度。

3）施工图设计依据：包括初步设计文件、市政部门要求、规划部门要求、公用部门要求、其他部门（如绿化、环保、消防、文物等）的要求，主要设计规范、甲方或市场供应的材料情况等。

4）设计意图：包括设计思想、设计方案比较情况，结构、水、暖、电、通信、天然气等的设计意图。

5）施工时应注意事项：包括建筑材料方面的特殊要求，建筑装饰施工要求，广播音响与声学要求，基础施工要求，主体结构采用新结构、新工艺对施工的要求，以及其他新科技产品的要求。

6）建设单位、施工单位审图中提出的需要设计说明的问题。

（2）施工技术交底

建筑施工企业中的技术交底，是在某一单位工程开工之前，或某一个分项工程施工前，由主管技术领导向参与施工的人员进行的技术性交代，其目的是使施工人员对工程特点、技术质量要求、施工方法与措施等方面有一个较详细的了解，以便于科学地组织施工，避免技术质量等事故的发生。各项技术交代的记录是工程技术档案资料中不可缺少的部分。

施工技术交底的主要内容如下：

1）工地（队）交底中的有关内容。

2）施工范围、工程量、工作量和施工进度要求。

3）施工图纸的解释。

4）施工方案措施。

5）操作工艺和保证质量安全的措施。

6）工艺质量标准和评定办法。

7）技术检验和检查验收要求。

8）增产节约指标和措施。

9）技术记录内容和要求。

10）其他施工注意事项。

5. 施工技术交底的签字确认办理的程序是什么？

答：施工技术交底应根据工程规模和技术复杂程度不同采取

相应的方法，重大工程或规模大、技术复杂的工程，由施工企业总工程师组织有关部门向分公司和有关施工单位交底；中小型工程，一般由分公司主任工程师或项目部的技术负责人向有关职能人员或施工队交底；工长接受交底后，必要时要做样板操作或样板；班长在接受交底后，应组织工人讨论，按要求施工。

技术交底分为口头交底、书面交底和样板交底等。一般情况下以书面交底为主，口头交底为辅。书面交底由交接双方签字归档。遇到重要的难度较大的工程项目，以样板交底、书面交底和口头交底相结合。等交底双方都认可样板操作并签字，按样板做法施工。

6. 一般抹灰工程施工工艺流程和操作注意事项有哪些?

答：一般抹灰工程施工顺序为先外墙后内墙。外墙由上而下，先抹阳角线（包括门窗角、墙角），台口线，后抹窗台和墙面。室内地坪可与外墙抹灰同时进行或交叉进行。室内其他抹灰是先顶棚后墙面，而后是走廊和楼梯，最后是外墙裙、明沟或散水坡。

（1）墙面抹灰

1）墙面抹灰的操作工序。墙面抹灰的施工工序有：基体清理→湿润墙面→阴角找方→阳角找方→涂刷 108 胶→抹踢脚板、墙裙及护角底层灰→抹墙面底层灰→设置标筋→抹踢脚板、墙裙及护角中层灰→抹墙面中层灰（高级抹灰墙面中层灰应分遍找平）→检查整修→抹踢脚板、墙裙面层灰→抹墙面面层灰并修整→表面压光。

2）墙面抹灰要点。墙面抹灰前，先找好规矩，即四角规方，横线找平，立线吊直，弹出准线，墙裙线、踢脚线。对于一般抹灰，应用托线板检查墙面平整、垂直程度，大致决定抹灰厚度（最薄处不小于 7mm）。再在墙的上角各做一个标准灰饼（用打底砂浆或 1：3 水泥砂浆），遇有门窗洞口垛角处要增做灰饼。灰饼大小为 5cm^2，厚度以墙面平整垂直决定。然后根据两个灰饼用托线板或线坠吊挂垂直，做墙面下角两个标准灰饼（高低位置一般在踢脚线上口），厚度以垂直为准。待灰饼稍干后，拉通线在上下灰饼之间抹上约10cm的砂浆冲筋，用木杠刮平，厚度与灰饼相平，稍干后进行底层抹灰。对于高级抹灰，应先将房间规方，弹出墙角抹灰准线，并在准线上拉通线后做不准灰饼和冲筋。抹灰层采取分层涂抹多遍成活。底层灰应用力压进基层结构面的空隙之内，应粘结牢靠。中层灰等底层灰凝结后达7～8成干，用手指按压已不软，但有指印和潮湿感时，以冲筋厚找满砂浆为准，以大刮尺紧贴冲筋将中层灰刮平，最后用木模搓平，应达到密实平整和粗糙。当中层灰干至七八成后，普通抹灰可用麻刀灰罩面。中、高级抹灰用纸筋罩面，用铁抹抹平，并分两边适时压实收光。室内墙裙、踢脚线一般要比罩面灰墙面凸出3～5mm。因此，应根据高度尺寸弹线，把八字靠尺靠在线上用铁抹子切齐，修编清理，然后再抹墙裙和踢脚板。

（2）顶棚抹灰

钢筋混凝土楼板顶棚抹灰前，应用清水湿润并刷素水泥浆一道。抹灰前在四周墙上弹出水平线，以此线为依据，先抹顶棚四周，圈边找平。抹板条顶棚时，抹子运行方向应与板条方向垂直。抹苇箔顶棚底灰时，抹子方向应顺向苇箔。应将灰挤入板条、苇箔缝隙中，待底子灰六七成干时再进行罩面，罩面分三遍压实、赶光。顶棚表面应平顺，并压实压光，不应有抹纹、气泡及接槎不平现象。顶棚与墙板相交的阳角，应成一条直线。

7. 木门窗工程安装工艺流程和操作注意事项各有哪些？

答：现代建筑使用的门窗按材料分类有木门窗、钢门窗、铝合金门窗、塑钢门窗等。它们的安装工艺各不相同，但建筑房间内部门多采用木门，为了节省篇幅此处仅讨论一下木门窗的安装工艺流程。

（1）立门窗框

门窗框的安装分为先立口和后塞口两种。

1）先立口就是先立好门窗框，再砌门窗框两边的墙。立框时应先在地面和砌好的墙上划出门窗框的中线及边线，然后按线把门窗框立上，用临时支撑撑牢，并校正门窗框的垂直和上下槛的水平。内门框应注意下槛“锯口”以下是否满足地面做法的厚度。立框时应注意门窗的开启方向和墙壁的抹灰厚度。立框要检查木砖的数量和位置，门窗框和木砖要钉牢，钉帽要砸扁，使之钉入口内，但不得有锤痕。

2）后塞口是在砌墙时留出门窗洞口，待结构完成后，再把门窗框塞定洞口固定。这种方法施工方便，工序无交叉，门窗框不易变形走动。采用后塞法施工时，门窗洞口尺寸每边要比门框尺寸每边大 20mm。门窗框塞入后，先用木楔临时固定，靠、吊校正无误后，用钉子将门窗框固定在洞口预留木砖上。门窗框与洞口之间的缝隙用 1∶3 水泥砂浆塞严。

（2）门扇的安装

门扇安装前，应先检查门窗框是否偏斜，门窗扇是否扭曲。安装时先要量出门窗洞口尺寸，根据其大小修刨门窗扇，扇两边同时修刨，名称冒头先刨平下冒头，以此为准再修刨上冒头，修刨时注意风缝大小，一般门窗扇的对口处及扇与框之间的风缝需留 2mm 左右。门窗扇的安装，应使冒头、窗芯呈水平，双扇门窗的冒头要对齐，开关灵活，不能有自开自关的现象。

（3）安装门扇五金

按扇高的 1/8～1/10（一般上留扇高 1/10，下留扇高的 1/8）在框上根据合页的大小画线，剔除合页槽，槽底要平，槽深要与合页后相适应，门插销应装在门拉手下面。安装窗钩的位置，应使开启后窗扇距墙 20mm 为宜。

门窗安装的允许偏差和留缝宽度应符合有关技术规程的要求。

8. 涂料工程施工工艺流程和操作注意事项有哪些？

答：涂料工程分为室内刷（喷）浆和室外刷（喷）浆两种

情况。

（1）室内刷（喷）浆。室内刷（喷）浆按质量标准和浆料品种、等级来分即便涂刷。中、高级刷浆应满刮腻子1～2遍，经磨平后再分2～3遍刷浆。机械喷浆则不受遍数限制，以达到质量要求为主。喷浆的顺序是先顶棚后墙面。先上后下，要求喷匀颜色一致，不流坠、无砂粒。

（2）室外刷（喷）浆。室外刷（喷）浆如分段进行，施工缝应留在分格缝、墙阳角或小落管等分界线处。同一墙面应用相同的材料和同一配合比。采用机械喷浆，要防止沾污门窗、玻璃等不刷浆的部位。

9. 消防安全技术规范的要求包括哪些主要内容？

答：《建设工程建筑施工现场消防安全技术规范》GB 50720—2011规定，临时用房、临时设施的布置应满足现场防火、灭火及人员安全疏散的要求。

（1）施工现场出入口的设置应满足消防车通行的要求，并宜布置在不同的方向，其数量不少于2个。当确有困难只能设置一个出入口时，应在施工现场内设置满足消防车通行的环形道路。

（2）固定动火作业场应布置在可燃堆场及其加工厂、易燃易爆危险品库房等全年最小频率风向的上风侧。易燃易爆危险品库房应远离明火作业区、人员密集区和建筑物相对集中区。可燃材料堆场及其加工场、易燃易爆危险品库房不应布置在架空电线的下。易燃易爆危险品库房与建筑工程的防火间距不应小于15m，可燃材料堆场及其加工场、固定动火作业场与在建工程的防火间距不应小于10m，其他临时用房、临时设施与在建工程的防火间距不应小于6m。

（3）施工现场应设置临时消防车通道，临时消防车道与在建工程、临时用房、可燃材料堆场及加工场的距离不宜小于5m，且不应大于40m；施工现场周边道路满足消防车通行及灭火救援要求时，施工现场内可不设临时消防车道。消防车道的设置应符合下列规定：

1）临时消防车道宜为环形，设置环形车道确有困难时，应在消防车道顶端设置尺寸不小于 12m×12m 的回车场。

2）临时消防车道的净宽度和净空高度不应小于 4m。

3）临时消防车道的右侧应设置消防车行进路线指示标识。

4）临时消防车道路基、路面及其下部设施应能承受消防车通行压力及工作荷载。

（4）下列建筑应设环形消防车道，设置环形临时消防车道确有困难时，除应按规范的规定设置回车场外，尚应按规定设置临时消防救援场地：

① 建筑高度大于 24m 的在建工程；②建筑工程单体占地面积大于 3000m^2 的在建工程；③超过 10 栋且成组布置的临时用房。

（5）临时救援场地的设置应符合下列规定：

① 临时救援场地应在在建工程装饰装修阶段设置。②临时救援场地应设置在成组布置的临时用房的场地的长边一侧及在建工程的长边一侧。③临时救援场地宽度应满足消防车正常操作要求，且不应小于 6m，与在建工程外脚手架的净距不宜小于 2m，且不宜超过 6m。

（6）在建工程的临时疏散通道应采用不燃、难燃材料建造，并应与在建工程结构施工同步设置，也可以利用在建工程施工完毕的水平结构、楼梯。外脚手架、支模架的架体宜采用不燃难燃材料搭设。

下列工程的外脚手架、支模架的架体应采用不燃材料搭设：①高层建筑；②既有建筑改造工程。

下列安全防护网应采用阻燃型安全防护网：①高层建筑外脚手架的安全防护网；②既有建筑改造时，其外脚手架的安全防护网；③临时疏散通道的安全防护网。

（7）作业现场应设置明显的疏散指示标志，其指示方向应指向临时疏散通道入口。作业层的醒目位置应设置安全疏散示意图。施工现场应设置灭火器、临时消防给水系统和应急照明等临时消防设施。临时消防设施与在建工程施工踏步设置。

(8) 施工现场消火栓泵应采用专用消防配电线路。专用消防配电线路应自施工现场总配电箱总断路器上端接入，且应保持不间断供电。地下工程的施工现场应配备毒防面具。临时消防系统贮水池、消火栓泵、室内消防竖管及水泵接合器等应设置醒目标识。

(9) 施工现场的消防安全管理应由施工单位负责，实行总承包时，应由总承包单位负责。施工单位应当根据建设项目规模、现场消防管理的重点，在施工现场建立消防安全管理组织机构及义务消防组织，并应确定消防安全负责人和消防安全管理人员，同时应该落实相关人员的消防安全管理责任。施工单位应针对施工现场可能导致火灾发生的施工作业及其他活动，制定消防安全管理制度，消防区管理制度包括下列内容：

① 消防安全教育与培训制度；②可燃及易燃、易爆危险品的管理制度；③用火、用电、用气管理制度；④消防安全检查制度；⑤应急预案演练制度。

(10) 施工单位应编制施工现场防火技术方案，并应根据施工现场情况变化及时对其修改、完善。施工单位应编制施工现场灭火及应急疏散预案；施工现场的消防安全管理人员应向施工人员进行消防安全教育和培训；施工现场施工管理人员应向作业管理人员进行消防安全技术交底；施工过程中，施工现场的消防安全负责人应定期组织组织消防安全管理人员对施工现场的消防安全进行检查；施工单位应当依据火灾及应急疏散预案，定期开展灭火及应急疏散的演练。施工现场的重点防火部位或区域应设置防火警示标识。

10. 装饰装修电气工程施工技术要求有哪些？

答：(1) 材料提示

1) 电线为正规厂家生产的电线单股铜 $2.5mm^2$ 芯线。

2) PVC 线管、底盒及配件必须符合设计要求。

3) 所用电线的型号、线径符合设计要求；照明、插座用

2.5mm^2 芯线。

4）不受拉力，无扭结、死弯、绝缘层破损等缺陷，电线的火线、零线及地线颜色要分清（红/火、蓝/零、黄绿（双色）/地）。

（2）施工工艺

1）电线弹线开槽，墙身、地面开线槽必须横平竖直，不允许弯弯曲曲，特殊情况须经工程监理同意，所有电线（含电话线、音响线、电视线）都必须可抽动和更换；强弱电须分开线管敷设，电视信号线、电话线、网络线、音响线等要分开敷设。

2）面与墙面应留 10mm 以上的批灰层，以防止墙面开裂；水路工程距离顶棚面间距须大于 5mm。

3）敷设暗管线路，电线在管内不应有接头，不应扭绞，管内应留有 40%的空间，管内电线能随时抽动，方便换线。4mm^2 电线最多 3 根，2.5mm^2 最多 4 根（仅指单根线管）。

4）一套房内，开关设置在 1.3m，插座在 30cm，插座开关各在同一水平线上（其他特殊度如设计需要）。安装底盒必须以水平线为基准线。

5）插座、开关安装要牢固，四周无缝隙，厨房、卫生间内及室外安装的开关应采用带防水措施的开关。

6）分支接头应在插座盒、开关盒、灯头盒内，接头接线在同一处不宜超过两根，在盒内应有适当的余量。

7）电视信号线接线必须采用分频器并留检查口。

8）电线的敷设不得将绝缘电线裸露敷设，不许直接将绝缘电线埋入灰层敷设。

9）电线管路与蒸汽管、热水管及煤气管道间距大于 30cm，交叉处须保持 10cm 以上距离。

10）线路要多路化，做到厨房、卫浴、客厅、卧室分路布线；插座、开关分开，空调、电热水器等大功率电器单独布线。

11）线管采用水泥钉，连接铜丝固定，1∶2 水泥砂浆批荡，平直整洁；大型灯具的安装须用吊钩等预埋件或专用框架可靠固定，吸顶灯具固定面罩的外边框应紧贴棚面，发热量较大的器具与可燃材料接触面进行隔热处理。

12）敷设好的电线、讯号线等都必须进行检测，是否短路、断路、接地等，再进行埋设。

13）敷设好线路后，必须提交一份标准详细的电路图。

14）施工现场临时电源应有完整的插头、开关、插座、漏电保护器设置；临时用线须用电缆。

15）单相两孔插座接线，面对插座左零右火，单相四孔插座，地线接正上方，插座接地线单独敷设，不能与工作零线混用。

16）整套房子只需一个漏电保护器（客户要求除外）。

17）空调等大功率电器，必须设置专用供电回路（含电热水器、太阳能热水器等）。

18）所有入墙电线采用 ϕ20 的 PV 阻燃管套管埋设，并用弯头、直节、线盒等连接，盒底使用杯梳；管中不可有接头，不可将电源线裸露在吊顶上或直接用水泥砂浆抹入中，以保证电源线可以拉动或更换。

19）特殊状况下，电源线管从地面下穿过时，应特别注意在地面下必须使用套管连接紧密，在地面下不允许有接头，电源线出入地面处必须套用弯头。地面没有封闭之前，必须保护好 PVC 套管，不允许有破裂损伤，铺地砖时套管应被砂浆完全覆盖；钉木地板时，电源线管应沿墙角 30cm 以上铺设，以防止电源线管被钉子钉穿。

20）对于地面走线无法开槽的，走完线后必须两边用木方固定，上面钉九厘板保护。

21）电源线走向横平竖直，严禁斜拉，并且要避开壁镜，物架、家具等物的安装位置，防止被电锤、钉子损伤。电源线埋设时，应考虑强电线与弱电管线等保持 300～500mm 以上的距离。

22）电源线管应预先固定在墙体槽中，要保证套管表面嵌进墙面 10mm 以上，（墙上开槽深度≥40mm），槽封口面打毛，开槽超过10cm的要挂钢网。

23）经检验认可，电源线连接合格后，应清理浮尘，湿润槽体，用1：3水泥砂浆封闭，封闭表面要平整，且低于墙面2mm。电源底盒安装要牢固、方正；面板平整与墙面吻合，无缝隙。

24）空调电源采用16A三孔插座，在儿童可触摸的高度（1.5m以下）应采用带保护门的插座。卫生间、洗漱间、浴室应采用双控开关和带防溅保护的插座安装高度不低1.3m，并远离水源，以便于卫生间使用方便，卧室应采用双控开关，厨房电源插座应并列设置开关，控制电源通断，放入柜中的微波炉的电源应在墙面设置开关控制通断。

25）各种强弱电插座接口宁多勿缺，一般在满足现时使用功能的情况下增加20%的插座。

26）跷板开关安装方向一致，下端按入为通，上端按入为断。插座、开关面板紧固时应用配套的螺钉，不得使用木螺钉或自攻螺丝替代，以便损坏底盒。

27）有金属外壳的灯具，金属外壳应可靠接地；火线应接在螺口灯头中心触片上；射灯热量大，应选用导线上套防蜡管的灯座，接好线后，应使用灯座导线散开。

28）音响、电视、电话、多媒体、宽带网等弱电线路的铺设方法及要求与电源线的铺设方法及要求与电源线的铺设方法相同，其插座或线盒与电源插座并列安装。

29）如果客户没有特殊要求，应将所有房间的电话线并接成一个号码。如果楼层有配号箱，应将电话线接通到配号箱内。多芯电话线的接头处，套管子口应有胶带包扎紧，以免电话线受潮，发生串音等故障。铝扣板内电线应捆绑在木龙骨上。

30）强弱电安装质量检验方法：弱电线须采用短接一头，在另一头测量通断的方法。

31）电工进场，应首先计算房室内可能承受的最大荷载和可考虑系数，以便及时对总配电箱进行修整或增容。

32）底盒、网线、电话线应用固定品牌，在材料店购买，材料店应保证材料质量。

33）对于所有完工的成品注意成品保护。

（3）施工步骤

1）设计师、业主、项目经理、监理及水电班负责人到现场确定开关、插座、灯位及其他的家用电器位置（用彩色粉笔在现场做好记录）。

2）水电班负责人根据现场实际情况按规范画好线管的走向，并向业主解释清楚（有必要的估算造价）。

3）施工程序：施工准备→定位、弹线、开槽→管线敷设→管内穿线→电气遥测→隐蔽工程验收→管槽封闭→照明器具安装→通电试验→工程验收、交付。

11. 装饰装修管道安装工程施工技术要求有哪些？

答：（1）给水管道

1）施工程序：熟悉图纸→确定用水设备位置→确定用水末端高度→确定最佳线路→切槽凿槽（标准深度）→检查验证管材、管件质量→按实际尺寸裁料→按管材性能的连接方式连接管及管件→管卡固定→用堵头封闭管末端→串连管道系统→连接手动泵进行加压试验→进行系统检查稳压无渗漏→客户、质检员、施工队长签证试压记录→绘制系统图→交付下道工序泥工填槽。

2）工艺标准：

① 管材及管件的型号、规格必须符合设计要求。

② 管道系统材料的质量必须符合质量标准，并有出厂合格证。

③ 管道的垂直和水平度偏差不得大于3mm。

④ 系统安装完成后必须加压试验，试验压力为0.6MPa稳压5min，降压不大于0.02MPa则系统无渗漏。

⑤ 在系统接头处采取水泥砂浆围护，严禁踩踏。

⑥ 管道在转角、水表、龙头及管道终端必须设管卡固定，不允许有松动现象，末端管件应高于墙面 5～8mm。

⑦ 管道与电源线间距不小于 20cm，与煤气管间距不小于 50cm。

⑧ 阀门开启灵活，与管道连接严密，无渗漏，手动操作方便。

⑨ 地面暗敷的管道隐蔽后必须对实际走向及其位置标记红线示意，防止电钻击穿事故发生。

⑩系统完工后必须进行隐蔽工程验收，经验收合格后，方能进行下道工序施工。

⑪ 每个卫生间进水留一个总阀。

⑫ PP-R 管全部用热水管。

⑬ 冷热水阀分开。

⑭ 热水管道地面以上超出两米需做保温套。

（2）排水管道

1）施工程序：熟悉图纸→对原有系统通水检验→确定排水设备准确位置→确定排污管高度→按规范及设计要求开槽→检查管材及管件质量→按实际尺寸裁料→按管材性能规定的连接方式连接管道及管件→设计要求沿排水方向留坡度→排水系统通水试验检查→连接紧密无渗漏→水泥砂浆补槽及围护→管道末端临时封口保护。

2）工艺标准：

① 管材及管件的型号、规格必须符合设计要求。

② 管道系统材料的质量必须符合国家质量标准，并具有合格证。

③ 系统安装连接正确，顺水有坡度：水池排水坡度≥25‰；面盆、浴缸排水坡度≥20‰；便器排水坡度≥12‰。

④ 管道与管件连接紧密，无渗漏。

⑤ 按规范及设计要求安装存水弯。

⑥ 进行隐蔽验收，绘制系统图。

⑦ 施工时不得损坏防水层，排污管根部应进行防水及处理。

⑧ 必须进行通水试验，试验完成后采用水泥砂浆保护管道系统。

⑨ 排水管在回填前用砖垫好。

3）临时用电：

进场时将空气开关的电线全部卸下来，然后从总进线处接电源到临时配电箱，项目经理部自有配电箱包括漏电开关，空气开关及带保护装置的插座。所有临时用线必须是电缆（包括灯线）。否则按不安全用电处罚。

12. 装饰装修卫浴设备安装工程施工技术要求有哪些规定？

答：（1）卫浴设备基本要求和验收

卫浴设备外表应洁净无损坏，卫生洁具安装必须牢固，不得松动；而且畅通无堵，各连接处应密封无渗漏；阀门开关灵活，采用目测和手感方法验收安装完毕后进行不少于2h盛水试验无渗漏，盛水量分别如下：便器低水箱应盛至扳手孔以下10mm处；各种洗涤盆、面盆应盛至溢水口；浴缸应盛至不少于缸深的1/3；水盘应盛至不少于盘深的2/3。墙面安装玻璃或镜子时，应保证其安全性，边角处不得有尖口和毛刺，潮湿区域应作特殊处理。

（2）卫生洁具安装的一般规定

1）卫生洁具的给水连接管，不得有凹凸弯扁等缺陷。

2）卫生洁具固定应牢固。不得在多孔砖或轻型隔墙中使用膨胀螺栓固定卫生器具。

3）卫生洁具与进水管、排污口连接必须严密，不得有渗漏现象，坐便器应用膨胀螺栓固定安装，并用油石灰或硅酮胶连接密封，底座不得用水泥砂浆固定。浴缸排水必须采用专用硬紫铜管连接。

第三节　施工进度计划的编制方法

1. 施工进度计划有几种类型?

答：施工进度计划包括项目工程的施工进度计划、单位工程的施工进度计划等内容。

施工进度总计划是根据施工部署和施工方案，以拟建项目交付使用的时间为目标，对全工地的所有工程项目做出时间上的安排。其作用在于确定、控制施工项目的总工期和各单位工程的施工期限与相互搭接关系。准确地编制施工总进度计划是保证各项目以及整个建设工程按期交付使用、充分发挥投资效益、降低建筑工程成本的重要条件。

单位工程的施工进度计划的作用是控制单位工程的施工进度，保证在规定工期内完成符合质量要求的工程任务；确保单位工程各个施工过程的施工顺序、施工程序时间及相互衔接和合理平和关系；为编制季度、月度生产作业计划提供依据；是制定各项资源需求量计划的依据。

2. 项目进度计划实施的工作内容包括哪些方面?

答：在工程项目进度计划的实施过程中，由于资源供应和自然条件等因素的影响而打破原有进度计划的情况经常发生，这就说明计划的平衡是相对的，不平衡是绝对的。因此，在计划的实施过程中采取相应的措施进行管理，是十分必要的。进度计划实施的工作内容包括以下几个方面：

（1）组织落实工作。为了保证进度计划得以实施，必须有组织保证，建立相应的组织机构。其主要作用包括编制实施计划、落实保证措施、监测执行情况、分析与控制计划执行情况。要将工期总目标层层分解，落实到各部门或个人，形成进度计划控制目标体系，作为实施进度计划控制的依据。

（2）编制进度实施计划。进度实施计划的主要内容包括：

1）进度控制目标分解图；

2）进度控制的主要工作内容；

3）进度控制人员的具体分工；

4）与进度控制相关工作的时间安排；

5）进度控制的具体方法；

6）进度控制的组织措施、技术措施、经济措施；

7）影响进度目标实现的风险识别与分析。

（3）抓重点关键。在计划进度实施中，要分清主次轻重，抓住重点和关键工作，着力解决好对总进度目标有举足轻重的问题，可以起到事半功倍的作用。

（4）重视调度工作。

调度工作是组织进度计划实施的重要环节，它要为进度计划的顺利执行创造各种必要条件。它的主要任务包括：

1）落实材料加工进货，组织资源进场；

2）落实人力资源，组织人力资源平衡工作；

3）检查计划执行情况，掌握项目进展动态；

4）预测进度计划执行中可能出现的问题；

5）及时采取措施，保证进度目标的实现；

6）召开调度会议，做出调度决议。

3. 怎样编制横道图进度计划?

答：施工总进度横道图网络图的编制。根据施工进度计划编制的原则和依据，针对编制的内容，在保证拟建工程在规定的期限内连续、均衡、保质、保量地完成施工任务的前提下，按下述步骤编制总进度计划。

（1）划分工程项目并确定其施工顺序。

（2）估算各项目的工程量并确定其施工工期。

（3）搭接各施工项目并编制初步施工进度计划。

（4）调整初步进度计划并最终确定进度计划。

（5）依据横道图进度计划的绘制方法，绘制完整清晰合理的施工总进度横道图网络图。

单位工程施工进度横道图的编制。单位工程施工进度计划编制的理论依据是流水作业原理，一般方法是，首先根据流水作业原理。一般方法是，首先根据流水作业原理，编制各分部工程进度计划；然后依据流水作业原理搭接各分部工程流水计划，并合理安排其他不便组织流水施工的某些工序，形成单位工程进度计划。

根据单位工程施工进度计划编制的依据，按照以下工作前后顺序：收集编制依据、划分项目、计算工程量、套用工程量、套用施工定额、计算劳动量和机械台班需用量、确定持续时间、确定各项目之间的关系、绘制进度计划网络图、判别网络进度计划并作必要的调整、绘制正式单位工程横道图、检查并调整。

4. 怎样识读网络计划图？

答：网络计划技术是一种科学的计划管理技术，也是系统工程学的一种重要方法。识读网络计划图的思路和方法如下。

（1）熟悉项目工程的基本情况；

（2）熟悉网络计划编制的基本方法和类型；

（3）熟悉网络图反映的工程各施工工序之间的关系；

（4）熟悉网络计划中各种参数（各项工作的最早开始时间、最早完成时间、最迟开始时间、最迟完成时间、自由时差、总时差、总工期）的概念和计算；

（5）找出关键线路关键工作。

5. 流水施工进度计划的编制方法是什么？

答：流水施工是在施工中组织连续作业、组织均衡生产的一种科学的施工方法。对于符合流水施工条件，经过流水施工效果分析，相对于依次作业可节省时间的工程，可以编制流水作业施工进度计划来组织施工。流水施工进度计划的编制方法概括为如下几个方面：

（1）组织流水施工的条件和效果分析

1）组织流水施工的条件。①把工程项目整个施工过程分解为若干个施工过程，每个施工过程分别由固定的专业工作队实施完成。②把工程项目尽可能地划分为劳动量大致相等的施工段（区）。③确定各施工专业队在各工段内工作持续时间。这个工作持续时间又叫“流水节拍”，代表施工的节奏性。④各个工作队按照一定的施工工艺，配备必要的机具，依此、连续地由一个工段转移到另一个工段，反复完成同类工作。⑤不同工作队完成施工过程的时间适当地接起来。

2）组织流水施工的效果。①可以节省工作时间。②可以实现均衡、有节奏的施工。③可以提高劳动生产率。

（2）流水参数确定

1）工艺参数。工艺参数是指一组流水施工中施工过程的个数。

2）空间参数。空间参数是指单体工程划分的施工段或群体工程划分的施工区个数。

3）时间参数。①流水节拍。它是指某个专业队在一个施工段上的施工作业时间。②流水步距。它是指两个相邻的施工队进入流水作业的时间间隔，以符号“K”表示。③工期。它是指从第一个专业队开始，到最后一个专业队完成最后一个施工过程的最后一段工作退出施工流失作业为止的整个延续时间。

（3）流水作业的组织方法

1）等节拍流水的组织方法。组织等节拍流水，一是使各施工段的工程量基本相等；二要确定主导施工过程的流水节拍；三是使其他施工过程的流水节拍与主导施工过程的流水节拍相等，做到这一点的办法主要是协调各专业队的人数。如果是线性工程，也可以组织等节拍流水，具体要求如下：

① 将线性工程对象划分为若干个施工过程；②通过分析，找出对工期起主导作用的施工过程；③根据完成主导施工过程工作的队或机械的每班生产率确定专业队的移动速度；④再根据这

一速度计算其他施工过程的流水作业，使之与主导施工过程相配合。即工艺上密切联系的专业队，按一定工艺顺序相继投入，各专业队以一定不变的速度沿着线性工程的长度方向不断向前移动，每天完成同样长度的工作内容。

2）异节拍流水施工。在实际工作中，当各工作队的流水节拍都是某一个常数的倍数，就可以按等节拍流水的方式组织施工，产生与等节拍流水施工同样的效果。这种组织方式可称为成倍节拍流水。异节拍流水施工的组织方法如下：

① 以最大公约数去除各流水节拍，其商数就是个施工过程所需要组建的工作队数。②分配每个工作队负责的施工段，以便按时到位作业。③以常数为流水步距，绘制作业图表。④检查图表的正确性，防止发生错误。既不能有“超作业”，又不能有中间停歇。⑤计算工期。

3）无节拍流水。无节拍流水可用分别流水法施工。分别流水法的实质是，各工程队连续作业（流水），流水步距经计算确定。使工作队之间在一个施工段内不相互干扰（不超前，但可能滞后），或做到前后工作队之间工作紧紧衔接。因此，组织无节拍流水的关键在于正确计算流水步距。计算流水步距可用取最大差法，其步骤如下：①累加各施工过程的流水节拍。形成累加数列；②相邻两施工过程的累加数错位相减；③取差数之大者作为该两个施工过程的流水步距。

6. 施工进度计划横道图比较法是什么？

答：项目进度计划的检查比较是调整的基础，常用的比较方法有如下几种：

横道图检查比较法，是把在项目实施中检查实际进度收集的信息，经整理后直接用横道线并列标于原计划的横道线一起，进行直观比较的方法。通过上述记录与比较，发现了实际施工进度与计划进度之间的偏差，为采取调整措施提供了明确的任务。这是人们施工中进行施工项目进度控制经常采用的一种最简便、熟悉的方法。但是，它仅适用于施工中各项工作都是按均匀的速度进行，即是每项工作在单位时间内的任务都是相等的情况。

完成任务量可以用实物工程量、劳动消耗量和工作量三种物理量表示。为了比较方便起见，一般用它们实际完成量的累计百分比与计划的应完成量的累计百分比进行比较。

(1) 匀速施工横道图比较法。匀速施工是指工程项目施工中，每项工作的施工进展速度都是均匀的，即在单位时间内完成任务的量都是相等的，累计完成的任务量与时间呈直线变化。作图比较法的步骤如下：

1) 编制横道图进度计划。

2) 在进度计划中标出检查日期。

3) 将检查收集的实际进度数据，按比例用虚粗线标于计划进度线的下方。

4) 比较分析实际进度与计划进度。

(2) 双比例单侧横道图比较法。匀速施工图的比较法，只适用施工速度不变的情况下进行实际进度与计划进度之间的比较。当工作在不同的单位时间里进展速度不同时，累计完成的任务量与时间不呈现正比例关系的变化。

双比例单侧横道图比较法，是适用于工作进度按变速进展的情况下对工作匀速进展工作时间与完成任务量进行比较的方法。其比较方法的步骤如下：

1) 制横道图进度计划。

2) 横道图上方标出各种工作主要时间计划完成任务的百分比。

3) 在计划横道线的下方标出工作的相应日期实际完成的任务累计百分比。

4) 用粗虚线标出实际进度线，并从开工日标起，同时反映施工过程中工作连续与间断情况。

5) 对照横道线上方计划完成累计量，比较出实际进度与计划进度之间的偏差：当同一时刻上下两个累计百分比相等，表明实际进度与计划进度一致；当同一时刻上面的累计百分比大于下面的累计百分比，表明该时刻施工进度拖后，拖后的量为二者之差。当同一时刻上面的累计百分比小于下面的累计百分比，表明该时刻施工进度超前，超前的量为二者之差。

7. 施工进度计划S形曲线比较法是什么?

答：S形曲线比较法是以横坐标表示进度时间，纵坐标表示累计完成任务量，而绘制出一条按计划时间累计完成任务量的曲线，将施工项目的各检查时间实际完成的任务量以S形曲线进行设计进度与计划进度相比较的一种方法。它是在图上直观地进行施工项目实施进度与计划进度比较。一般情况，进度计划控制人员在计划实施前绘制S形曲线。在项目施工过程中，按规定时间将检查的实际完成情况，绘制在与计划S形曲线同一张图上，可得出实际进度S形曲线。

8. 施工进度计划“香蕉”形曲线比较法是什么?

答：“香蕉”形曲线是两条S形曲线组合而成的封闭曲线。从S形曲线比较法中得知，按某一时间开始的施工项目的进度计划，其计划实施工程中进行时间与累计完成任务量的关系都可以用一条S形曲线表示。对于一个施工项目的网络计划，在理论上总是分为最早和最迟两种开始时间和完成时间的。

在项目实施进度控制的理想状况是任一时刻按实际进度描绘的点，应落在“香蕉”形曲线的区域内。

9. 施工进度计划前锋线比较法是什么?

答：前锋线比较法。施工项目的进度计划用时标网络计划表达时，还可以采用实际进度前锋进行实际进度与计划进度的比较。

前锋线比较法是从计划检查时间的坐标出发，用点划线依次连接各项工作的实际进度点，最后到计划检查时间的坐标点为止，形成前锋线。按实际进度线与工作箭线交汇的位置判断施工实际进度与计划进度的偏差。简单地说就是，实际进度前锋线是通过施工项目实际进度前锋线，判定施工实际进度与计划进度偏差的方法。

10. 施工进度计划列表比较法是什么？

答：列表比较法。当采用设备网络计划时，也可以采用列表分析法。即记录检查正在进行的工作名称和已进行的天数，然后列表结算有关参数，根据原有总时差和尚有总时差，判断实际进度和计划进度的比较方法。

11. 施工进度计划偏差的纠正办法有几种？

答：对工程项目进度计划进行检查、测量后，可与计划进度进行比较，从中发现是否出现进度偏差以及偏差的大小。通过分析，如果进度偏差较小，应在分析其产生的原因的基础上采取有效的措施，排除障碍，继续执行原定计划；如果偏差较大，原定计划不易实现时，应考虑对原进度计划进行必要的调整，以形成新的进度计划，作为进度控制的依据。进度计划调整的方法有以下几种。

（1）改变某些工作间的逻辑关系。若检查的实际工作进度产生偏差影响了总工期，在工作之间逻辑关系允许改变的前提条件下，可改变关键线路和超过计划工期的非关键线路上的有关工作之间的逻辑关系，达到缩短工期的目的。

（2）压缩关键工作的持续时间。当进度计划是用网络计划技术编制时，可通过压缩关键线路上关键工作的持续时间来缩短工期。

（3）资源供应的调整。如果资源供应发生异常，应采取资源优化方法对计划进行调整，或采取应急措施，使其对工作的影响最小。

（4）增减施工内容。增减施工内容要做到不打乱原计划的逻辑关系，只对局部逻辑关系进行调整，在增减工作内容以后，应重新计算时间参数，分析对原网络计划的影响，当工期有影响时，应采取调整措施，保证计划工期不变。

（5）增减工程量。增减工程量主要是指改变施工方案、施工方法，从而导致工程量的增加或减少。

（6）起止时间的改变。起止时间的改变应在相应工作时差范围内进行。每次调整必须重新计算时间参数，观察该项调整对施工计划的影响。

第四节　环境与职业健康安全管理的基本知识

1. 什么是文明施工？国家对文明施工的要求有哪些？

答：（1）文明施工

文明施工是保持施工现场良好作业环境、卫生环境和工作程序的重要途径。主要包括规范施工现场的场容，保持作业环境对整洁卫生；科学组织施工，使生产有序进行；减少施工对周围居民和环境的影响；遵守施工现场文明施工的规定和要求，保证职工的安全和身体健康。

（2）国家对文明施工的基本要求

1）装饰工程施工现场必须设置明显的施工标牌，表明工程项目名称、建设单位、设计单位、施工单位、项目经理和施工现场总代表人的姓名、开工和竣工日期、施工许可证批文号等。施工单位负责对现场标牌对保护工作。

2）装饰工程施工管理人员在施工现场应当佩戴证明其身份的证卡。

3）应当按照施工总平面布置图设置各项临时设施。现场堆放对大宗材料、成品、半成品和机具设备不得侵占场内道路及安全防护等设施。

4）装饰工程施工现场用电线路、用电设施的安装和使用必须符合安装规范和安全操作规程，并按照施工组织设计进行架设，严禁任意拉线接电。施工现场必须有保证施工安全的夜间照明；以及潮湿场所的照明以及手持照明灯具，必须采用符合安全要求的电压。

5）施工机械应当按照施工组织设计总平面图规定的位置和线路设置，不得任意侵占场内道路。施工机械进场必须经过安全检查，经过检查合格后方能使用。施工机械操作人员必须按有关规定持证上岗，禁止无证人员操作机械设备。

6）应保持施工现场道路畅通，排水系统处于良好的使用状态；保持场容场貌的整洁，随时清理建筑垃圾。在车辆、行人通行的地方施工，应当设置施工标志，并对沟、井、坎、穴进行封闭。

7）施工现场对各种安全设施和劳动保护器具必须定期检查和维护，及时消除隐患，保证其安全有效。

8）装饰工程施工现场必须设置各类必要的职工生活设施，并符合卫生、通风、照明要求。职工的膳食、饮水等应当符合卫生要求。

9）应当做好施工现场安全保卫工作，采取必要的防盗措施，在现场周边设立围护设施。

10）应当严格依照《中华人民共和国消防条例》的规定，在施工现场建立和执行防火管理制度，设置符合消防要求的消防设施，并保持完好的备用状态。在容易发生火灾的地区施工，或存储、使用易燃易爆器材时，应当采取特殊的消防安全措施。

11）装饰工程施工现场发生的工程建设重大事故的处理，依照《工程建设重大事故报告和调查程序规定》执行。

2. 装饰工程施工现场环境保护的措施有哪些？

答：装饰工程施工现场环境保护是按照法律法规、各级主管部门和企业的要求，保护和改善作业现场环境，控制现场各种粉尘、废水、废气、固体废弃物、噪声、振动等对环境的污染和危害。

施工现场环境保护的措施如下：

（1）妥善处理泥浆水，未经处理不得直接排入城市设施和河流；

（2）除设有符合规定的装置外，不得在施工现场熔融沥青或焚烧油毡、油漆以及其他会产生有毒有害烟尘和恶臭气体的物质；

（3）使用密封式的筒体或者采取其他措施处理高空废弃物；

（4）采取有效措施控制施工过程中的扬尘；

（5）禁止将有害有毒废弃物用做土方回填；

（6）对产生噪声、振动的施工机械，应采取外仓隔声材料降低声音分贝，避免夜间施工，减轻噪声扰民。

3. 装饰工程施工现场环境事故的处理方法有哪些？

答：（1）装饰工程施工现场空气污染物的处理

1）严格控制施工现场和施工运输过程中的降尘和飘尘对周围大气的污染，可采用清扫、洒水、覆盖、密封等措施降低污染。

2）严格控制有毒有害气体的产生和排放。如禁止随意燃烧油毡、橡胶、塑料、皮革、树叶、枯草、各种包装物等废弃物品，尽量不使用有毒有害的涂料等化学物质。

3）所有机动车尾气排放必须符合国家现行标准。

（2）对施工现场污水的处理

1）控制污水排放；

2）改革工艺，减少污水生产；

3）综合利用废水。

（3）施工现场噪声污染的处理

噪声控制可从声源、传播途径、接收者防护等方面来考虑。

1）声源控制。从声源上降低噪声，这是防止噪声污染的根本措施。包括尽量采用低噪声的设备和工艺代替高噪声设备与加工工艺；在声源处安装消声器消声，严格控制人为噪声。

2）传播途径的控制。在传播途径上控制噪声的方法主要有吸声、隔声、消声、减振降噪等。

3）接收者的防护。让处于噪声环境下的人员使用耳塞、耳罩等防护用品，减少相关人员在噪声环境中的暴露时间，以减轻噪声对人体的危害。

（4）固体废弃物的处理

1）物理处理。包括压实浓缩、破碎、分选、脱水、干燥等。

2）化学处理。包括氧化还原、中和、化学浸出等。

3）生物处理。包括好氧处理、厌氧处理等。

4）热处理。包括焚烧、热解、焙烧、烧结等。

5）固化处理。包括水泥固化法、沥青固化法等。

6）回收利用。包括回收利用和集中处理等资源化、减量化的方法。

7）处置。包括土地填埋、焚烧、贮留池贮存等。

4. 施工安全危险源怎样分类?

答：施工安全危险源存在于施工活动场所及周围区域，是安全生产管理对主要对象。从本质上讲，能够造成危害（如伤亡事故、人身健康受到损害、物体受到破坏和环境污染）的，均属于危险源。

（1）按危险源在事故发生过程中的作用分类

危险源导致事故可以归结为能量对以外释放或有害物质的泄漏。根据危险源在施工过程中发生的作用把危险源分为以下两类。

1）第一类危险源

能量和危险物质的存在是危害产生的根本原因，通常把可能发生意外释放能量（能源或能量载体）或危险物质的称为第一类危险源。第一类危险源危险性大小主要取决于以下几个方面：

① 能量或危险物质的数量；

② 能量或危险物质意外释放的强度；

③ 意外释放的能量或危险物质的影响范围。

2）第二类危险源

造成约束、限制能量和危险物质措施失控的各种不安全因素称为第二类危险源。第二类危险源主要体现在设备故障或缺陷（物的不安全状态）、人为失误（人的不安全行为）、环境因素和管理缺陷等几个方面。

事故的发生是两类危险源共同作用的结果，第一类危险源是事故发生的前提，第二类危险源的出现是第一类危险源导致事故的必要条件。在事故的发生和发展过程中，两类危险源相互依存、相辅相成。第一类危险源是事故的主体，决定事故的严重程度，第二类危险源出现的难易，决定事故发生可能性的大小。

（2）按引起的事故类型分

综合考虑事故的起因、致害物、伤害方式等特点，将危险源和危险源造成的事故分为20类。具体分为：物体打击、车辆伤害、机械伤害、起重伤害、触电、淹溺、灼烫、火灾、高处坠落、坍塌、冒井片帮，透水、放炮、火药爆炸、瓦斯爆炸、锅炉爆炸、容器爆炸、其他爆炸（化学爆炸、炉膛、钢水爆炸）、中毒和窒息、其他伤害（扭伤、跌伤、野兽咬伤等）。在建设工程施工生产中，最主要的事故类型是高程坠落、物体打击、触电事故、机械伤害、坍塌事故、火灾和爆炸。

5. 施工安全危险源的防范重点怎样确定？

答：装饰工程施工安全重大危险源的辨识，是加强施工安全生产管理，预防重大事故发生的基础性工作。施工安全危险源的防范重点包括如下内容。

（1）对施工现场总体布局机械优化。整体考虑施工期内对周围道路、行人及邻近居民、设施的影响，采取相应的防护措施（全封闭防护或部分封闭防护）；平面布置应考虑施工区与生活区分隔以及施工排水、安全通道、高处作业对下部和地面人员的影响；临时用电线路的整体布置、架设方法；安装工程中的设备、构配件吊运，起重设备的选择和确定，起重半径以外的安全防护范围等。

（2）对深基坑、基槽的开挖，应了解场地土的类别，选择土的开挖方法、放坡坡度或固壁支撑的具体做法。

（3）30m 以上脚手架或挑架以及大型模板工程，还应进行架体和模板承重强度、荷载计算，以保证施工过程的安全。

（4）施工过程中的“四口”（楼梯口、电梯口、通道口、预留洞）应有防护措施。如楼梯口、通道口应设置 1.2m 高的防护栏杆并加装安全网；预留孔洞应加盖；大面积孔洞、如吊装孔、设备安装孔、天井孔等应加周边栏杆并安装立网。

（5）“临边”防护措施。施工中未安装栏杆的阳台（走台）周边、无外架防护的屋面（或平台）周边、框架工程楼层周边、跑道（斜道）两侧边，卸料平台外侧边等均属于临边危险地域，应采取防止人员和物料下落的措施。

（6）当外电线路与在建工程（含脚手架具）的外边缘与外电架空线的边线之间达到最小安全操作距离时，必须采取屏障、保护网等措施。小于最小安全距离时，还应设置绝缘屏障，并悬挂醒目的警示标志。

（7）施工工程、暂设工程、井架门架等金属构筑物，凡高于周围原有避雷设备，均应设防雷设施，对易燃易爆作业场所必须采取防火防爆措施。

（8）季节性施工的安全措施。如夏季防中暑措施，包括降温、防热辐射、调整作息时间、疏导风源等措施；雨期施工要制定防雷防电、防坍塌措施；冬季要有防火、防大风等措施。

6. 建筑装饰装修工程施工安全事故怎样分类？

答：事故是指造成死亡、疾病、伤害、损坏或其他损失的事件。职业健康安全施工分为职业伤害和职业病两大类。职业伤害事故是指因生产过程及工作原因或与其相关的其他原因造成的伤亡事故。根据国家有关法规和标准，伤亡事故按以下方法分类。

（1）按安全事故类别分类

根据《企业职工伤亡事故分类》GB 6441—1986 的规定，将事故类别划分为物体打击、车辆伤害、机械伤害、起重伤害、触电、淹溺、灼烫、火灾、高处坠落、坍塌、冒井片帮，透水、放炮、火药爆炸、瓦斯爆炸、锅炉爆炸、容器爆炸、其他爆炸（化学爆炸、炉膛、钢水爆炸）、中毒和窒息、其他伤害共 20 大类。

（2）按事故后果严重程度分类

1）轻伤事故。造成职工肢体或某些器官功能性或器质性轻度损伤，表现为劳动能力轻度或暂时丧失的伤害，一般每个受伤人员休息 1 个工作日以上，105 个工作日以下。

2）重伤事故。一般指受伤人肢体残缺或视觉、听觉等器官受到严重损伤，能引起人体长期存在功能障碍和劳动能力有重大损失的伤害，或者造成每个受伤人损失 105 个工作日以上的失能伤害。

3）死亡事故。一次事故中死亡职工 1～2 人的事故。

4）重大伤亡事故。一次事故中死亡 3 人（含 3 人）的事故。

5）特大伤亡事故。一次事故中死亡 10 人（含 10 人）的事故。

6）急性中毒事故。指生产性毒物一次或短期内通过人的呼吸道、皮肤或消化道大量进入人的体内，使人在短时间内发生病变，导致职工立即中断工作，并需急救或死亡的事故；急性中毒的特点是发病快，一般不超过一个工作日，有的毒物因毒性有一定的潜伏期，可在下班后数小时发病。

（3）按生产安全事故造成的人员伤亡或直接经济损失分类

根据国务院令第 493 号《生产安全事故报告和调查处理条例》的规定，事故一般分为以下等级：

1）特别重大事故。是指造成 30 人以上死亡，或者 100 人以上重伤（包括急性工业中毒，下同），或者 1 亿元以上直接经济损失的事故。

2）重大事故。是指造成 10 人以上 30 人以下死亡，或者 50 人以上 100 人以下重伤，或者 5000 万元以上 1 亿元以下直接经济损失的事故。

3）较大事故。是指造成3人以上10人以下死亡，或者10人以上50人以下重伤，或者1000万元以上5000万元以下直接经济损失的事故。

4）一般事故。是指造成3人以下死亡，或者10人以下重伤，或者1000万元以下100万元以上直接经济损失的事故。

7. 建筑装饰工程施工安全事故报告和调查处理原则是什么?

答：建筑装饰工程施工安全事故报告和调查处理原则是：在进行生产安全事故报告和调查处理时，要实事求是、尊重科学，既要及时、准确地查明事故原因，明确事故责任，使责任人受到追究；又要总结经验教训，落实整改和防范措施，防止类似事故再次发生。必须坚持“四不放过”的原则：

（1）事故原因不清楚不放过；

（2）事故责任和员工没有受到教育不放过；

（3）事故责任者没有处理不放过；

（4）没有制定防范措施不放过。

8. 建筑装饰工程施工安全事故报告、调查处理的程序各是什么?

答：（1）事故报告

1）装饰工程施工单位事故报告。安全事故发生后，受伤者或最先发现事故的人员应立即用最快的传递手段，将发生事故的时间、地点、伤亡人数、事故原因等情况，向施工单位负责人报告；施工单位负责人接到报告后，应当在1h内向事故发生地县级以上人民政府建设主管部门和有关部门报告。实行施工总承包的建设工程，由总承办单位负责上报事故。

2）建设主管部门事故报告。建设主管部门接到事故报告后，应当依照规定上报事故情况，并通知安全生产监督管理部门、公安机关、劳动保障行政主管部门、工会和人民检察院。

3）事故报告的内容。事故发生的时间、地点和工程项目、有关单位名称；事故的简要经过；事故已经造成或者可能造成的伤亡人数（包括下落不明的人数）和初步估计的直接经济损失；事故的初步原因；事故发生后采取的措施及事故控制情况；事故报告单位或事故报告人员；其他应当报告的情况。

（2）事故的调查

1）组织调查组

① 施工单位项目经理应指定技术、安全、质量等部门的人员，会同企业工会、安全管理部门组成调查组，开展调查。

② 建设主管部门应当按照有关人民政府的授权或委托组织事故调查组，对事故进行调查。

2）现场勘察

现场勘察的主要内容有：

① 现场笔录。包括发生事故的时间、地点、气象等；现场勘察人员姓名、单位、职务；现场勘察起止时间、勘察过程；能量失散所造成的破坏情况、状态、程度等；设备损坏或异常情况及事故前后的位置；事故发生前劳动组合、现场人员的位置和行动；散落情况；重要物证的特征、位置及检验情况等。

② 现场拍照。包括方位拍照，反映事故现场在周围环境中的位置；全面拍照，反映事故现场各部分之间的关系；中心拍照，反映事故现场中心情况；细目拍照，提示事故直接原因的痕迹物、致害物等；人体拍照，反映伤亡者主要受伤和造成死亡伤害部位。

③ 现场绘图。根据事故类别和规模以及调查工作的需要应绘制下列示意图：建筑物平面图、剖面图；发生事故时人员位置及活动图；破坏物立体图或展开图；涉及范围图、设备或工、器具构造图等。

3）分析事故原因

① 通过全面调查来查明事故经过，弄清造成事故的原因，包括人、物、生产管理和技术管理方面的问题，经过认真、客

观、全面、细致、准确的分析，确定事故的性质和责任。

② 分析事故原因时，应根据调查所确认的事实，从直接原因入手逐步深入到间接原因，通过对直接原因和间接原因的分析确定事故中的直接责任者和领导责任者，再根据其在事故发生过程中的作用确定主要责任者。

③ 事故性质类别分为责任事故、非责任性事故、破坏性事故。

4）制定预防措施

根据事故原因分析，制定防止类似事故再次发生的措施。同时，根据事故后果和事故责任者应负的责任提出处理意见。对于重大未遂事故不可掉以轻心，应认真地按上述要求查明原因，分清责任严肃处理。

5）写出调查报告

事故调查报告的内容包括：

① 事故发生的单位概况。

② 事故发生经过和事故救援情况。

③ 事故造成的人员伤亡和直接经济损失。

④ 事故发生的原因和事故性质。

⑤ 事故责任认定和对事故责任者的处理建议。

⑥ 事故防范和整改措施。

6）建设主管部门的事故处理

建设主管部门的事故处理包括以下三点：

① 依据有关人民政府对事故批复和有关法律法规的规定，对事故相关责任者实施行政处罚。处罚权限不属本级建设主管部门的，应当在收到事故报告批复 15 个工作日内，将事故调查报告（附具有关证据材料）、结案批复、本级建设主管部门对有关责任者的处理建议等转送有权限的建设主管部门。

② 依照有关法律法规的规定，对因降低安全生产条件导致事故发生的施工单位给予暂扣或吊销安全生产许可证的处罚；对事故负有责任的相关单位给予罚款、停业整顿、降低资质等级或吊销资质证书的处罚。

③ 依照有关法律法规的规定，对事故发生负有责任的注册执业资格人员给予处罚、停止执业或吊销其注册执业资格证书的处罚。

第五节　装饰工程质量管理知识

1. 装饰工程质量管理的特点有哪些？

答：建筑工程质量管理具备以下特点：

（1）影响质量的因素多

装饰工程项目对施工是动态的，影响项目质量的因素也是动态的。项目的不同阶段、不同环节、不同过程，影响质量的因素也各不相同。如设计、材料、自然条件、施工工艺、技术措施、管理制度等，均直接影响装饰工程质量。

（2）质量控制的难度大

由于建筑产品生产的单件性和流动性，不能像其他工业产品一样进行标准化施工，装饰施工质量容易产生波动；而且施工场面大、人员多、工序多、关系复杂、作用环境差，都加大了质量管理的难度。

（3）过程控制的要求高

装饰工程项目在施工过程中，由于工序衔接多、中间交接多、隐蔽工程多，施工质量有一定的过程性和隐蔽性。在装饰工程施工质量控制工作中，必须加强对施工过程的质量检查，及时发现和整改存在的质量问题，避免事后从表面进行检查。因为施工过程结束后的事后检查难以发现在施工过程中产生、又被隐蔽了的质量隐患。

（4）终结检查的局限大

建筑工程装饰项目建成后不能依靠终检来判断产品的质量和控制产品的质量；也不可能用拆卸和解体的方法检查内在质量或更换不合格的零件。因此，装饰工程项目的终检（施工验收）存在一定的局限性。所以装饰工程项目的施工质量控制应强调过程控制，边施工边检查边整改，并及时做好检查、认证和施工记录。

2. 装饰工程施工质量的影响因素及质量管理原则各有哪些？

答：影响装饰工程施工质量的因素主要包括人、材料、设备、方法和环境。对这五方面因素的控制，是确保项目质量满足要求的关键。

（1）人的因素

人作为控制的对象，是要避免产生失误；人作为控制的动力，是要充分调动积极性，发挥人的主导作用。因此，应提高人的素质、健全岗位责任制，改善劳动条件，公平合理地激励劳动热情；应根据项目特点，从确保工程质量的作为出发点，在人的技术水平、人的生理缺陷、人的心理行为、人的错误行为等方面控制人的使用；更为重要的是提高人的质量意识，形成人人重视质量的项目环境。

（2）材料的因素

建筑装饰工程材料主要包括原材料、成品、半成品、构配件等。对材料的控制主要通过严格检查验收，正确合理地使用，进行收、发、储、运技术管理，杜绝使用不合格材料等环节来进行控制。

（3）设备的因素

设备包括装饰工程项目使用的机械设备、工具等。对设备的控制，应根据装饰工程项目的不同特点，合理选择、正确使用、管理和保养。

（4）方法的因素

方法包括装饰工程项目实施方案、工艺、组织设计、技术措施等。对方法的控制，主要是通过合理选择、动态管理等环节加以实现。合理选择就是根据项目特点选择技术可行、经济合理、有利于保证项目质量、加快项目进度、降低项目费用的实施方法。动态管理就是在项目管理过程中正确应用，并随着条件的变化不断进行调整。

（5）环境控制

影响装饰工程项目质量的环境因素包括项目技术环境，如地质、气象等；装饰工程项目管理环境如质量保证体系、质量管理制度等；劳动环境、如劳动组合、作业场所等。根据项目特点和具体条件，采取有效措施对影响装饰工程工程项目质量的环境因素进行控制。

3. 施工质量控制的基本内容和工程质量控制中应注意的问题各是什么？

答：项目质量控制是指运用动态控制原理进行项目的质量控制，即对项目的实施情况进行监督、检查和测量，并将项目实施结果与事先制定的质量标准进行比较，判断其是否符合质量标准，找出存在的偏差，分析偏差形成的原因的一系列活动。

（1）质量控制的内容

1）确定控制对象，例如一道工序、一个分项工程、一个装饰装修工程。

2）规定控制对象，即详细说明控制对象应达到的质量要求。

3）制定具体的控制方法，如工艺规程、控制用图表。

4）明确所采用的检验方法，包括检验手段。

5）实际进行检验。

6）分析实测数据与标准之间产生差异的原因。

7）解决差异所采取的措施、方法。

（2）装饰工程质量控制中应注意的问题

1）装饰工程质量管理不是追求最高的质量和最完美的工程，而是追求符合预定目标的、符合合同要求的装饰装修工程。

2）要减少重复的质量管理工作。

3）不同种类的装饰工程项目，不同的项目部分，质量控制的深度不一样。

4）质量管理是一项综合性的管理工作，除了装饰工程项目的各个管理过程以外还需要一个良好的社会质量环境。

5）注意合同对质量管理的决定作用，要利用合同达到对质量进行有效的控制。

6）装饰工程项目质量管理的技术性很强，但它又不同于技术性工作。

7）质量控制的目标不是发现质量问题，而是提前应避免质量问题的发生。

8）注意过去同类项目的经验和教训，特别是业主、设计单位、施工单位反映出来的对质量有重大影响的关键性工作。

4. 装饰工程施工过程质量控制的基本程序、方法包括哪些内容？

答：装饰工程施工阶段的质量控制包括如下主要方面。

（1）技术交底。

按照工程重要程度，单项工程开工前，应由项目技术负责人组织全面的技术交底。

（2）材料控制。

1）对供货方质量保证能力进行评定。

2）建立材料管理制度、减少材料损失、变质。

3）对原材料、半成品、构配件进行标识。

4）材料检查验收。

5）发包人提供的原材料、半成品、构配件和设备。

6）材料质量抽样和检验方法。

（3）机械设备控制。

1）机械设备使用形式决策。

2）注意机械配套。

3）机械设备的合理使用。

4）机械设备的保养与维修。

（4）计量控制。

工序控制是产品制造过程的基本环节，也是组织生产过程的基本单位。一道工序，是指一个（或一组）工人在一个工作地对一个（或几个）劳动对象（工程、产品、构配件）所完成的一切连续活动的总和。

工序质量是指工序过程的质量。对于现场个人来说，工作质量通常表现为工序质量。一般地说，工序质量是指工序的成果符合设计、工艺（技术标准）要求的程度。人、机器、原材料、方法、环境等五种因素对工程质量有不同程度的直接影响。

（5）特殊和关键过程控制。

特殊过程是指建设工程项目在施工过程或工序施工质量不能通过其后的检验和试验而得到验证，或者其验证的成本不经济的过程。关键过程是指严重影响施工质量的过程。

（6）工程变更控制。

（7）成品保护。

5. 装饰施工过程质量控制点怎样确定?

答：特殊过程和关键过程是施工质量控制的重点，设置质量控制点就是根据工程项目的特点，抓住这些影响工序施工质量的主要因素。

（1）质量控制点设置原则

1）对工程质量形成过程的各个工序进行全面分析，凡对工程的适用性、安全性、可靠性、经济性有直接影响的关键部位设立控制点。

2）对下道工序有较大影响的上道工序设立控制点。

3）对质量不稳定，经常容易出现不良品的工序设立控制点，如门窗装饰等。

4）对用户反馈和过去有过返工的不良工序，如室内防水处理等。

（2）质量控制点的种类

1）以质量特性值为对象来设置；

2）以工序为对象来设置；

3）以设备为对象来设置；

4）以管理工作为对象来设置。

（3）质量控制点的管理

在操作人员上岗前，施工员、技术员做好交底和记录，在明确工艺要求、质量要求、操作要求的基础上方能上岗，施工中发现问题，及时向技术人员反映，由有关技术人员指导后，操作人员方可继续施工。

为了保证质量控制点的目标实现要建立三级检查制度，即操作人员每日自检一次，组员之间或班长，质量干事与组员之间进行互检；质量员进行专检；上级部门进行抽检。

针对特殊过程（工序）的过程能力，应在需要时根据事先的策划及时进行确认，确认的内容包括：施工方法、设备、人员、记录的要求，需要时要进行确认，对于关键过程（工序）也可以参照特殊过程进行确认。

在施工中，如果发现质量控制点有异常，应立即停止施工，召开分析会，找出产生异常的主要原因，并用对策表写出对策。如果是因为技术要求不当，而出现异常，必须重新修订标准，在明确操作要求和掌握新标准的基础上，再继续进行施工，同时还应加强自检、互检的频次。

6. 装饰工程施工质量问题如何分类？

答：（1）施工质量问题基本概念

1）质量不合格。根据《质量管理体系　要求》GB/T 19001—2008的规定，凡装饰工程产品没有满足某个预期使用要求或合理的期望（包括安全性方面）要求，称为质量缺陷。

2）质量问题。凡是装饰工程质量不合格，必须进行返修、加固或报废处理，由此造成直接经济损失低于规定限额的称为质量问题。

3）质量事故。凡是装饰工程质量不合格，必须进行返修、加固或报废处理，由此造成直接经济损失在限额以上的称为质量事故。

（2）质量问题分类

由于施工质量问题具有复杂性、严重性、可变性和多发性的特点，所以建设装饰工程施工质量问题的分类有多种分法，通常按以下条件分类。

1）按问题责任分类

① 指导责任。由于工程实施指导或领导失误而造成的质量问题。例如，由于工程负责人错误指令，导致某些工序质量下降出现的质量问题等。

② 操作责任。在装饰工程施工过程中，由于实际操作者不按规程和标准实施操作而造成的质量问题。

③ 自然灾害。由于突发的自然灾害和不可抗力造成的质量问题。例如地震、台风、暴雨、大洪水等对工程实体造成的损坏。

2）按质量问题产生的原因分类

① 技术原因引发的质量问题。在工程项目实施中，由于设计、施工技术上的实务而造成的质量问题。

② 管理原因引发的质量问题。管理上的不完善或失误引发的质量问题。

③ 社会、经济原因引发的质量问题。由于经济因素及社会上存在的弊端和不正之风引起建设中错误行为，而导致出现质量问题。

7. 装饰工程施工质量问题的产生原因有哪些方面？

答：装饰工程施工质量问题产生的原因大致可以分为以下四类：

（1）技术原因

由于工程项目设计、施工技术上的实失误所造成的质量问题。例如，结构设计时由于地勘资料的不准确、不完整，以至于设计与地下实际情况差异较大，施工单位准备采用的施工方法和手段不能正常采用和发挥作用等。

（2）管理原因

由于管理上的不完善和疏忽造成的装饰工程质量问题。例如，施工单位或监理单位质量管理体系不完善，检验制度不严密，质量控制不严格，质量管理措施落实不力，检测仪器管理不善而失准，以及材料检验不严格等原因引起的质量问题。

（3）社会、经济原因

由于经济因素及社会上存在的弊端和不正之风，造成建设中的错误行为，而导致出现质量问题。例如，装饰装修施工企业采取了恶性竞争手段以不合理的低价中标，项目实施中为了减少损失或赢得高额利润而采取的不正当手段组织施工，如降低材料质量等级、偷工减料等原因造成工程质量达不到设计要求等。

（4）人为的原因和自然灾害原因

由于人为的设备事故、安全事故，导致连带发生质量问题，以及严重的自然灾害等不可抗力造成的质量问题。例如。由于混凝土振动器出现问题，导致混凝土振捣密实程度和均匀程度达不到设计要求而引起的质量问题；如突发风暴引起的工程质量问题等。

8. 装饰工程施工质量问题处理的依据有哪些?

答：施工质量问题处理的依据包括以下内容：

（1）质量问题的实况资料。包括质量问题发生的时间、地点；质量问题描述；质量问题发展变化情况；有关质量问题的观测记录、问题现状的照片或录像；调查组调查研究所获得的第一手资料。

（2）有关合同及合同文件。包括工程承包合同、设计委托协议、设备与器材的购销合同、监理合同及分包合同。

（3）有关技术文件和档案。主要的是有关设计文件（如施工图纸和技术说明）、与施工有关的技术文件、档案和资料（如施工方案、施工计划、施工记录、施工日志、有关建筑材料的质量证明资料、现场制备材料的质量证明材料、质量事故发生后对事故状况的观测记录、试验记录和试验报告等）。

（4）相关的建设法规。主要包括《建筑法》、《建筑工程质量管理条例》及与装饰装修工程质量及工程质量事故处理有关的法规，以及勘察、设计、施工、监理等单位资质管理方面的法规、从业者资格管理方面的法规、建筑市场方面的法规、建筑施工方面的法规、关于标准化管理方面的法规等。

9. 装饰工程施工质量问题处理的程序有哪些？

答：（1）施工质量问题的处理的一般程序

装饰工程施工质量问题的处理的一般程序为：发生质量问题→问题调查→原因分析→处理方案→设计施工→检查验收→结论→提交处理报告。

（2）施工质量问题处理中应注意的问题

1）装饰工程施工质量问题发生后，施工项目负责人应按规定的时间和程序，及时向企业报告状况，积极组织调查。调查应力求及时、客观、全面，以便为分析处理问题提供正确的依据。要将调查结果整理撰写为调查报告，其主要内容包括：工程概况；问题概括；问题发生所采取的临时防护措施；调查中的有关数据、资料；问题原因分析与初步判断；问题处理的建议方案与措施；问题涉及人员与主要责任者的情况等。

2）装饰工程施工质量问题的原因分析要建立在调查的基础上，避免情况不明就主观推断原因。特别是对涉及勘察、设计、施工、材料和管理等方面的质量问题，往往原因错综复杂，因此，必须对调查所得到的数据、资料进行仔细的分析，去伪存真，找出主要原因。

3）处理方案要建立在原因分析的基础上，并广泛听取专家及有关方面的意见，经科学论证，决定是否进行处理和怎样处理。在制定处理方案时，应做到安全可靠。技术可行，不留隐患，经济合理，具有可操作性，满足建筑功能和使用要求。

4）装饰工程施工质量问题处理的鉴定验收。质量问题的处理是否达到预期的目的，是否依然存在隐患，应当通过检查鉴定做出确认。质量问题处理的质量检查鉴定，应严格按施工质量验收规范和相关的质量标准的规定进行，必要时还要通过实际测量、试验和仪器检测等方面获得必要的数据，以便正确地对事故处理结果作出鉴定。

第六节　装饰工程成本管理的基本知识

1. 装饰工程成本管理的特点是什么?

答：（1）成本管理的全员性

成本管理涉及企业生产经营活动所有环节的每一个部门和个人，解决成本问题必须依靠全体员工共同努力，强化成本意识，更新成本观念，通过大力提高成本会计人员的理论和业务素质，掌握现代成本管理的理论和方法，建立一个有效的业绩评价系统及相应的奖励制度，健全奖励机制，提高成本管理水平。

（2）成本管理的全面性

成本管理贯穿于工程设计、施工生产、材料供应、产品销售等各个领域，降低成本是一个涉及企业各方面的综合性问题。需要工程建设各个相关责任主体共同努力才能实现成本管理的目标。

（3）成本管理的目标性

具体表现在：第一，制定成本标准，形成成本控制目标体系。第二，进行成本预测，预见成本升降的因素及其作用，采取措施消除不利因素。第三，充分发挥成本绩效评价管理的作用。

（4）成本管理的战略性

不仅要关心成本升降对企业近期利益的影响，更要关注企业长期影响和企业良好形象的树立。为此，企业成本管理活动中利用成本杠杆的作用，追求经营规模最佳；经济与技术的紧密结合；进行重点管理，对不正常的、不合规的关键性差异进行例外管理；寻求成本与质量的最佳结合点。

（5）成本管理的系统性

成本管理的系统性主要表现在成本管理结构的系统化和成本控制的总体优化。

2. 装饰工程施工成本的影响因素有哪些？

答：施工成本的影响因素有多个方面，可概括为以下几个方面。

（1）人的因素

为了有效控制工程成本，施工过程中必须注意人的因素的控制，包括参加工程施工的工程技术人员及管理人员，操作人员、服务人员。他们共同构成工程最终成本的影响因素。

（2）工程材料的控制

工程材料是工程施工的物质条件，是工程质量的基础，材料质量决定着工程质量。造成工程施工过程中材料费出现变化的因素通常有材料的量差和材料的价差。材料成本占整个工程成本的三分之二左右，材料的节余对降低工程造价意义非凡。

（3）机械费用的控制

影响施工过程中机械费用高低的主要因素有施工机械的完好率和施工机械的工作效率。确保施工机械完好率就是要防止施工机械的非正常损坏，使用不当、不规范操作，忽视日常保养都能造成施工机械的非正常损坏；施工机械工作效率低，不但要消耗燃油，为了弥补效率低下造成的误工需要投入更多的施工机械，同样也要增加成本。

（4）科学合理的施工组织设计与施工技术水平

施工组织设计是工程项目实施的核心和灵魂。它既是全面安排施工的技术经济文件，也是指导施工的重要依据。它对项目施工的计划性和管理的科学性，克服工作中的盲目和混乱现象，将起到极其重要的作用。它编制的是否科学、合理直接影响着工程成本的高低。施工技术水平对工程建设成本影响不容忽视，它影响着工程的直接成本，先进科学的施工工艺与技术对降低工程造价作用十分明显。

（5）项目管理者的成本控制能力

项目管理者的素质技能和管理水平对工程造价的影响非常明显，一个优秀的项目管理团队可以通过自身的成本控制技术水平和能力，在工程项目施工过程中面对内外部复杂多变的环境变化和因素影响，能够作出科学的分析判断、制定出正确的应对策略并加以切实执行，减少成本消耗，能有效降低工程成本。

（6）其他因素

除过以上影响因素外，设计变更率、气候影响、风险因素等也是影响工程项目成本的重要因素。建筑材料价格的波动，对工程造价也有一定影响，是装饰工程成本波动的重要因素。激烈的建筑市场竞争，派生的低于控制价的投标及中标，也是影响工程成本的一个不可忽略的因素。

3. 装饰工程施工成本控制的基本内容有哪些？

答：施工成本控制的基本内容有以下几个方面：

（1）材料费的控制

材料费的控制按照"量价分离"的原则进行，不仅要控制材料的用量，也要控制材料的价格。

1）材料用量的控制。在保证符合设计规格和质量标准的前提下，合理使用并节约材料，通过定额管理，计量管理手段以及施工质量控制，减少和避免返工等，有效控制材料的消耗量。

2）材料价格的控制。工程材料的价格构成由买价、运杂费、运输中的合理消耗等组成，因此，控制材料价格主要是通过市场信息、询价、应用竞争机制和经济合同手段等控制材料、设备、工程用品的采购价格。

（2）人工费的控制

人工费的控制也可按照"量价分离"的原则进行，人工用工数通过项目经理与施工劳务承包人的承包合同，按照内部施工预算，按照所承包的工程量计算出人工工日，并将安全生产、文明施工及零星用工按定额工日一定的比例（一般为15%～25%）一起发包。

（3）机械费的控制

机械费用主要由台班数量和台班单价两方面决定，机械费的控制包括以下几个方面：

1）合理安排施工生产，加强设备租赁计划管理，减少因安排不当引起的设备闲置。

2）加强机械设备的调度工作，尽量避免窝工，提高现场设备利用率。

3）加强现场设备的维修保养，避免因不正当使用造成机械设备的停置。

4）做好上机人员与辅助人员的协调与配合，提高台班输出量。

（4）管理费的控制

现场施工管理费在项目成本中占有一定的比例，控制和核算有一定难度，通常主要采取以下措施：

1）根据现场施工管理费占工程项目计划总成本的比重，确定项目经理部施工管理费用总额。

2）编制项目经理部施工管理费总额预算和管理部门的施工管理费预算，作为控制依据。

3）制定项目开展范围和标准，落实各部门和岗位的控制责任。

4）制定并严格执行项目经理部的施工管理费使用的审批、报销程序。

4. 装饰工程施工成本控制的基本要求是什么?

答：合同文件中有关成本的约定内容和成本计划是成本控制的目标。进度计划和装饰工程变更与索赔资料是成本控制过程中的动态资料。施工成本控制的基本要求如下：

（1）按照计划成本目标值控制生产要素的采购价格，认真做好材料、设备进场数量和质量的检查、验收与保管。

（2）控制生产要素的利用效率和消耗定额，如任务单管理、限额领料、验收报告审核等。同时要做好不可预见成本风险的分析和预控，包括编制相应的应急措施等。

（3）控制影响效率和消耗定量的其他因素所引起的成本增加，如工程变更等。

（4）把施工成本管理责任制度与对项目管理者的激励机制结合起来，以增强管理人员的成本意识和控制能力。

（5）承包人必须健全项目财务管理制度，按规定的权限和程序对项目资金的使用和费用的结算支付进行审核、审批，使其成为施工成本控制的重要手段。

5. 装饰工程施工过程成本控制的依据和步骤是什么？

答：（1）装饰工程施工成本控制的依据

1）装饰工程承包合同；

2）施工成本计划；

3）进度报告；

4）工程变更。

（2）装饰工程成本控制的步骤

成本控制的手段与项目进度、质量等的控制手段大致相似，同样包含了比较、分析、预测、纠偏、检查等步骤。

1）比较。将装饰工程施工成本计划与实际值逐项进行比较，得到每个分部工程的进度与成本的同步关系；每个分部工程的计划成本与实际成本之比（节约或超支），以及对完成某一时期责任成本的影响；每个分部工程施工进度的提前或拖延对成本的影响程度等，由此发现施工成本是否已经超资。

2）分析。对比较结果进行分析，以确定偏差的严重性以及偏差产生的原因，以便有针对性采取措施，减少或避免相同原因的再次发生或减少由此造成的损失。

3）预测。通过对成本变化因素的全面分析，预测这些因素对工程成本中有关项目的影响程度，按照完成情况估计完成项目所需的总费用。

4）纠偏。当工程项目的实际成本与计划成本之间出现偏差后，应当根据工程的具体情况、偏差分析和预测的结果，采取适当的措施，以期达到使施工成本偏差尽可能小的目的。纠偏是工程成本控制中最具实质性的一步。只有通过纠偏，才能最终达到有效控制施工成本的目的。

5）检查。通过对工程的进展进行跟踪和检查，及时了解工程进展情况以及纠偏措施的执行情况和效果，为今后的项目成本控制积累经验。

6. 施工过程成本控制的措施有哪些？

答：为了取得成本管理的理想效果，通常需采取的措施有：

（1）组织措施

组织措施是从施工成本管理的组织方面采取的措施。项目经理部应将成本责任分解落实到各个岗位、落实到专人、对成本进行全过程控制，全员控制、动态控制。形成一个分工明确、责任到人的成本责任控制体系。

组织措施的另一方面是编制施工成本控制工作计划、确定详细合理的工作流程。要做好施工采购计划，通过生产要素的优化配置、合理使用、动态管理、有效控制实际成本；加强施工定额管理和任务单管理，控制活劳动和物化劳动的消耗。加强施工调度、避免因计划不周和盲目调度造成窝工损失、机械利用率降低、物料积压等而使成本增加。

（2）技术措施

通过采取技术经济分析、确定最佳的施工方案；结合施工方法，进行材料使用的比选，在满足功能要求的前提下，通过代用、改变配合比，使用外加剂等方法降低材料消耗的费用；确定最合适的施工机械、设备使用方案；结合项目的施工组织设计和自然地理条件，降低材料的库存成本和运输成本；应用先进的施工技术、运用新材料，使用新开发机械设备等。

（3）经济措施

管理人员应编制资金使用计划，确定、分解施工成本管理目标。对施工成本管理目标进行风险分析，并制定防范性对策。对各种支出，应认真做好资金的使用计划，并在施工中严格控制各项开支。及时准确地记录、收集、整理、核算实际发生的成本。对各种变更，及时做好增减账，及时落实业主签证，及时结算工程价款。通过偏差分析和未完工工程预测，发现一些潜在的可能引起未完工程成本增加的问题，并对其采取预防措施。

（4）合同措施

选用合适的合同结构，对各种合同结构模式进行分析、比较，在合同谈判时，要争取选用适合于工程规模、性质与特点的合同结构模式。在合同条款中应仔细考虑一切影响成本和效益的因素，特别是潜在的风险因素。识别并分析成本变动风险因素，采取必要风险对策降低损失发生的概率和数量。严格合同管理，抓好合同索赔和反索赔管理工作。

第七节　常用装饰工程施工机械机具的性能

1. 吊篮的基本性能、使用要点和注意事项是什么？

答：（1）基本性能

1）吊篮沿钢丝绳由提升机带动向上上升，不收卷钢丝绳，理论上爬升高度无限制。

2）提升机采用多轮压绳绕绳式结构，可靠性高，钢丝绳寿命长。

3）采用具有先进水平的盘式制动电机，制动力矩大，制动可靠。

4）独立设置两根安全钢丝绳，在吊篮上装有安全锁，当吊篮提升系统出现重大故障或工作绳破断而坠落，安全锁自动触发，锁住安全钢丝绳，确保人机安全。

5）可根据用户要求作不同的组合，且便于运输。

6）根据不同的屋面形式，可方便地向屋顶运送。

7）装设漏电保护开关，可选择单、双机操作，配有移动操作盒、外用电源盒及上升限位装置。

8）钢结构采用薄壁矩形钢管，结构紧凑、设计合理。

9）电动吊篮适用于建筑物外墙装修。

（2）使用要点与注意事项

1）电动吊篮使用前应检查设备的机械部分和电气部分，钢丝绳、吊钩、限位器等应完好，电气部分应无漏电，接零或接地装置应良好、可靠。

2）使用吊篮人员均应身体健康、精神正常，经过安全技术培训与考核。

3）吊篮屋面悬挂装置安装齐全、可靠；稳定旋转丝杠使前轮离地，但丝杠不得低于螺母上端，支脚垫木不小于 4cm×20cm×2cm。

4）电动吊篮应设缓冲器，轨道两端应设挡板。

5）作业开始第一次吊重物时，应在吊离地面 100mm 时停止，检查电动葫芦制动情况，确认完好后方可正式作业，露天作业时，应设防雨措施，保证电机、电控等安全。

6）吊篮严禁超载使用，最大荷载不超过 450kg。

7）工作前必须检查：

① 前 2），3）项。

② 所有连接件安全、牢固、可靠，无丢失损坏。

③ 提升机穿绳正确，在穿绳和退绳时，务必用手拉紧钢丝绳绳端，使其处于始终张紧状态；钢丝绳无断股、无死结、无硬弯，每捻距中断丝不得多于四根；钢丝绳下端坠铁安全、离地。注意落地时防止坠绳铁撞到篮体。

④ 安全锁无损坏、卡死；动作灵活，锁绳可靠；严禁将开

锁手柄固定于常开位置。

⑤ 电气系统正常，上下动作状态于手柄按钮标识一致，冲顶限位行程开关灵敏可靠，位置正确。务必将输入电源电缆线与篮体结构牢固捆扎，以免电源插头部位直接受拉，导致电源短路或断路。随时锁好电器箱门，防止灰尘和水溅人；随时打开电器箱侧盖，以便出现紧急情况下，能迅速关闭急停开关。

⑥ 每次使用前均应在 2m 高度下空载运行 2～3 次，确认无故障方可使用。

8）每次吊篮运行只能一个人控制，在运行前提醒篮内其他人员并确定上、下方有无障碍物方可进行，下行时特别注意不能碰到坠绳铁。

9）上吊篮工作时必须戴好安全帽，系好安全带，严禁酒后上吊篮工作，禁止在吊篮内抽烟，禁止在篮内用梯子或其他装置取得较高的工作高度。

10）吊篮任一部位有故障均不得使用，应请专业技术人员维修，使用人员不得自行拆、改任何部位。

11）不准将吊篮作为运输工具垂直运输物品。

12）雷、雨、大风（阵风 5 级以上）天气不得使用吊篮，应停置在地面。

13）雨天、喷涂作业和吊篮使用完毕时，应对电机、电器箱、安全锁进行遮盖，下班后切断电源。

14）电动吊篮严禁超载起吊，起吊时，手不得握在绳索与物体之间，吊物上升应严防冲撞。

15）起吊物件应捆扎牢固。电动吊篮吊重物行走时，重物离地面高度不宜超过 1.5m。工作间歇不得将重物悬挂在空中。

16）使用悬挂电气控制开关时，绝缘应良好，滑动自如，人的站立位置后方应有 2m 空地并应正常操作电钮。

17）电动吊篮作业中发生异味、高温等异常情况，应立即停机检查，排除故障后方可继续使用。

18）在起吊中，由于故障造成重物失控下滑时，必须采取紧急措施，向无人处下放重物。

19）在起吊中不得急速升降。

20）电动吊篮在额定载荷制动时，下滑位移量不应大于80mm，否则，应清除油污或更换制动环。

21）作业完毕后，应停放在指定位置，吊钩升起，并锁好开关箱。

22）操作人员在使用吊篮施工时，不得向外攀爬和向楼内跳跃。

23）按建筑施工安全规模划出安全区，架设安全网。

2. 施工电梯的基本性能和特点是什么？

答：（1）基本性能

施工升降机又叫建筑用施工电梯，是建筑中经常使用的载人载货施工机械，由于其独特的箱体结构使其乘坐起来既舒适又安全，施工升降机在工地上通常是配合塔吊使用，一般载重量在1～3t，运行速度为1～60m/min。施工升降机的种类很多，按起运行方式有无对重和有对重两种，按其控制方式分为手动控制式和自动控制式。按需要还可以添加变频装置和PLC控制模块，另外还可以添加楼层呼叫装置和平层装置。施工升降机的构造原理、特点：施工升降机为适应桥梁、烟囱等倾斜建筑施工的需要，它根据建筑物外形，将导轨架倾斜安装，而吊笼保持水平，沿倾斜导轨架上下运行。

（2）使用要点与注意事项

1）施工电梯安装后，安全装置要经试验、检测合格后方可操作使用，电梯必须由持证的专业司机操作。

2）电梯底笼周围2.5m范围内，必须设置稳固的防护栏杆，各停靠层的过桥和运输通道应平整牢固，出入口的栏杆应安全可靠。

3）电梯每班首次运行时，应空载及满载试运行，将电梯笼升离地面1m左右停车、检查制动器灵活性，确认正常后方可投入运行。

4）限速器、制动器等安全装置必须由专人管理，并按规定进行调试检查，保持其灵敏度可靠。

5）电梯笼乘人载物时应使荷载均匀分布，严禁超载使用，严格控制载运重量。

6）电梯运行至最上层和最下层时仍要操纵按钮，严禁以行程限位开关自动碰撞的方法停车。

7）多层施工交叉作业同时使用电梯时，要明确联络信号。风力达 6 级以上应停止使用电梯、并将电梯降到底层。

8）各停靠层通道口处应安装栏杆或安全门，其他周边各处应用栏杆和立网等材料封闭。

9）当电梯未切断总源开关前，司机不能离开操作岗位。作业完后，将电梯降到底层，各控制开关扳至零位，切断电源，锁好闸箱门和电梯门。

3. 钢丝绳的基本性能要求有哪些?

答：（1）基本性能

用多根或多股细钢丝拧成的挠性绳索，钢丝绳是由多层钢丝捻成股，再以绳芯为中心，由一定数量股捻绕成螺旋状的绳。在物料搬运机械中，供提升、牵引、拉紧和承载之用。钢丝绳的强度高、自重轻、工作平稳、不易骤然整根折断，工作可靠。

（2）注意事项

1）常用设备吊装时钢丝绳安全系数不小于 6。

2）钢丝绳在使用过程中严禁超负荷使用，不应受冲击力；在捆扎或吊运物体时，要注意不要使钢丝绳直接和物体的快口棱锐角相接触，在它们的接触处要垫以木板、帆布、麻袋或其他衬垫物以防止物件的快口棱角损坏钢丝绳而产生设备和人身事故。

3）钢丝绳在使用过程中，如出现长度不够时，应采用以下连接方法，严格禁止用钢丝绳头穿细钢丝绳的方法接长吊运物件，以免由此而产生的剪切力对钢丝绳结构造成破坏。

4）常用的连接方式是编结绳套。绳套套入心形环上，然后末端用钢丝扎紧，而捆扎长度≥15d绳（d为绳径），同时不应小于300mm。当两条钢丝绳对接时，用编结法编结长度也不应小于15d绳，并且不得小于300mm，强度不得小于钢丝绳破断拉力的75%。

5）另一种方式是钢丝绳卡。绳卡数目与绳径有关，绳径为7～16mm应按3个绳卡；绳径为9～27mm应按4个；绳径为28～37mm应按5个；绳径为38～45mm应按6个。绳卡间距不得小于钢丝绳直径的6～7倍。连接时，绳卡压板应在钢丝绳长头，即受力端。连接强度不应低于钢丝绳破断拉力的85%。

6）钢丝绳在使用过程中，特别是钢丝绳在运动中不要和其他物件相摩擦，更不应沿钢板的边缘斜拖，以免钢板的棱角割断钢丝绳，直接影响钢丝绳的使用寿命。

7）在高温的物体上使用钢丝绳时，必须采用隔热措施，因为钢丝绳在受到高温后其强度会大大降低。

8）钢丝绳在使用过程中，尤其注意防止钢丝绳与电焊线相接触，因碰电后电弧会对钢丝绳造成损坏和材质损伤，给正常起重吊装留下隐患。

9）钢丝绳穿用的滑车，其边缘不应有破裂和缺口。

10）钢丝绳在卷筒上应能按顺序整齐排列。

11）载荷由多根钢丝绳支承时，应设有各根钢丝绳受力的均衡装置。

12）起升机构不得使用编结接长的钢丝绳。使用其他方法接长钢丝绳时，必须保证接头连接强度不小于钢丝绳破断拉力的90%。

13）起升高度较大的起重机，宜采用不旋转、无松散倾向的钢丝绳。

14）当吊钩处于工作位置最低点时，钢丝绳在卷筒上的缠绕，除固定绳尾的圈数外，必须不少于2圈。

4. 滑轮和滑轮组的基本性能要求是什么？

答：（1）基本性能

1）使用前应检查滑轮的轮槽、轮轴、颊板、吊钩等部分有无裂缝或损伤，滑轮转动是否灵活，润滑是否良好，同时滑轮槽宽应比钢丝绳直径大1～2，5mm。

2）使用时，应按其标定的允许荷载度使用，严禁超载使用；若滑轮起重量不明，可先进行估算，并经过负载试验后，方允许用于吊装作业。

3）滑轮的吊钩或吊环应与新起吊物的重心在同一垂直线上，使构件能平稳吊升；如用溜绳歪拉构件，使滑轮组中心歪斜，滑轮组受力将增大，故计算和选用滑轮组时应予以考虑。

4）滑轮使用前后都应刷洗干净，并擦油保养，轮轴经常加油润滑，严防锈蚀和磨损。

5）对高处和起重量较大的吊装作业，不宜用吊钩形滑轮，应使用吊环、链环或吊梁型滑轮，以防脱钩事故的发生。

6）滑轮组的定、动滑轮之间严防过分靠近，一般应保持1.5～2m的最小距离。

（2）注意事项

1）使用前应检查滑轮的轮槽、轮轴、颊板、吊钩等部分有无裂缝或损伤，滑轮转动是否灵活，润滑是否良好，同时滑轮槽宽应比钢丝绳直径大1～2.5mm。

2）使用时，应按其标定的允许荷载度使用，严禁超载使用；若滑轮起重量不明，可先进行估算．并经过负载试验后，方允许用于吊装作业。

3）滑轮的吊钩或吊环应与新起吊物的重心在同一垂直线上，使构件能平稳吊升；如用溜绳歪拉构件，使滑轮组中心歪斜，滑轮组受力将增大，故计算和选用滑轮组时应予以考虑。

4）滑轮使用前后都应刷洗干净，并擦油保养，轮轴经常加油润滑，严防锈蚀和磨损。

5）对高处和起重量较大的吊装作业，不宜用吊钩形滑轮，应使用吊环、链环或吊梁型滑轮，以防脱钩事故的发生。

6）滑轮组的定、动滑轮之间严防过分靠近，一般应保持1.5～2m的最小距离。

5. 空气压缩机的基本性能及使用时的注意事项有哪些内容？

答：(1) 基本性能

空气压缩机又称“气泵”，它以电动机作为原动力，以空气为媒质向气动类机具传递能量，即通过空气压缩机来实现压缩空气、释放高压气体，驱动机具的运转。以空气压缩机作为动力的装修装饰机具有：射钉枪、喷枪、风动改锥、手风钻及风动磨光机等。

(2) 开机前的检查

1）开机前应首先检查润滑油油标油位是否达到要求，如无油或油位到达下限，应及时按空气压缩机要求的牌号加入润滑油，防止润滑不良造成故障。

2）接通电源前应首先核对说明书中所要求电源与实际电源是否相同，只有符合要求时才可使用。

3）空气压缩机运转前需用手转动皮带轮，如转动无障碍，打开放气阀，接通电源使压缩机空转，确认风扇皮带轮转动方向与所示方向一致。正式运转前应检查气压自动开关、安全阀、压力表等控制系统是否开启，自动停机是否正常。确认无误后方可投入使用。

(3) 使用中的检查

使用中应随时观察压力表的指针变化。当储气罐内压力超过设计压力仍未自动排气时，应停机并将储气罐内气体全部排出，检查安全阀。注意：切勿在压缩机运转时检查。

空气压缩机在正常运转时不得断开电源，如因故障断电时，必须将储气罐中空气排空后再重新启动。

6. 气动射钉枪的基本性能及使用时的注意事项有哪些内容?

答:(1)基本性能

气动射钉枪是与空气压缩机配套使用的气动紧固机具。它的动力源是空气压缩机提供的压缩空气，通过气动元件控制机械和冲击气缸实现撞针往复运动，高速冲击钉夹内的射钉，达到发射射钉紧固木质结构的目的。

气动射钉枪用于装饰装修工程中在木龙骨或其他木质构件上紧固木质装饰面或纤维板、石膏板、刨花板及各种装饰线条等材料。使用气动射钉枪安全可靠，生产效率高，装饰面不露钉头痕迹，高级装饰板材可最大限度得到利用，且劳动强度低、携带方便、使用经济、操作简便，是装饰装修工程常用工具。

气动射钉枪射钉的形状，有直形、0形（钉书钉形）和丁形几种。与上述几种射钉配套使用的气动射钉枪有气动码钉枪、气动圆头射钉枪和气动丁形射钉枪。以上几种气动射钉枪工作原理相同，构造类似，使用方法也基本相同，在允许工作压力、射钉类型、每秒发射枚数及钉夹盛钉容量等方面有一定区别。

(2)使用方法

1)装钉。一只手握住机身，另一只手水平按下卡钮，并用中指打开钉夹一侧的盖，将钉推入钉夹内，合上钉夹盖，接通空气压缩机。

2)将气动射钉枪枪嘴部位对准、贴住需紧固构件部位，并使枪嘴与紧固面垂直，否则容易出现钉头外露等问题。如果按要求操作仍出现钉头外露的情况，则应先调整空气压缩机气压自动开关，使空气压缩机排气气压满足气动射钉枪工作压力。如非空气压缩机排气压力的问题，则应对气动射钉枪的枪体、连接管进行检查，看是否有元件损坏或连接管漏气。

(3)使用注意事项

1)使用前应先检查并确定所有安全装置完整可靠，才能投入使用。使用过程中，操作人员应佩戴保护镜，切勿将枪口对准自己或他人。

2）当停止使用气动射钉枪或需调整、修理气动射钉枪时，应先取下气体连接器，并卸下钉夹内钉子，再进行存放、修理。

3）气动射钉枪适用于纤维板、石膏板、矿棉装饰板、木质构件的紧固，不可用于水泥、砖、金属等硬面。

4）气动射钉枪只能使用由空气压缩机提供的、符合钉枪正常工作压力（一般不大于0.8MPa）的动力源，而不能使用其他动力源。

7. 气动喷枪的基本性能、使用要求及注意事项有哪些内容？

答：(1）基本性能

喷枪是装饰装修工程中面层装饰施工常用机具之一，主要用于装饰施工中面层处理，包括清洁面层、面层喷涂、建筑画的喷绘及其他器皿的处理等。由于工程施工中饰面要求不同，涂料种类不同，工程量大小各异，所以喷枪也有多种类型。按照喷枪的工作效率（出料口尺寸）分，可分为大型、小型两种；按喷枪的应用范围分，可分为标准喷枪、加压式喷枪、建筑用喷枪、专用喷枪及清洗喷枪等。

1）标准喷枪。主要用于油漆类或精细类涂料的表面喷涂。因涂料不同，喷涂的要求不同，出料口径不同，可根据实际需要选择。一般对精细料、表面要求光度高的饰面，口径选择应小些，反之应选择较大口径。

2）加压式喷枪。加压式喷枪与标准式喷枪的不同之处在于，其涂料属于高黏度物料，需在装料容器内加压，使涂料顺利喷出。

3）建筑用喷枪（喷斗）。主要用于喷涂如珍珠岩等较粗或带颗粒物料的外墙涂料。

4）出料口径为20～60mm不等，可根据物料的要求和工程量的大小随时更换。供料为重力式，直通给料，只有气管一个开关调节阀门。

5）专用喷枪。主要以油漆类喷涂为主。美术工艺型用于装饰设计中效果图的喷绘。

（2）使用要点与注意事项

因目前市场上喷枪的规格、型号各不相同，此处只选取具有代表性的喷枪加以说明，其他型号喷枪的使用大同小异。

1）喷枪的空气压力一般为0.3～0.35MPa，如果压力过大或过小，可调节空气调节旋钮。向右旋转气压减弱，向左旋转气压增强。

2）喷口距附着面一般为20cm。喷涂距离与涂料黏度有关，涂料加稀释剂与不加稀释剂，喷涂距离有±5cm的差别。

3）喷涂面大小的调整，有的用喷射器头部的刻度盘，也有的用喷料面旋钮，原理是相同的。用刻度盘调节：刻度盘上刻度“0”与喷枪头部的刻度线相交，即把气室喷气孔关闭，这时两侧喷气孔中无空气喷出，仅从气室中间有空气喷出，涂料呈柱形；刻度与搬线相交，两侧喷气孔有空气喷出，此时喷口喷出的涂料呈椭圆形；刻度“10”与刻度线相交，则可获得更大的喷涂面。用喷涂面调节钮来调节喷出涂料面的大小，顺时针拧动调节钮喷出面变小，逆时针拧动调节钮喷出面变大。

4）有些喷枪的喷射器头可调节，控制喷雾水平位置喷射或垂直位置喷射。

5）除加压式喷枪之外，喷枪可不用储料罐，而在涂料上升管接上一根软管，软管的另一端插在涂料桶下端，把桶放在较高位置上，不用加料可连续使用较长时间，适用于大面积喷涂工作。

8. 常用手电钻的基本性能、使用要求和注意事项有哪些要求？

答：（1）基本性能

手电钻是装饰作业中最常用的电动工具，用它可以对金属、塑料等进行钻孔作业。根据使用电源种类的不同，手电钻有单相串激电钻、直流电钻、三相交流电钻等，近年来更发展了可变速、可逆转或充电电钻。在形式上也有直头、弯头、双侧柄、枪柄、后托架、环柄等多种形式。

（2）使用要点

1）钻不同直径的孔时，要选择相应规格的钻头。

2）使用的电源要符合电钻标牌规定。

3）电钻外壳要采取接零或接地保护措施。插上电源插销后，先要用试电笔测试，外壳不带电方可使用。

4）钻头必须锋利，钻孔时用力要适度，不要过猛。

5）在使用过程中，当电钻的转速突然降低或停止转动时，应赶快放松开关，切断电源，慢慢拔出钻头。当孔将要钻通时，应适当减轻手臂的压力。

（3）注意事项

1）使用电钻时要注意观察电刷火花的大小，若火花过大，应停止使用并进行检查与维修。

2）在有易燃、易爆气体的场合，不能使用电钻。

3）不要在运行的仪表旁使用电钻，更不能与运行的仪表共用一个电源。

4）在潮湿的地方使用电钻，必须戴绝缘手套，穿绝缘鞋。

9. 常用电锤的基本性能、使用要求和注意事项有哪些要求?

答：（1）基本性能

电锤是装饰施工常用机具，它主要用于混凝土等结构表面剔、凿和打孔作业。作冲击钻使用时，则用于门窗、吊顶和设备安装中的钻孔，埋置膨胀螺栓。国产电锤一般使用交流电源。国外已有充电式电源，电锤使用更为方便。

（2）使用方法

1）保证使用的电源电压与电锤铭牌规定值相符。使用前，电源开关必须处于“断开”位置。检查电缆长度、线径、完好程度，要使电锤满足安全使用要求；如油量不足，应加入同标号机油。

2）打孔作业时，钻头要垂直工作面，并不允许在孔内摆动；剔凿工作时，扳撬不应用力过猛，如遇钢筋，要设法避开。

（3）注意事项

1）电锤为断续工作制，切勿长期连续工作，以免烧坏电机；

2）电锤使用后，要及时保养维修，更换磨损零件，添加性能良好的润滑油。

10. 常用型材切割机的基本性能、使用要求和注意事项有哪些要求?

答：（1）基本性能

型材切割机作为切割类电动机具，具有结构简单、操作方便、功能广泛、易于维修与携带等特点，是现代装饰装修工程施工常用机具之一。型材切割机用于切割各种钢管、异型钢、角钢、槽钢以及其他型材钢，配以合适的切割片，适宜切割不锈钢、轴承钢、合金钢、淬火钢和铝合金等材料。

（2）使用方法

1）工作前应检查电源电压与切割机的额定电压是否相符，机具防护是否安全有效，开关是否灵敏，电动机运转是否正常。

2）工作时应按照工件厚度与形状调整夹钳位置，将工件平直地靠住导板，并放在所需切割位置上，然后拧紧螺杆，紧固好工件。

3）切割时，应使材料有一个与切割片同等厚度的刀口，为保证切割精度，应将切割线对准切割片的左边或右边。

4）若工件需切割出一定角度，则可以用套筒扳手拧松导板固定螺栓，把导板调整到所需角度后，拧紧螺栓即可。

5）要待电动机达到额定转速后再进行切割，严禁带负荷启动电动机。切割时把手应慢慢地放下，当锯片与工件接触时，应平稳、缓慢地向下施加力。

6）切割完毕，关上开关并等切割片完全停下来后，方可将切割片退回到原来的位置。因为切下的部分可能会碰到切割片的边缘而被甩出，这是很危险的。

7）加工较厚工件时，可拧开固定螺栓，将导板向后错一格再将导板紧固。加工较薄工件时，在工件与导板间夹一垫块即可。

8）拆换切割片时，首先要松开处于最低位置的手柄，按下轴的锁定位置，使切割片不能旋转，再用套口扳手松开六角螺栓，取下切割片。装切割片时按其相反的顺序进行。安装时，应使切割片的旋转方向与安全罩上标出的箭头方向一致。

9）如需搬运切割机时，应先将挂钩钩住机臂，锁好后再移动。

（3）注意事项

1）每次使用前必须检查切割片有无裂纹或其他损坏，各个安全装置是否有效，如有问题要及时处理。

2）必须按说明书的要求安装切割片，用套口扳手紧固。切割片的松紧要适当，太紧会损坏切割片，太松有可能发生危险，也会影响加工精度。

3）工作时必须将调整用具及扳手移开。

4）操作时要戴防护目镜。在产生大量尘屑的场合，应戴防护面罩。

5）维修或更换切割片一定要切断电源。切割机的盖罩与螺钉不可随便拆除。

11. 常用木工修边机的基本性能、使用要求和注意事项有哪些要求？

答：（1）基本性能

木工修边机是对木制构件的棱角、边框、开槽进行修整的机具。它操作简便，效果好，速度快，适合各种作业面使用，且深度可调，是一种先进的木制构件加工工具。

（2）使用要点与注意事项

1）工作前检查所有安全装置，务必完好有效。

2）确认所使用的电源电压与工具铭牌上的额定电压是否

相符。

3）作业中应双手同时握住手柄。双手要远离旋转部件。

4）闭合开关前要确认刀头没有和工件接触，闭合开关后要检查刀头旋转方向和进出方向。

5）如有异常现象，应立即停机，切断电源，及时检修。

6）电源线应挂在安全的地方，不要随地拖拉或接触油和锋利物件。

12. 常用手动拉铆枪的基本性能、使用要求和注意事项有哪些要求?

答：（1）基本性能

拉铆枪主要有手动拉铆枪、电动拉铆枪和风动拉铆枪三种。电动和风动拉铆枪铆接拉力大，适合于较大型结构件的预制及半成品制作。其结构复杂，维修相对困难，且必须具备气源。在装饰工程施工中最常用的是手动拉铆枪。在装饰装修施工中，拉铆枪广泛应用于吊顶、隔断及通风管道等工程的铆接作业，

（2）使用要点与注意事项

1）拉铆枪头有 $\phi2$、$\phi2.4$、$\phi3$ 三种规格，适合不同直径的铆钉使用。使用时先选定所用的铆钉，根据选定的铆钉尺寸，再选择拉铆枪枪头，将枪头紧固在调节螺套上。选择时，铆钉的长度与铆件的厚度要一致，铆钉轴的断裂强度不得超过拉铆枪的额定拉力，并以钉芯能在孔内活动为宜。

2）将枪头孔口朝上，张开拉杆，将需用的铆钉芯插入枪头孔内，钉芯应能顺利插入。

3）铆钉头的孔径应与铆钉轴滑动配合。需要紧固的构件必须严格按铆钉直径要求钻孔，所钻孔必须同构件垂直，这样才能取得理想的铆接效果。

4）操作时将铆钉插入铆件孔内，拉铆枪枪头全部套进铆钉芯并垂直支紧被铆工件，压合拉杆，使铆钉膨胀，将工件紧固，此时钉芯断裂。如遇钉芯未断裂可重复动作，切忌强行扭撬，以

免损坏机件。

5）对于断裂在枪头内的钉芯，只要把拉铆枪倒过来，钉芯会自动从尾部脱出。

6）在操作过程中，调节螺母、拉铆头可能松动，应经常检查，及时拧紧，否则会影响精度和铆接质量。

13. 常用手动式墙砖与地砖切割机的基本性能、使用要求和注意事项有哪些要求?

答：(1) 基本性能

手动式墙地砖切割机作为电动切割机的一种补充，广泛应用于装修装饰施工。它适用于薄形墙、地砖的切割，且不需电源，小巧、灵活，使用方便，效率较高。

(2) 使用要点与注意事项

1）将标尺蝶形螺母拧松，移动可调标尺，让箭头所指标尺的刻度与被切落材料尺寸一致，再拧紧螺母。也可直接由标尺上量出要切落材料的尺寸。注意被切落材料的尺寸不宜小于15mm，否则压脚压开困难。

2）应将被切材料正反面都擦干净，一般情况是正面朝上，平放在底板上。让材料的一边靠紧标尺靠山，左边顶紧塑料凸台的边缘，还要用左手按紧材料。

3）右手提起手柄，让刀轮停放在石材右侧边缘上。为了不漏划右侧边缘，又不使导轮滚落，初使用者可在被切出来右边紧靠边缘放置一块厚度相同的材料。

4）操作时右手要略向下压，平稳地向前推进，让刀轮在被切材料上从右至左一次性地滚压出一条完整、连续、平直的割线。然后让刀轮悬空，而让两压脚既紧靠挡块，又原地压在材料上（到此时左手仍不能松动，使压痕线与铁衬条继续重合），最后用右手四指勾住导轨下沿缓缓握紧，直到压脚把材料压断。

第四章　专业技能

第一节　编制施工组织设计和专项施工方案编制基本技能

1. 怎样编制小型装饰工程施工组织设计？

答：小型装饰工程施工组织设计编制技巧如下：

（1）熟悉装饰装修施工图纸，对施工装饰施工现场实地考察，做到心中有数、有的放矢，为制定装饰装修施工方案确定依据。

（2）确定流水施工的主要施工过程，把握工程施工的关键工序，根据设计图纸分段分层计算工程量，为施工进度计划的编制打下基础。

（3）根据工程量确定主要施工过程的劳动力、机械台班需求计划，从而确定各施工过程的持续时间、编制施工进度计划，并调整优化。

（4）根据装饰装修施工定额编制资源配置计划。

（5）根据资源配置计划和施工现场情况，设计并绘制施工现场平面图。

（6）制定相应的技术组织措施。

（7）装饰装修施工组织设计和专项施工方案的编制均应做到技术先进、经济合理、留有余地。

2. 怎样编制装饰工程分部（分项）工程施工方案？

答：建筑装修工程施工方案的内容，主要包括施工方法和施工机械的选择、施工段的划分、施工开展的顺序以及流水施工的组织安排。装饰工程分部（分项）工程施工方案编制的步骤如下：

（1）确定施工程序。建筑装饰装修工程的施工顺序一般有先室外后室内、先室内后室外及室内外同时进行三种情况。应根据工期要求、劳动力配备情况、气候条件、脚手架类型等因素综合考虑。

1）建筑物基体表面的处理。一般要使其粗糙，以加强装饰面层与基层之间的粘结力。对改造工程或旧建筑物上进行二次装饰，应对拆除的部位、数量、拆除物的处理办法等作出明确的规定，以保证装饰施工质量。

2）设备安装与装饰工程。先进行设备管线的安装，再进行建筑装饰装修工程的施工，即按照预埋、封闭和装饰的顺序进行。在预埋阶段，先通风、再水暖管道、后电器线路；封闭阶段，先墙面、再顶面，后地面；装饰阶段先油漆，再裱糊、后面板。

（2）确定施工起点和流向

是指单位工程在平面或空间上开始施工的部位及其流动方向，主要取决于合同规定、保证质量和缩短工期的要求。单层建筑要定出分段施工在平面上的施工流向，多层及高层建筑除了定出每一层在平面上的流向外，还要定出分层施工的流向。确定施工流向时还应考虑施工方法，工程各部位的繁简程度，选用的材料，用户生产或使用的需要，设备管道的布置系统等。

（3）确定施工顺序

即确定装饰装修分项工程或工序之间的先后顺序。

室外装饰装修的施工顺序有两种：对于外墙湿作业施工，除石材墙面外，一般采用自上而下的施工顺序；而干作业施工，一般采用自下而上的施工顺序。

室内装饰装修工程施工的主要内容有：顶棚、地面、墙面的装饰、门窗安装、油漆、制作家具以及相配套的水、电、风口的安装和灯具洁具的安装。确定施工作业顺序的基本原则是先湿作业，后干作业，先墙顶后地面，先管线后饰面。

（4）选择施工方法和施工机械

选择施工方法和施工机械是确定施工方案的关键之一，它直接影响施工质量、进度、安全以及施工成本。

施工方法选择时，应着重考虑影响整个装饰工程施工的主要部分，应注意内外装饰装修工程施工顺序，特别是应安排好湿作业、干作业、管线布置等的施工顺序。

建筑装饰装修工程施工所用的机具，除垂直运输和设备安装以外，主要是小型电动机具，如电锤、电动曲线锯、型材切割机、风车锯、电刨、云石机、射钉枪电动角向磨光机等，选择时应做到：选择适宜的施工机具以及机具型号；在同一施工现场应尽可能减少机具的型号和功能综合的机具，便于机具管理；机具配备时注意与之配套的附件；充分发挥现有机具的作用等。

3. 建筑装饰施工的安全技术措施怎样分类？它们各包括哪些内容？

答：《建筑法》规定，建筑装饰施工企业编制施工组织设计时，应当根据建筑工程的特点制定相应的安全技术措施；对于专业性较强的工程项目，应当编制专项安全施工组织设计，并采取安全技术措施。施工单位应当按照《建设工程安全生产管理条例》的规定，在施工组织设计中编制安全技术措施和施工现场临时用电方案。

安全技术措施可分为防止安全事故发生的安全技术措施和减少事故损失的安全技术措施。它们通常包括：根据基坑、地下室深度和地质资料，保证土石方边坡稳定的措施；脚手架、吊篮、安全网、各类洞口防止人员坠落的技术措施；外用电梯、井架以及塔吊等垂直运输机具的拉结要求及防倒塌措施；安全用电和机电防短路、防触电的措施；有毒有害、易燃易爆作业的技术措施；施工现场周围通行道路及居民防护隔离等措施。

4. 装饰装修工程施工安全技术专项施工方案编制程序是什么？

答：《建设工程安全生产管理条例》规定，对下列达到一定规模的危险性较大的分部分项工程编制专项施工方案，并附具安全验算结果，经施工单位负责人、总监理工程师签字后实施，由专职安全生产管理人员进行现场监督：①基坑支护与降水工程；②土方开挖工程；③模板工程；④起重吊装工程；⑤脚手架工程；⑥拆除、爆破工程；⑦国务院建设行政主管部门或者其他有关部门规定的其他危险性较大的工程。对以上所列工程中涉及的深基坑、地下暗挖工程、高大模板工程的专项施工方案，施工单位还应当组织专家论证、审查。

其他危险性较大的工程是指：①建筑幕墙的安装施工；②预应力结构张拉施工；③隧道工程施工；④桥梁工程施工（含架桥）；⑤特种设备施工；⑥网架的索膜结构施工；⑦6m 以上边坡施工；⑧大江、大河的导流、截流施工；⑨港口工程、航道工程；⑩采用新技术、新工艺、新材料，可能影响建设工程质量安全，已经行政许可、尚无技术标准的施工。

建筑施工企业专业工程技术人员编制的安全专项施工方案，由施工企业负责人及监理单位专业监理工程师进行审核，审核合格，由施工企业技术负责人、监理单位总监理工程师签字。

5. 脚手架工程专项施工方案包括哪些内容?

答：（1）室外脚手架的设置

根据《建筑施工扣件式脚手架安全技术规范》JGJ 130—2011 规定，外脚手架可采用落地式双排脚手架，脚手架内挂密目网（2000 目/100cm^2），进行全封闭防护，每 3 层且不大于 10m 设置一道水平防护网，施工操作可设置水平硬防护。钢管采用外径 48mm、壁厚 3.5mm 的焊接钢管，立杆纵向间距 1.5m、横距 1.0m，大横杆间距 1.7m，小横杆间距不大于 1.5m。脚手架要进行稳定性验算。

（2）室内装饰脚手架设置

室内装饰采用钢制满堂红脚手架。梁底模板支架采用双排脚手架，立杆横距为梁宽加 400mm，纵距为 800～1000mm，水平杆的纵距为1.3m；板底模板支架采用双排脚手架，靠梁立杆间距不小于200mm，纵横方向立杆间距800～1200mm。水平杆与立杆连接要用直角扣件，立杆采用搭接连接，每道立杆连接要不少于两个扣件，扣件可采用直角扣件连接或旋转扣件。架子四周与中间每隔四排支架立杆应设置一道纵向剪刀撑，由底至顶连续设置。

（3）脚手架设置技术措施

1）外脚手架搭设前，应先将地面夯实找平，并做好排水处理，立杆垂直面应放在金属底座上，底座下垫60mm厚木板，立杆根部设通长扫地杆，大横杆在同一步距内的纵向水平方向高差不得超过60mm，同一步距里外两根大横杆的接头相互错开，不宜在同一跨间内，同一跨内上下两根大横杆的连接接头应错开500mm以上。

2）小横杆与大横杆垂直，用扣件将小横杆固定于大横杆上。

3）在转角端头及纵向每隔15m处设置剪刀撑，每档剪刀撑占2～3个跨间。从底部到顶部连续布置，剪刀撑钢管与水平向成45°～60°夹角，最下一对剪刀撑应落地，与立杆的连接点距地不大于500mm。

4）竖向每隔3～4m，横向每隔4～6m设置与框架锚拉的锚拉杆，锚拉杆一端用扣件固定于立杆与大横杆汇聚处，一端与楼层中预埋钢管用扣件连接。

5）立杆相交伸出的端头必须大于100mm，防止杆件滑脱。杆件用扣件连接，禁止使用铁线绑扎。

6）钢跳板满铺、铺稳，不得铺探头板、弹簧板，靠墙的间隙大于0.2m。

7）外围护架子高出建筑物2.5m。

（4）脚手架拆除

1）严格遵守拆除程序，由上而下进行，即先绑者后拆，后绑者先拆，一般是先拆栏杆、脚手架、剪刀撑、然后依次一步一步拆除小横杆、大横杆、抛撑、立杆等。

2）悬空口的拆除预先进行加固或设落地支撑措施后方可拆除。

3）如果需要保留部分架子继续工作时，应将保留部分架子加固稳定后，方可拆除其他架子。

4）通道上方的脚手板要保留，以防高空坠物伤人。

第二节 识读施工图和其他工程设计、施工等文件基本技能

1. 怎样识读砌体结构房屋建筑施工图、结构施工图？

答：（1）建筑平面图的阅读方法

阅读建筑平面图首先必须熟记建筑图例（建筑图例可查阅《房屋建筑制图统一标准》GB/T 50001）。

1）看图名、比例。先从图名了解该平面图表达哪一层平面，比例是多少；从底层平面图中的指北针明确房屋朝向。

2）从大门开始，看房间名称，了解各房间的用途、数量及相互之间的组合情况。从该图可了解房间大门朝向、各功能房间的组合情况及具体位置等。

3）根据轴线定位置，识开间、进深等。

4）看图例，识细部，认门窗的代号。了解房屋其他细部的平面形状、大小和位置，如阳台、栏杆、卫生间的布置等其他空间利用情况。

5）看楼地面标高，了解各房间地面是否有高差。平面图中标注的楼地面标高为相对标高，且是完成面的标高。

6）看清内、外墙面构造装饰做法；同时弄懂屋面排水系统及地面排水系统的构造。

（2）结构施工图的阅读方法

1）从基础图开始，了解地基与基础的结构设计及要求，包括地基土、基础及基础梁的结构设计要求、标高和细部构造等，了解地下管网的进口和出口位置、地下管沟的构造做法、坡度以

及管沟内需要预埋和设置的附属配件等，为编制地基基础施工方案、指导地基基础施工做好准备。

2）读懂结构平面布置图。弄清楚定位轴线与承重墙和非承重墙及其他构配件之间的关系，确定墙体和可能情况下所设置的柱确切位置，为编制首层结构施工方案和指导施工做好准备。弄清构造柱的设置位置、尺寸及配筋。

3）读懂标准层结构平面布置图。标准层是除首层和地下室之外的其他剩余楼层的通称，也是多层砌体房屋中占楼层最多的部分，一般说来，没有特殊情况，标准层的结构布置和房间布局各层相同，这时结构施工图的识读对于首层和顶层没有差异。需要特别指出的是如果功能需要，标准层范围内部分楼层结构布置有所变化，这时就需要对变化部分特别注意，弄清楚这些楼层与其他大多数楼层之间的异同，防止因疏忽造成错误和返工。需要注意的是多层砌体房屋可能在中间楼层处需要改变墙体厚度，这时需要弄清墙体厚度变化处上下楼层墙体的位置关系、材料强度的变化等。楼梯结构施工图识读时应配合建筑施工图，对其位置和梯段踏步划分、梯段板与踏步板坡度，平台板尺寸、平台梁截面尺寸、跨度及其配筋等都应正确理解。同时还要注意各楼层板和柱结构标高的掌握和控制。弄清圈梁、构造柱的设置位置、尺寸及配筋以及它们之间的连接，它们与墙体之间的连接等。

4）顶层、屋面结构及屋顶间结构图的读识。顶层原则上讲与标准层差别不大，只是在特殊情况下可能为满足功能需要在结构布置上有所变化。对于屋顶结构中楼面结构布置、女儿墙或挑檐、屋顶间墙体和其屋顶结构等应弄清楚，尤其是屋顶间墙体位置以及与主体结构的连接关系等。弄清圈梁、构造柱的设置位置、尺寸及配筋以及它们之间的连接，它们与墙体之间的连接等。

2. 怎样识读建筑装饰装修工程施工图？

答：阅读建筑装饰工程平面图首先必须熟记建筑装饰工程图

例，详细研读设计说明，弄清设计意图和要求。

1）看图名、比例。先从图名了解该平面图表达哪一层平面，比例是多少；从底层平面图中的指北针明确房屋朝向。

2）从大门开始，看房间名称，了解各房间的用途、数量及相互之间的组合情况。从该图可了解房间大门朝向、各功能房间的组合情况及具体位置等。

3）根据轴线定位置，识开间、进深等。

4）看图例，识细部，认门窗的代号。了解房屋其他细部的平面形状、大小和位置，如阳台、栏杆、卫生间的布置等其他空间利用情况。

5）看楼地面标高，了解各房间地面是否有高差。平面图中标注的楼地面标高为相对标高，且是完成面的标高。

6）看清内、外各中功能房间的地面、墙面、顶棚等构造装饰做法和构造。

3. 工程设计变更的流程有哪些？

答：设计变更的工作流程包括：

（1）工程设计变更申请

在工程设计变更申请前，提出变更申请的单位应对拟提出申请变更的事项、内容、数量、范围、理由等有比较充分的分析，然后按照项目管理的职责划分，向有关管理部门提出书面或口头（较小的事项）申请，施工企业提出的设计变更需向建设单位或代建单位和工程监理单位提出申请，并填写设计变更申请单。

（2）工程设计变更审批

施工单位向监理单位提交设计变更申请经审查、建设单位或代建单位审核同意后，然后可以填写设计变更审批表，经建设单位或代建单位、设计单位审查批准。

（3）设计单位出具设计变更通知

设计单位认真审核设计变更申请表中所列的变更事项的内

容、原因、合理性等，然后作出设计变更的最终决定，并以设计变更通知单和附图的形式回复建设单位和施工单位。

设计变更申请、设计变更申请表、设计变更审批表、设计变更通知单是设计阶段和施工阶段项目管理的主要函件，也是工程项目最终确定工程结算的依据，必须妥善归档保管。

4. 为什么要组织好设计交底和图纸会审？图纸会审的主要内容有哪些？

答：在工程施工之前，建设单位应组织装饰装修施工单位进行工程设计图纸会审，组织设计单位进行设计交底，先由设计单位介绍设计意图、结构特点、施工要求、技术措施和有关注意事项，然后由施工单位提出图纸中存在的问题和需要解决的技术难题，通过三方研究协商、拟定解决方案、写出会议纪要，其目的是为了使施工单位熟悉设计图纸，了解工程特点和设计意图，以及对关键工程部分的质量要求，及时发现图纸中的差错，将图纸的质量隐患消灭在萌芽状态，以提高工程质量，避免不必要的工程变更，降低工程造价。

图纸会审的主要内容有：

（1）总平面图与施工图的几何尺寸、平面位置、标高等是否一致。

（2）建筑装饰装修工程与建筑、结构和水电安装等专业图纸本身是否有差错及矛盾；结构图与建筑图的平面尺寸及标高是否一致，平立剖面之间有无矛盾；表示方法是否清楚。

（3）材料来源有无保证，能否代换；图中所要求的条件能否满足；新材料、新技术的应用有无问题。

（4）建筑装饰装修工程与建筑结构和建筑构造等是否存在不能施工、不便施工的技术问题，或容易导致质量、安全事故或工程费用增加等方面的问题。

（5）工艺管道、电气线路、设备装置、运输道路与建筑物之间或相互间有无矛盾，布置是否合理。

第三节　编写技术交底文件，并实施技术交底基本技能

1. 为什么要进行施工技术交底？技术交底有哪些类型？

答：（1）施工技术交底

施工技术交底是某一分部或分项工程施工前进行的技术性交底。其目的是使施工人员对工程特点、技术质量要求、施工方法与措施和安全管理等方面有一个详细的了解，以便于科学地组织施工，避免事故的发生。各项技术交底记录也是工程技术档案资料的重要组成部分。

（2）技术交底的分类

技术交底包括下列几种：

1）设计交底，俗称设计图纸交底。是在建设单位主持下，由设计单位向土建及设备安装施工单位、监理单位等进行的交底，主要交代建筑物的功能与特点，设计意图与要求等，并可一并进行设计答疑的一项技术业务活动。

2）施工组织设计交底。由项目施工技术负责人向施工工地进行交底。将施工组织设计要求的全部内容进行交底，使现场施工人员对工程概况、施工部署、施工方法与措施、施工进度与质量要求等方面，有一个较全面的了解，以便于在施工中充分发挥各方面的积极性，确保工程项目按期、保质、安全地在实现工程造价管理目标、环保节能目标等的前提下顺利建成。

3）分项工程技术交底。在一项工程施工前，由各地技术负责人（施工员）向施工队（组）长进行的交底。通过交底，使直接生产操作者能抓住关键，以便能按图顺利施工。分部、分项工程技术交底是基层施工单位一项重要的技术活动，必须引起足够重视。

2. 防火、防水工程施工技术交底文件包括的内容有哪些？

答：（1）防火、防水工程施工技术交底文件安全技术交底内容：

1）现场的施工人员必须严格遵照现场的安全规定及要求进行施工。

2）施工现场必须建立健全防火制度和防火岗位责任制，配备齐全、完好、有效的消防灭火器具、设备，并放置在人员活动明显可见的地方，便于发生火灾时，随时取用补救，防止火势蔓延成灾。

3）使用喷枪点火时，火嘴不准对人。材料存放于专人负责的库房，严禁烟火并挂有醒目的警告标志和防火措施。

4）施工现场的各种安全设施、设备和警告、安全标志等未经领导同意不得任意拆除和随意挪动。

5）夜间施工应有照明设备，保持消防车通道畅通无阻，防水物资堆放不得堵住消防通道。

6）装卸容器，如汽油等容器，必须配软垫不准猛推猛撞。使用容器后其容器盖必须及时盖严。

7）六级以上大风时应停止作业。

8）防水卷材采用热熔粘结或使用明火操作时应申请办理用火证，在每个用火点设防火措施，并设专人看火。配有灭火器材周围 30m 以内不准有易燃物并保持消防道路畅通。

9）使用聚氨酯防水涂料施工时，禁止明火，在周边停止电焊等作业，并在施工点周边设置防火措施，配有灭火器材。

10）施工现场发生伤亡事故必须立即报告领导抢救伤员、保护现场。

11）未尽事宜，必须请示并得到许可后方可施工，不得擅自做主，野蛮施工。

（2）针对性交底：

1）防水卷材施工时禁止使用液化气，只允许使用喷灯。

2）聚氨酯防水涂料施工时禁止明火，禁止吸烟。

3. 建筑室内轻钢龙骨石膏板吊顶工程施工技术交底文件包括哪些内容？

答：室内轻钢龙骨石膏板吊顶工程技术交底文件的主要内容

如下。

(1) 工程概况

在工程大部分地块主体结构已完成后，可正常进行室内装饰装修工程。以石膏板吊顶和铝扣板吊顶为例，在施工过程中为了保证吊顶施工质量，特作以下交底。

(2) 注意事项

1) 操作流程

弹线安装主龙骨吊杆→安装主龙骨→安装次龙骨→安装石膏板→饰面清理→分项验收。

2) 施工做法

① 安装完顶棚内的各种管线及通风道，确定好灯位、通风口及各种露明孔口位置。

② 各种材料全部配套齐全，做完墙地湿作业工程项目。

③ 在大面积施工前，对顶棚的起拱度、灯槽洞口的构造处理，分块及固定方法等经试装，并经鉴定认可后方可大面积施工。

④ 根据楼层标高水平线，用尺竖向量至顶棚设计标高，沿墙、柱四周弹顶棚标高水平线，并沿顶棚的标高水平线，在墙或柱上画好龙骨分档位置线。

⑤ 安装大龙骨吊杆：在弹好顶棚标高水平线及龙骨位置线后，确定吊杆下端头的标高，按大龙骨位置及吊挂间距，将吊杆无螺栓丝扣的一端用楼板膨胀螺栓固定。

⑥ 安装大龙骨：配装好吊杆螺母，在大龙骨上预先安好吊挂件，安装大龙骨，将组装好吊挂件的大龙骨，按分档线位置使挂件穿入相应的吊杆螺栓，拧好螺母。相接大龙骨、装连接件，拉线调整标高和平直，安装洞口附加大龙骨，参照图集相应节点构造，设置及连接卡固、钉固靠边龙骨，采用射钉固定。

⑦ 安装中龙骨：按已弹好的中龙骨分档线，卡放中龙骨吊挂件，吊挂中龙骨，按设计规定的中龙骨间距，将中龙骨通过吊挂件，吊挂在大龙骨上，一般间距为 400mm×400mm。当中龙

骨长度需多根延续接长时，用中龙骨连接件在吊挂中龙骨的同时相接，调直固定。

⑧ 安装小龙骨：按已弹好的小龙骨分档线，卡装小龙骨吊挂件，吊挂小龙骨：按设计规定的小龙骨间距，将小龙骨通过吊挂件，吊固在中龙骨上，一般间距为400mm×400mm，当小龙骨长度需多根延续接长时用小龙骨连接件，在吊挂小龙骨的同时，将相对端头相接，调直固定，当采用T型龙骨组成轻钢骨架时，小龙骨应在安装罩面板时，每装一块罩面板先后各装一根卡挡小龙骨。

⑨ 安装罩面板应按照建筑构造通用图集节点要求安放。

3）质量标准

① 轻钢骨架和罩面板的材质、品种、式样、规格应符合设计要求。

② 轻钢骨架的大、中、小龙骨安装必须正确，连接牢固，无松动。

③ 罩面板应无脱层、翘曲、折裂、缺楞掉角。安装必须牢固。

4. 轻钢龙骨隔墙施工工程施工技术交底文件包括哪些主要内容？

答：轻钢龙骨隔墙施工工程施工技术交底文件包括下列内容。

（1）各类龙骨、配件和罩面板材料以及胶粘剂的材质均应符合现行国家标准和行业标准的规定。当装饰材料进场检验，发现不符合设计要求及室内环保污染控制规范的有关规定时，严禁使用。

1）轻钢龙骨主件：沿顶龙骨、沿地龙骨、加强龙骨、竖向龙骨、横撑龙骨应符合设计要求和有关规定的标准。

2）轻钢骨架配件：支撑卡、卡托、角托、连接件、固定件、护墙龙骨和压条等附件应符合设计要求。

3）紧固材料：拉锚钉、膨胀螺栓、镀锌自攻螺丝、木螺丝和粘贴嵌缝材，应符合设计要求。

4）罩面板应表面平整、边缘整齐、不应有污垢、裂纹、缺角、翘曲、起皮、色差、图案不完整的缺陷。胶合板、木质纤维板不应脱胶、变色和腐朽。

（2）填充隔声材料：玻璃棉、岩棉等应符合设计要求选用。

（3）通常隔墙使用的轻钢龙骨为C形隔墙龙骨，其中分为三个系列，经与轻质板材组合即可组成隔断体。

C形装配式龙骨系列：

1）C50系列可用于层高3.5m以下的隔墙；

2）C75系列可用于层高3.5～6m的隔墙；

3）C100系列可用于层高6m以上的隔墙。

操作工艺包括如下内容：

（1）在基体上弹出水平线和竖向垂直线，以控制隔断龙骨安装的位置、龙骨的平直度和固定点。

（2）隔断龙骨的安装：

1）沿弹线位置固定沿顶和沿地龙骨，各自交接后的龙骨，应保持平直。固定点间距应不大于1000mm，龙骨的端部必须固定牢固。边框龙骨与基体之间，应按设计要求安装密封条。

2）当选用支撑卡系列龙骨时，应先将支撑卡安装在竖向龙骨的开口上，卡距为400～600mm，距龙骨两端为20～25mm。

3）选用通贯系列龙骨时，高度低于3m的隔墙安装一道；3～5m时安装两道；5m以上时安装三道。

4）门窗或特殊节点处，应使用附加龙骨，加强其安装应符合设计要求。

5）隔断的下端如用木踢脚板覆盖，隔断的罩面板下端应离地面20～30mm；如用大理石、水磨石踢脚时，罩面板下端应与踢脚板上口齐平，接缝要严密。

6）骨架安装的允许偏差，应符合有关规范的规定。检验方法为：立面垂直度，用2m托线板检查；表面平整度，用2m直尺和楔形塞尺检查。

（3）石膏板安装：

1）安装石膏板前，应对预埋隔断中的管道和附于墙内的设备采取局部加强措施。

2）石膏板应竖向铺设，长边接缝应落在竖向龙骨上。

3）双面石膏罩面板安装，应与龙骨一侧的内外两层石膏板错缝排列接缝不应落在同一根龙骨上；需要隔声、保温、防火的应根据设计要求在龙骨一侧安装好石膏罩面板后，进行隔声、保温、防火等材料的填充；一般采用玻璃丝棉或30～100mm岩棉板进行隔声、防火处理；采用50～100mm苯板进行保温处理。再封闭另一侧的板。

4）石膏板应采用自攻螺钉固定。周边螺钉的间距不应大于200mm，中间部分螺钉的间距不应大于300mm，螺钉与板边缘的距离应为10～16mm。

5）安装石膏板时，应从板的中部开始向板的四边固定。钉头略埋入板内，但不得损坏纸面；钉眼应用石膏腻子抹平。

6）石膏板应按框格尺寸裁割准确；就位时应与框格靠紧，但不得强压。

7）隔墙端部的石膏板与周围的墙或柱应留有3mm的槽口。施铺罩面板时，应先在槽口处加注嵌缝膏，然后铺板并挤压嵌缝膏使面板与邻近表层接触紧密。

8）在丁字形或十字形相接处，如为阴角应用腻子嵌满，贴上接缝带，如为阳角应做护角。

9）石膏板的接缝，一般应留3～6mm缝，必须坡口与坡口相接。

质量标准要求如下：

（1）主控项目

1）轻钢骨架和罩面板材质、品种、规格、式样应符合设计要求和施工规范的规定。人造板、胶粘剂必须有游离甲醛含量或游离甲醛释放量及苯含量检测报告。

2）轻钢龙骨架必须安装牢固，无松动，位置正确。

3）罩面板无脱层、翘曲、折裂、缺楞掉角等缺陷，安装必须牢固。

（2）一般项目

1）轻钢龙骨架应顺直，无弯曲、变形和劈裂。

2）罩面板表面应平整、洁净，无污染、麻点、锤印，颜色一致。

3）罩面板之间的缝隙或压条，宽窄应一致，整齐、平直、压条与板接缝严密。

4）骨架隔墙面板安装的允许偏差按规范规定。

成品保护要求如下：

（1）隔墙轻钢骨架及罩面板安装时，应注意保护隔墙内装好的各种管线。

（2）施工部位已安装的门窗，已施工完的地面、墙面、窗台等应注意保护、防止损坏。

（3）轻钢骨架材料，特别是罩面板材料，在进场、存放、使用过程中应妥善管理，使其不变形、不受潮、不损坏、不污染。

5. 软包墙面工程施工技术交底文件包括哪些内容？

答：软包墙面工程施工技术交底文件包含的内容如下：

本工艺标准适用于工业与民用和公共建筑工程的室内高级软包墙面装饰工程，如锦缎、皮革等面料。

（1）材料要求

1）软包墙面木框、龙骨、底板、面板等木材的树种、规格、等级、含水率和防腐处理，必须符合设计图纸要求和《木结构工程施工质量验收规范》GB 50206 的规定。

2）软包面料及其他填充材料必须符合设计要求，并应符合建筑内装修设计防火的有关规定。

3）龙骨料一般用红白松烘干料，含水率不大于 12%，厚度应根据设计要求，不得有腐朽、节疤、劈裂、扭曲等疵病，并预先经防腐处理。

4）面板一般采用胶合板（五合板），厚度不小于3mm，颜色、花纹要尽量相似，用原木板材作面板，一般采用烘干的红白松、椴木和水曲柳等硬杂木，含水率不大于12%。其厚度不小于20mm，且要求纹理顺直、颜色均匀、花纹近似，不得有节疤。扭曲、裂缝、变色等疵病。

5）外饰面用的压条、分格框料和木贴脸等面料，一般采用工厂加工的半成品烘干料，含水率不大于12%，厚度应根据设计要求选择外观没毛病的好料；并预先经过防腐处理。

6）辅料有防潮纸或油毡、乳胶、钉子（钉子长应为面层厚的2～2.5倍）、木螺丝、木砂纸、氟化钠（纯度应在75%以上，不含游离氟化氢，它的黏度应能通过120号筛）或石油沥青（一般采用10号、30号建筑石油沥青）等。

7）如设计采取轻质隔墙做法时，其基层、面层和其他填充材料必须符合设计要求和配套使用。

8）罩面材料和做法必须符合设计图纸要求，并符合建筑内装修设计防火的有关规定。

（2）主要机具

木工工作台，电锯，电刨，冲击钻，手枪钻，切、裁织物布、革工作台，钢板尺（1m长），裁织革刀，毛巾，塑料水桶，塑料脸盆，油工刮板，小辊，开刀，毛刷，排笔，擦布或棉丝，砂纸，长卷尺，盒尺，锤子，各种形状的木工凿子，线锯，铝制水平尺，方尺，多用刀，弹线用的粉线包，墨斗，小白线，笤帚，托线板，线坠，红铅笔，工具袋等。

（3）作业条件

1）混凝土和墙面抹灰已完成，基层按设计要求木砖或木筋已埋设，水泥砂浆找平层已抹完灰并刷冷底油，且经过干燥，含水率不大于8%；木材制品的含水率不得大于12%。

2）水电及设备，顶墙上预留预埋件已完成。

3）房间里的吊顶分项工程基本完成，并符合设计要求。

4）房间里的地面分项工程基本完成，并符合设计要求。

5）房间里的木护墙和细木装修底板已基本完成，并符合设计要求。

6）对施工人员进行技术交底时，应强调技术措施和质量要求。大面积施工前应先做样板间，质检部门鉴定合格后，方可组织班组施工。

（4）工艺流程

1）基层或底板处理→吊直、套方、找规矩、弹线→计算用料、套裁面料→粘贴面料→安装贴脸或装饰边线、刷镶边油漆→软包墙面。

原则上是房间内的地、顶内装修已基本完成，墙面和细木装修底板做完，开始做面层装修时插入软包墙面镶贴装饰和安装工程。

2）基层或底板处理。凡做软包墙面装饰的房间基层，大都是事先在结构墙上预埋木砖、抹水泥砂浆找平层、刷喷冷底子油。铺贴一毡二油防潮层、安装50mm×50mm木墙筋（中距为450mm）、上铺五层胶合板。此基层或底板实际是该房间的标准做法。如采取直接铺贴法，基层必须作认真的处理，方法是先将底板拼缝用油腻子嵌平密实、满刮腻子1～2遍，待腻子干燥后用砂纸磨平，粘贴前，在基层表面满刷清油（清漆＋香蕉水）一道。如有填充层，此工序可以简化。

3）吊直、套方、找规矩、弹线。根据设计图纸要求，把该房间需要软包墙面的装饰尺寸、造型等通过吊直、套方、找规矩、弹线等工序，把实际设计的尺寸与造型落实到墙面上。

4）计算用料、套裁填充料和面料。首先根据设计图纸的要求，确定软包墙面的具体做法。一般做法有两种，一是直接铺贴法（此法操作比较简便，但对基层或底板的平整度要求较高），二是预制铺贴镶嵌法，此法有一定的难度，要求必须横平竖直、不得歪斜，尺寸必须准确等。需要做定位标志以利于对号入座。然后按照设计要求进行用料计算和底衬（填充料）、面料套裁工作。要注意同一房间、同一图案与面料必须用同一卷材料和相同部位（含填充料）套裁面料。

5）粘贴面料。如采取直接铺贴法施工时，应待墙面细木装修基本完成、边框油漆达到交活条件，方可粘贴面料；如果采取预制铺贴镶嵌法，则不受此限制，可事先进行粘贴面料工作。首先按照设计图纸和造型的要求先粘贴填充料（如泡沫塑料、聚苯板或矿棉、木条、五合板等），按设计用料（粘结用胶、钉子、木螺丝、电化铝帽头钉、铜丝等）把填充垫层固定在预制铺贴镶嵌底板上，然后把面料按照定位标志找好横竖坐标上下摆正，首先把上部用木条加钉子临时固定，然后把下端和两侧位置找好后，便可按设计要求粘贴面料。

6）安装贴脸或装饰边线。根据设计选择和加工好的贴脸或装饰边线，应按设计要求先把油漆刷好（达到交活条件），便可把事先预制铺贴镶嵌的装饰板进行安装工作，首先经过试拼达到设计要求和效果后，便可与基层固定和安装贴脸或装饰边线，最后修刷镶边油漆成活。

6. 怎样编写楼、地面工程施工技术交底文件并实施交底工作文件？

答：混凝土地面施工技术交底包括如下内容：

（1）混凝土地面（分层做法，自下而上）

1）素土夯实，压实系数0.90；

2）100mm厚3∶7灰土垫层夯实；

3）60mm厚C20混凝土随打随抹，上撒1∶1水泥砂子压实赶光。

（2）地面（分层做法，自下而上）

1）素土夯实，压实系数0.90；

2）100mm厚3∶7灰土垫层夯实；

3）50mm厚C10混凝土；

4）素水泥结合层一道；

5）20mm厚1∶3水泥砂浆找平；

6）6mm厚建筑胶水泥砂浆粘结层；

7）稀水泥浆擦封应用于料具间、工具间、门厅、走道、楼梯间等地面。

铺地砖地面施工技术交底包括如下内容：

（3）铺地砖地面（分层做法，自下而上）

1）素土夯实，压实系数0.90；

2）100mm厚3：7灰土垫层夯实；

3）最薄处30mm厚C15细石混凝土，从门口向地漏处找1%的坡；

4）3mm厚高聚物改性沥青涂膜防水层；

5）35mm厚C15细石混凝土随打随抹；

6）6mm厚建筑胶水泥砂浆粘结层；

7）地砖表面低于走道20mm，稀水泥浆擦封应用于厕所、盥洗、浴室。

各项材料均需经过试验室取样并检测合格方可使用，并满足以下规定：

（1）水泥：选用42.5级硅酸盐水泥，进场时必须有质量证明书及复试试验报告。

（2）土：宜优先采用基槽挖出的土，土料中所含有机质不得大于5%，使用前应先过筛，其粒径不大于15mm。

（3）石灰：熟化石灰一般采用1～3等的块状生石灰或磨细生石灰。其中块状石灰的比例不应小于70%，在使用前3～4天清水予以熟化，充分消解成粉状，并加以过筛。其最大粒径不超过5mm，并不得夹有未熟化的生石灰块。

（4）粗骨料：采用碎石和卵石，粗骨料的级配要适宜，其最大粒径不应大于垫层厚度的2/3，含泥量不大于2%。

（5）砂：宜采用含泥量不大于3%的中粗砂，其质量符合现行标准规定。

（6）主要机具：混凝土搅拌机，蛙式打夯机、手推车、铁锹、铁抹子、木抹子、筛子、钢丝刷子、粉笔、尺子、靠尺等。

主要施工工艺包括如下内容：

(1) 灰土拌合料应拌合均匀，颜色一致，并保持一定的湿度，加水量宜为拌合料总重量的16%。简易的检验方法是：以手握成团，两指轻捏即碎为宜。如土料水分过大或不足时应晾干或洒水湿润。灰土完成后，应拉线或用靠尺检查标高和平整度，超高处用铁锹铲平；低洼处应及时补打灰土。灰土垫层冬期施工，不得在基土受冻状态下铺设灰土，土料中不得含有冻块，应覆盖保温。当日拌合灰土，应当日铺完夯完，夯完的灰土表面应用塑料薄膜和草袋子覆盖保温。

(2) 找平层施工

1) 清理基层：浇筑混凝土前，应清除基层的淤泥和杂物。基层表面的平整度应控制在10mm内。

2) 找标高、弹性：在墙上弹出标高控制线，采用细石混凝土或水泥砂浆找平墩控制找平层标高，找平墩60mm×60mm，高度同找平层厚度，双向布置，间距不大于2m。用水泥砂浆做找平层时，还应冲筋。

3) 混凝土或砂浆搅拌：搅拌机使用前检查工作是否正常。混凝土搅拌时应先加石子，后加水泥，最后加砂和水，其搅拌时间不得少于1.5min。当掺有外加剂时，搅拌时间可适当延长。水泥砂浆搅拌先向已转动的搅拌机内加入适量的水，再按配合比将水泥和砂子先后投入，再加水至规定配合比，搅拌时间不得小于2min。水泥砂浆一次拌制不得过多，应随用随拌。砂浆放置时间不得过长，应在初凝前用完。

4) 铺设前，将基层湿润，并在基底上刷一道素水泥浆或界面结合剂，随刷随铺混凝土或砂浆。混凝土或砂浆铺设应从一端开始，由内向外连续铺设。混凝土应连续浇筑，间歇时间不得超过2h。如间歇时间过长，应分块浇筑，接触处按施工缝处理，接缝和裂缝等缺陷。

5) 混凝土应尽量减少运输时间，从卸料到使用完时间不超过120min。水泥砂浆储存在不漏水的储灰器中，并随拌随用。

6）找平层灌注完毕后应及时养护，混凝土强度达到1.2MPa以上时，施工人员才可以在其上行走。

（3）水泥混凝土面层质量要求

1）面层表面不应有裂缝、脱皮、麻面、起砂等缺陷。

2）面层表面的坡度应符合设计要求，不得有泛水和积水现象。

3）水泥砂浆踢脚线与墙面紧密结合，高度一致，出墙厚度均匀。

4）楼梯踏步的宽度、高度应符合设计要求，楼梯踏步的齿角应整齐，防滑条应顺直。

5）当水泥混凝土整体面层的抗压强度达到设计要求后，其上面方可走人，且在养护期内严禁在饰面上推动手推车、放重物品及随意踩踏。

6）施工时，要做好水电立管等预埋管件的保护，保护好地漏、出水口等部位的临时堵头，以防灌入浆液杂物造成堵塞。

7）水泥混凝土面层的允许偏差应符合施工验收规范规定的允许值。

安全保证措施包括如下内容：

（1）灰土铺设，粉化石灰和石灰过筛，操作人员应戴好口罩、风镜、手套、套袖等劳动防护用品，并站在上风头作业。

（2）施工机械用电必须采用三级配电两级保护，使用三相五线制，严禁乱拉乱接。

（3）打夯机操作人员，必须佩戴绝缘手套和穿绝缘鞋，防止漏电伤人。打夯机绝缘线使用前要检查，保证完好，接地线。使用打夯机必须由两人操作，其中一人负责移动打夯机胶片电线。

（4）混凝土及砂浆搅拌机施工中应定期对其进行检查、维修，保证机械使用安全。

（5）落地砂浆应在初凝前及时回收，回收的砂浆不得含有杂物。

（6）清理楼面时，禁止从窗口、施工洞口和阳台等处直接向外抛掷物品、杂物。

（7）操作人员剔除地面时要带防护眼镜。

（8）特种工种作业人员必须持证上岗。

（9）夜间施工或在光线不足的地方施工时，应满足施工用电的要求。

（10）基层处理、切割块料时，操作人员宜戴上口罩、耳塞，防止吸入粉尘和切割噪声，危害人身健康。

（11）切割砖块料时，宜加装挡尘罩，同时在切割地点洒水，防止粉尘对人的伤害及对大气的污染。

（12）活动地板施工现场要求通风、防火措施，严禁吸烟，以免引起火灾。

环境保护措施如下：

（1）在机械化施工过程中，要尽量减少噪声、废气、废水及尘埃等的污染，以保障人民的健康，运转中尘埃过大时要及时洒水。

（2）清理施工机械、设备及机械的废水、废油等有害物质以及生活污水，不得直接排放入河流、池塘或其他水域中，也不得倾泻于饮用水源附近的土地上，以防污染水源和土壤。

7. 幕墙工程验收时应具备哪些文件和记录？并应对哪些隐蔽工程项目进行验收？

答：（1）幕墙工程验收时应具备下列文件和记录：

1）幕墙工程的施工图、结构计算书、设计说明及其他设计文件。

2）建筑设计单位对幕墙工程设计的确认文件。

3）幕墙工程所用各种材料、五金配件、构件及组件的产品合格证书、性能检测报告、进厂验收记录和复检报告。

4）幕墙工程所用硅酮结构胶的认定证书和抽查合格证明；进口硅酮结构胶的商检证；国家指定检测机构出具的硅酮结构胶相容性和剥离粘结性试验报告；石材用密封胶的耐污染性试验报告。

5）后置埋件的现场拉拔强度检测报告。

6）打胶、养护环境的温度、湿度记录；双组分硅酮结构胶的混匀性试验记录及拉断试验记录。

7）防雷装置测试记录。

8）隐蔽工程验收记录。

9）幕墙构件和组件的加工制作记录；幕墙施工安装记录。

（2）幕墙工程应对下列隐蔽工程项目进行验收：

1）预埋件（或后置埋件）。

2）构件的连接接点。

3）变形缝及墙面转角处的构造节点。

4）幕墙防雷装置。

5）幕墙防火构造。

（3）预埋件安装按土建方提供的轴线，经复测后，上、下放钢丝线，为避免钢线摆动，每两层楼设一固定支点，用水平仪监测其准确性。幕墙支座的水平放线每 4m 设一个固定支点，用水平仪监测其准确性，同样按中心放线方法放出主梁的进出位线。每层的支座点焊后，用水平仪检测，相邻支座水平差应符合设计标准，支座的焊接应防止焊接时的受热变形，其顺序为上、下、左、右对称焊接，并检查焊缝质量。

第四节　正确使用测量仪器，进行施工测量

1. 怎样建立施工控制网？怎样建立建筑物控制网？

答：（1）施工控制网的距离

定位测量前，应由建设单位提供三个坐标控制点和两个高程控制点。作为场区控制依据点。以坐标控制点为起始点作为二级导线测量，作为建筑物平面控制网。以高程控制点为依据，作等外附和水准测量，将高程引测到场区内。

平面控制网导线精度不得低于 1/10000，过程控制测量闭合差不大于 $\pm 30\sqrt{L}$mm（L 为附和线路长度，以 km 计）。

在测设建筑物控制网时，首先要对起始数据进行校核。根据红线桩及图上的建筑物角点坐标，反算出它们之间的相对管线，并进行角度、距离校核。校测允许偏差：角度为±12″；距离相对精度不低于1/15000。对起始高程点应用附和水准测量进行校核，高程校测闭合差不大于$\pm 10\text{mm}\sqrt{n}$（n为测站数）。

（2）建筑物控制网的建立

1）主轴线的选择

通常根据建设单位提供的坐标和房屋的平面布置情况确定X主轴方向和Y主轴方向。

2）主轴线的测设

根据图纸尺寸在Ⅰ点架设经纬仪，然后在房屋纵向A轴线依次测出各横向定位轴线的桩点，同样测出B轴和其他轴线上的横向定位轴线的桩点。具体方法参见第二章第五节的内容。

2. 怎样进行基础施工测量？怎样进行主体结构施工测量？

答：（1）±0.000以下及基础施工测量

±0.000以下及基础施工测量按如下程序进行：

根据基础底面标高，标高传递采用钢尺配合水准仪进行，并控制挖土深度。要严格控制挖土深度，不得超挖。在基础施工时，为监测边坡变形，在边坡上埋设标高监测点，每10m埋设一个，随时监测边坡的情况。清槽后用经纬仪将房屋中主要纵向和横向定位轴线测设到基坑内，并进行校核，校核合格后，以此放出垫层边界线。按设计要求抄测处垫、层标高，并钉小木桩。在垫层混凝土施工时，拉线控制垫层厚度。地下部分的轴线投测，采用经纬仪挑直线法进行外控投测。垫层完成施工后，将主轴线投测到垫层上。先在上对投测的主轴线进行闭合校核，精度不得低于1/8000，测角限差为±12″。校核合格后，再进行其他轴线的测设，并弹出墙、柱边界线。施测时，要严格校核图纸尺寸、投测的轴线尺寸，以确保投测轴线无误。地下部分结构高程的传递，用钢尺传递和楼梯间水准仪观测互相进行，互为校核。

(2) ±0.000 以上施工测量

±0.000 以上施工测量按如下程序进行：

1) 轴线竖向传递

在地面设置投测点。各点距主轴线距离为 1.00m。施工至首层平面时，对各主轴线桩点进行距离、角度复核，校核合格后在进行首层平面放线。放线后，再次进行复核，合格后方可进行施工。

2) 高程传递

首层完工后，将±0.000 的高程抄测在首层柱子上，且至少抄测三处，并对这三处进行附和校核，合格后以此进行标高传递。±0.000 以上标高传递采用钢尺从三个不同部位向上传递。每层传递完毕后，必须在施工层上用水准仪校核。标高传递误差不应超过 3mm，超限必须重测。每层施工完成后，在每层的柱、墙上抄测出 1.000m 线，作为装修施工的报告依据。

3. 怎样使用测量仪器进行施工质量校核?

答：(1) 控制方式和仪器选择

1) 控制方式。根据施工现场环境条件的变化、场地较小等原因，以及外架和安全网封闭等，本工程垂直度测设采用内控法。

2) 仪器选择。垂直度测量选用光学经纬仪、全站仪或激光铅垂仪。

(2) 控制网的布设

以规划局提供的建筑物角点坐标为基线，用光学经纬仪或全站仪引至建筑物外固定的位置，做好标记和保护，作为地下结构和上部结构垂直度测量的首级控制点。地下结构测量采用光学经纬仪或全站仪测设，普通垂直法校核。±0.000 层结构完成后，通过首级控制点，把轴线定位到楼板上（可设在二层或转换层上），在平面上找出 3～4 个上投控制点。一般选择在距离轴线 500～800mm 处混凝土板上，这样便于留孔和进行上投传递。控制标志采用钢筋加工制成，埋设到楼面内，上加盖保护。

（3）垂直度控制要点

1）传递孔设置。在上投控制点上方留 200mm×200mm 孔洞，在孔洞四周做好上翻 50mm 的防水圈（可砖砌），平时孔洞处须盖好板，必须保证安全。

2）每次投测，将激光铅垂仪仔细对中，严格整平，然后接通激光电源，打开激光铅垂仪激光发射器开关即可反射出铅直的激光束。与此同时，在所测设楼层的楼板预留孔处安置接收有机玻璃板，激光铅垂仪发出的激光束在有机玻璃上形成一个小圆形光斑，通过调整发射器的焦距，使靶标上形成激光光斑达到最小，每个点的投设均要用误差圆取圆心的方法确定投射点。即每个点的投测应将仪器分别旋转 90°、180°、270°、360°投测四个点，取四个点形成的误差圆的圆心作为投测点的最终位置。

3）分段投测。为了提高工效和防止激光束点的误差，顾及仪器性能条件和施工环境的影响，缩短投影测程，采取分段控制，分段投点的方式，以竖向每隔 60～120mm 为一段。当第一段施工完毕，将此段首层控制点的点位精确地移至上一段的起始楼层上，并进行控制网的检测和校正，确认控制点准确无误后，重新埋点。这相当于将下段首层的控制网垂直升至此段首层并锁定，作为上端各层的投测依据。

（4）校核

1）段垂直度校核。每投测段施工完毕后，采用 1mm 的钢丝、15kg 铅垂人工投点进行对比校核。

2）总垂直度校核。所有投测段施工完毕后，在首层控制点上架好激光铅垂仪，将首层控制点投测到最高结构层，并与控制线进行校核。

3）校核标准。按《高层建筑混凝土结构技术规程》JGJ 3 的要求，高层、超高层建筑轴线竖向投测允许偏差：每层允许

3mm；总高允许偏差不大于 $H/1000$ 且≤30mm（H 为建筑物总高）。

4. 怎样使用测量仪器进行变形观测？

答：（1）沉降观测方法

1）沉降观测通常采用闭合圈法按二等水准测量要求进行，使用自动安平水准仪和钢水准尺。

2）采用闭合法进行沉降观测，观测前安排好测量跑尺人员并通知监理和建设单位负责人，并将沉降点从场区外的基准水准点引入现场并做记号。并清理好现场，确保视线、场地畅通。

3）工程结构施工阶段，做到每施工一层结构即进行一次沉降观察，沉降观测时间为混凝土浇筑结束后一天，不上荷载的情况下进行，中间停、复工各观测一次，以后每 3 个月观测一次，建筑物竣工验收前观测一次。特殊情况下如发生严重裂缝，沉降速率增大，沉降差较大等，亦相应增加观测次数，并整理出资料由主管工程师审核，及时提交业主。使用阶段每半年一次，共两次，以后每年一次，预计观测五年或直至沉降稳定，使用阶段预计共测 6 次，由建设单位负责观测。

（2）观测超过管理

沉降观测应有专门外业手簿、记录表和建筑物平面图及观测点布置图，并根据沉降观测成果计算整个建筑物的平均沉降量和相对沉降差，每季提供给业主一份资料。工程沉降观测资料由专人整理，当每次观测一周后，提交工程技术部门和工程队各一份，最终将系统观测资料作为工程技术资料的一部分存档，并交建设单位一份。

（3）观测点的保护

经常检查基准点和观测点有无变动，并防止砂浆落在观测头上，将观测点按观测平面图相应的编号，每层公测后旋转观测头集中保管，下次观测再按编号旋上观测头，注意阻止柱上槽口被杂物堵塞或被现场材料挡住，还要采取一定的措施防止碰撞观测点头的螺牙铁管口。观测点的设置，依据图纸设计要求。观测点的设置采用预埋螺牙铁管，使用活动观测头，便于装拆。装修前先旋下观测头，在柱装卸材料上预留孔并预埋套管，装修完成后旋上观测头，观测头就朝外，便于观测。

第五节 正确划分施工区段，合理确定施工顺序

1. 施工区段及其划分的原则是什么？

答：施工区段是指工程对象在组织流水施工中所划分的施工区域，包括施工段和施工层。一般把平面上划分的若干个劳动量大致相等的施工区段称为施工段；把建筑物垂直方向划分的施工区段称为施工层。划分施工区段的目的，就在于保证不同的施工队能在不同的施工区段上同时进行施工，消灭有由于不同的施工队组不能同时在一个工作面上工作产生的互等、停歇现象，为施工流水作业创造条件。

划分施工段的原则是：

（1）施工段的数目要合理；

（2）各施工段劳动量（或工程量）要大致相等（或相差宜在15％以内）；

（3）要有足够的工作面；

（4）要有利于结构的整体性；

（5）以主导施工过程为依据进行划分；

（6）当组长流水施工的施工对象有层间关系，分层分段施工时，应使各施工队组能连续施工。

2. 施工顺序及其确定原则各有哪些内容？

答：（1）施工顺序

确定合理的施工顺序是选择施工方案首先应考虑的问题。施工顺序是指工程开工后各分部分项工程施工的先后顺序。确定施

工顺序既是为了按照客观的施工规律组织施工，也是为了解决工种之间的合理搭接，在保证工程质量和施工安全的前提下，充分利用空间依达到缩短工期的目的。

（2）确定施工顺序应遵循的原则

1）先地下后地上的原则。

2）先主体后围护的原则。

3）先结构后装修的原则。

4）先土建后设备的原则。

3. 确定施工顺序基本要求有哪些?

答：确定施工顺序的基本要求包括如下方面。

（1）必须符合施工工艺的要求。

（2）必须与施工方法协调一致的要求。

（3）必须考虑施工组织的要求。

（4）必须考虑施工质量的要求。

（5）必须考虑当地气候条件的要求。

（6）必须考虑安全施工的要求。

4. 怎样确定室内装饰装修工程的施工顺序?

室内装饰工程的施工内容有顶棚、地面、墙面的装饰，门窗安装、油漆、制作家具以及相配套的水、电、风口的安装和灯饰洁具的安装等。施工顺序应根据先湿作业、后干作业、先墙顶、后地面、先管线、后饰面的原则进行。

湿作业一般采用自上而下的施工顺序；干作业一般采用自下而上的施工顺序。室内装饰装修工程的一般施工顺序如图 4-1 所示。

5. 怎样确定各分项细部施工成品保护工序?

成品保护对保证本工程的质量和功能，对保证整个工程的进

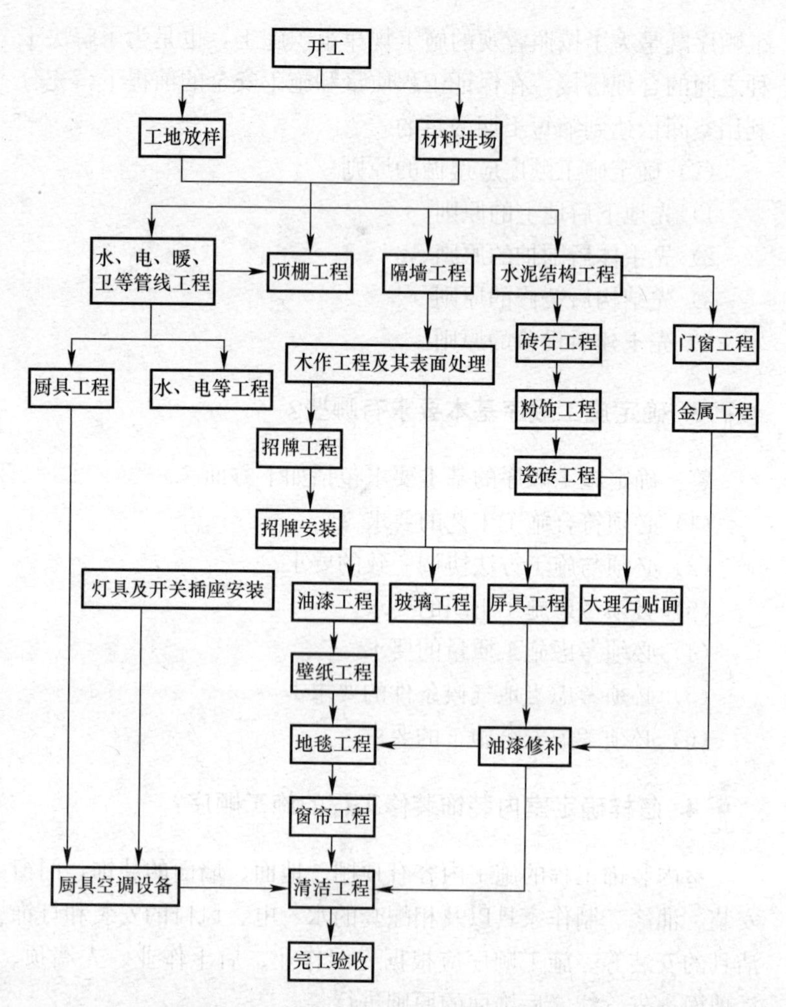

图 4-1　室内装饰装修工程的一般施工顺序

度，维护业主和参建各方的利益，至关重要。针对本工程成品保护的特点、重点和难点，牵头负责并组织实施好各分部分项工程以及各专业的成品保护。成品保护的指导思想：严密组织、突出重点、责任到位、措施有效、严防紧护、检查到位、奖罚分明、一次交付。

(1）成品保护责任及管理措施。

1）组织保证措施设专人狠抓成品保护的现场教育工作，使全体施工人员在思想上高度重视，从施工一开始就具有良好的成品保护意识；成立以项目经理部项目副经理为领导的成品保护小组，明确相关部门和人员的岗位职责；组织敦促现场各专业施工队伍建立相的成品保护管理组织，并纳入整个总承包管理成品保护工作体系，严格执行成品保护程序，在安排施工生产的同时，明确成品保护的基本要求和重点，制定相应的保护措施，并加强监督检查。成品保护领导小组主要管理职能如下：

① 项目经理为成品保护领导小组的第一责任人。

② 以项目副经理牵头组织并对成品保护工作负全面领导责任。

③ 工程管理部和各责任工程师负责实施和落实。

④ 安全消防保卫部负责成品保护的平日检查、巡视和监督。

⑤ 商务副经理负责制定成品保护资金计划的落实。

⑥ 各专业分包商主要领导和责任人负责自身施工范围内的作业面上的成品保护。

⑦ 成品保护实施“分级管理、分层负责”的原则，建立严格的责任制和责任追究制度，对成品保护范围和对象进行明确的责任划分，并落实到岗，落实到人。

⑧ 项目经理部负责制定整个工程成品保护方案和分阶段成品保护实施计划和管理重点。各专业分包商负责制定各自的成品保护方案和分阶段成品保护实施计划和管理重点。

⑨ 制定成品保护的检查制度、交叉施工管理制度、交接制度、考核制度、奖罚责任制度等。

2）制定成品保护方案和重点根据各分部分项工程，要制定总包一级和分包一级的成品保护方案和实施细则，分阶段制定重点成品保护对象和有针对性的措施、方案和管理手段，以指导整个工程项目的成品保护工作。总体上讲，本工程成品保护的重点内容分为三个方面：

① 各设备、仪器仪表、卫生洁具、末端设备和产品（诸如灯具、烟感、喷洒头、开关、阀门、报警器等）以及重要的管线（诸如电缆、电线、铜管等）；

② 装饰材料和面层，尤其是易损、易碎材料成品和半成品（诸如石材、面砖、台面板、玻璃等）、易污染成品和半成品（诸如壁纸、粉刷墙面等）、易盗成品和半成品（诸如：门锁、五金等）。

3）成品和半成品，尤其是玻璃特别容易破损，容易造成人为有意和无意的破坏。因此，项目经理部要针对不同施工阶段，详细制定成品保护的重点部位和内容，采取有效措施和手段，保证成品保护工作真正落实到实处。

(2) 建立成品保护责任制。项目经理部针对成品保护，应本着“分层管理、分级负责”的原则，建立健全责任制，将成品保护的对象、责任落实到每一级管理人员和操作人员，并逐级签订责任状，责任状中要明确责任人、责任部位和对象、工序交接程序、具体要求和措施、奖罚要求等主要内容，并组织交底和培训，保现场管理人员和操作人员既明确成品保护对象、重点、责任，又掌握成品保护的方法措施和手段。

(3) 制度保证措施制定成品保护检查制度、交叉施工管理制度、交接制度、考制度、奖罚责任制度等。加大成品保护工作的监督力度，突出施工现场操作人员的文明施工意识。

(4) 协调保证措施施工过程中通过现场例会和专题会等沟通形式，做到工序安排合理，顺序施工，科学管理，文明施工。以合同、协议等形式明确各专业分包单位对成品交接和保护责任，确定主要成品保护责任单位。项目经理部对整个工程项目的成品保护负全面管理责任，在做好自行施工内容的成品保护之外，尤其是要组织、敦促、检查、指导和监督各专业分包做成品保护，并协调各专业交叉施工。材料、半成品、设备进场后，由项目经理部和专业分包物资管理部负责保管，项目生产副经理主管，工程管理部、机电管理部、物资管理部、安全消防保卫部负责具体实施和落实。上道工序与下道工序（主要指各工序之间，不同分包单位之间工作面交接）要办理交接手续。下道工序对上道工序负有成品保护责任，各专业工长要把交接情况记录在施工日记中。分包单位在进行本道工序施工时，如需要挪动或变动其他专业的成品时，分包单位必须以书面形式上报总包单位，总包单位经与其他专业分包协调后，其他专业派人协助分包单位施工，等到施工完成后，恢复其成品。总包必须高度重视，并在成品保护领导小组的统一安排和部署下，成立专门的成品保护队伍参与进行现场管理、检查和监督，并敦促所有参展单位切实按照要求，认真做好自身承包工程范围内的成品保护并确保其他专业施工范围内的成品、半成品免受损坏和污染。

（5）人员保证措施在工程施工阶段，总包将配备足够的成品保护人员，对整个现场进行保护、检查和监督；对于特别重要的部位和设备，安排专人照管。其他专业分包队伍要根据项目经理部制定的“入场作业申请单”，并在填报手续齐全经项目经理部批准后，方可进入作业，否则成品保护员有权拒绝进入作业。施工完成后要经成品保护员检查确认没有损坏成品，签字后方可离开作业区域。总包单位对现场所有人员要进行长期成品保护意识的教育工作，依据合同、责任制、规章制度、各项保护措施，行使处罚。使每个专业、每道工序、每一个人都做好成品保护工作。

（6）产品保护原则。

1）合理的施工流程是产品保护的前提，同时也是非常重要的保护措施。

2）产品保护应遵循先检查后保护的原则。所有工序必须待施工单位自检、监理验收、项目部专业工程师抽检合格，并做好产品清洁后方可进行保护。

3）产品保护应遵循谁施工谁保护的原则。装饰总包单位有责任做好产品保护的后续检查和维护工作，并在有必要的情况下做好二次保护工作。

4）在施工过程中及物业细部检查时，装饰总包单位有责任做好产品保护的后续检查和维护工作，对于产品保护措施被损坏、拆除的，必须在恢复保护措施后方可进行施工。

5）产品保护措施应在移交物业前拆除。

6）产品保护材料的重复利用。

（7）产品保护措施划分。

按照全装修系统构成，产品保护措施划分如下：

1）基础构造：卫生间防水保护、石膏板干墙保护；

2）水电工程：强电管线保护；

3）设备工程：开关插座成品保护、马桶成品保护、浴缸成品保护、卫浴龙头成品保护、卫浴五金件成品保护；

4）装饰工程：玄关大理石成品保护、厨卫墙砖阳角成品保护、厨卫地砖成品保护、地板成品保护；

5）室内门窗工程：进户门框成品保护、进户门扇成品保护，窗台板成品保护；

6）收纳家具：橱柜成品保护、卫生间镜子成品保护；

7）公共部位：公共走道墙砖成品保护、公共部位面砖石材阳角保护、电梯轿厢内部保护、电梯召唤按钮成品保护。

第六节　进行资源平衡计算，参与编制施工进度计划及资源需求计划

1. 怎样进行资源平衡计算和施工进度计划的调整？

答：（1）资源平衡计算

横道图施工进度计划资源平衡计算一般选择不均衡系数 K：

$$K=\frac{R_{\mathrm{max}}}{R_{\mathrm{m}}}$$

（2）施工进度计划的调整方法

1）增加资源投入。缩短某些工作的持续时间，使工程进度加快，并保证实现计划工期。

2）改变某些工作之间的逻辑关系。在工作之间的逻辑关系允许改变的条件下，可改变逻辑关系，达到缩短工期的目的。

3）资源供应调整。如果资源供应防水异常，应用资源优化方法对计划进行调整，或采取应急措施，使其对工期影响最小。

4）增减工作范围。包括增减工作量和增减一些工作包（或分项工程）。增加工作内容应做到不打乱原计划的逻辑关系，只对局部逻辑关系进行调整。在增减工作内容以后，应重新计算时间参数，分析对原网络计划的影响。

5）提高劳动生产率。改善工器具以提高劳动效率；通过辅助措施和合理的工作过程，提高劳动生产率。

6）将部分任务转移。如分包、委托给另外的单位，将原计划由自己企业生产的结构构件改为外购等。这样做会产生风险，会产生新的费用，而且需要增加控制和协调工作。

7）将一些工作包合并。特别是在关键线路上按先后顺序实施的工作包合并，与实施者一道研究，通过局部地调整实施过程和人力、物力的分配，达到缩短工期的目标。

2. 怎样识读建筑工程施工时标网络计划?

答：时标网络计划识读方法如下。

（1）最早时间参数。

按最早时间绘制的时标网络图计划，每条箭线箭尾和对应的时标值为该工作最早控制时间和最早完成时间。

（2）自由时差。

波形线的水平投影长度即为该工作的自由时差。

（3）总时差。自右向左进行，其值等于紧后工作的总时差最小值与本工作的自由时差之和。

$$TF_{i-j}=\min\{TF_{j-k}\}+FF_{i-j}$$

（4）最迟时间参数。

最迟时间参数和最迟完成时间应按下式计算：

$$LS_{i-j} = ES_{i-j} + TF_{i-j}$$
$$LF_{i-j} = EF_{i-j} + TF_{i-j}$$

（5）计算网络图中各工作的最早开始时间和最迟完成时间。

（6）列表汇总各工作总时差和自由时差。

（7）确定该网络计划的关键线路。

3. 怎样编制月、旬（周）作业进度计划及资源配置计划？

答：作业进度计划是施工企业统一计划体系中的实施性计划，它把施工企业的施工计划任务、工程的施工进度计划和施工现场结合起来使之彼此协调，以明确的任务下达给执行者，因而是基层施工单位进行施工的直接依据。

资源配置计划是根据企业施工计划、拟建工程施工组织设计和现场实际情况编制的，它是以实现企业施工计划为目的的具体执行计划，也是队（组）进行施工的依据。

（1）本月、旬（周）应完成的施工任务。一般以施工进度计划的形式表示，确定计划期内应完成的工程项目和事物工程量。

（2）完成作业计划任务所需的劳动力、材料、半成品、构配件等的需用量。

（3）提高劳动生产率的措施和节约措施。

4. 施工进度计划的检查方法有哪些？

答：施工进度计划的检查方法如下：

（1）跟踪检查施工实际进度

跟踪检查施工实际进度是分析、调整施工进度的前提。其目的是收集实际进度的有关数据。跟踪检查的时间、方式、内容和收集数据的质量，将直接影响控制工作的质量和效果。

1）检查时间。检查的时间与施工项目的类型、规模、施工条件和对进度执行要求的程度有关，通常分为日常检查和定期检查两类。

2）检查方式。检查方式和收集资料方式可采用以下方式：

经常地、定期地收集进度报表资料；定期召开进度工作汇报会；管理人员常住工地，经常检查进度的执行情况。

3）检查的内容。施工进度检查的内容包括开始时间、结束时间、持续时间、工作量、总工期、时差利用等。

（2）整理统计检查数据

将收集到的施工进度数据进行必要的整理，按工作项目内容进行统计，形成与计划进度具有可比性的数据，一般以按实物工程量、工作量和劳动消耗量以及累计百分比，整理和统计设计检查的数据，以便与相应的计划完成量相对比。

（3）对比分析实际进度与计划进度

将收集到的资料整理统计成与计划进度具有可比性的数据后，用实际进度与计划进度相比较的方法进行比较分析，为决策提供依据。

第七节　进行工程量计算及初步的工程计价的基本技能

1. 怎样计算工程量?

答：（1）建筑面积计算

建筑面积计算是工程量计算的基础工作，它在工程建设中起着非常重要的作用。建筑面积计算时必须遵守《建筑工程建筑面积计算规范》GB/T 50353 的规定。

（2）建筑工程工程量计算

建筑工程工程量主要依据建筑工程量计算规则进行。将建筑工程分为土石方工程，桩与地基基础工程，砌筑工程，混凝土与钢筋混凝土工程，厂库房大门、特种门、木结构工程，屋面与防水工程，防腐、隔热、保温工程，施工技术措施项目等，制订其定额工程量计算规则，作为建筑工程工程量计算基础。

2. 工程量清单计价费用怎样计算?

答：工程量清单计价方法是建设工程在招标投标中，招标人按照国家统一的工程量计算规则提供工程数量，并作为招标文件的一部分提供给投标人，由投标人依据工程量清单自主报价，并按照经评审合理低价中标的工程造价计价方式。工程量清单计价的费用由分部、分项工程费、措施费、其他项目费、规费和税金组成。

工程量清单计价的方法是招标方给出工程量清单，投标人根据工程量清单组合分部分项工程综合单价，并计算出分部分项工程费、措施项目费、其他项目费、规费和税金，最后汇总计算工程总造价。计算公式如下：

建筑工程造价 =[Σ(工程量 × 综合单价) + 措施项目费 + 其他项目费 + 规费] × (1 + 税金率)

3. 工程量清单计价费用包括哪些内容?

答：工程量清单计价费用的组成包括以下内容：

(1) 分部分项工程量清单费用

分部分项工程量清单费用采用综合单价计价，它综合了完成工程量清单中一个规定的计量单位项目所需的人工费、材料费、施工机械使用费、管理费和利润，并考虑了风险因素。应按实际文件或参照《房屋建筑与装饰工程工程量计算规范》GB 50854的规定确定。

(2) 措施项目费用

措施项目费用是指施工企业为完成工程项目施工，应发生在该工程施工准备或施工过程中的技术、生活、安全、环境保护等方面的项目费用。它包括施工技术措施项目费用和施工组织措施项目费用。施工技术措施项目如措施项目费中混凝土、钢筋混凝土模板或支架、脚手架、混凝土泵送增加费用、垂直运输和施工排水、降水等措施项目等；施工组织措施项目如环境保护、文明施工、安全施工二次搬运、工程点交与清理等。措施项目费用结算需要调整的，必须在招标文件或合同中明确。

（3）其他项目费用

其他项目费用包括暂列金额、暂估价（包括材料、设备和专业工程）、计日工和总承包服务费。

（4）规费

规费是指政府和有关权力部门规定必须缴纳的费用（简称规费）。规费的内容包括：工程排污费、社会保险费包括养老保险费、失业保险费、医疗保险费、工伤保险费、生育保险费及住房公积金。

（5）税金

税金是指国家税法规定的应计入建设工程造价内的营业税、城市维护建设税及教育费附加地方教育费附加等各种税金。

4. 如何进行综合单价的编制？怎样确定清单项目费用？

答：（1）综合单价的编制

综合单间是指完成工程量清单中一个规定计量单位项目所需的人工费、材料费、机械使用费、管理费和利润，并考虑风险因素。

分部分项工程费由分项工程量清单乘以综合单价汇总而成。综合单价的组合方法包括以下几种：直接套用定额组价、重新计算工程量组价、符合组价。

（2）项目费用的确定

进行投标报价时，施工方在业主提供的工程量计算结果的基础上，根据企业自身掌握的各种信息、资料，结合企业定额编制得出工程报价。其计算过程如下：

1）分部分项工程费的确定

分部分项工程费 = Σ 分部分项工程量 × 分部分项工程综合单价

2）措施项目费的确定

措施项目费应根据拟建工程的施工方案或施工组织设计，参照规范规定的费用组成来确定。措施项目费的计算有以下几种：

① 单价

$$措施项目费 = \Sigma 措施项目工程量 \times 措施项目综合单价$$

② 总价

$$措施项目费 = \Sigma 计算基础 \times 费率$$

③ 施工经验计价

按其现有的施工经验和管理水平，来预测将来发生的每项费用的合计数，其中需要考虑市场的涨浮因素及其他的社会环境因素，进而测算出本工程具有市场竞争力的项目措施费。

④ 分包计价　是投标人在分包工程价格基础上考虑增加相应的管理费、利润以及风险因素的计价方法。

(3) 计算其他项目费、规费与税金

其他项目清单中的暂列金额、暂估价均为估算预测数量，投标时应按招标工程量清单提供的暂列金额、暂估价填写，不得变动虽在投标时计入投标人的报价中，但不视为投标人所有。预留金主要是考虑可能发生的工程计日工、总承包服务费由投标人自主确定报价。

规费与税金一般按国家或地方部门规定的取费文件的要求计算，计算公式为：

规费 ＝计算基数×规定费率(%)

税金 ＝(分部分项工程量清单计价＋措施项目清单计价＋其他项目清单计价＋规费)×综合税率(%)

(4) 计算单位工程报价

单位工程报价 ＝分部分项工程费用＋措施项目费用＋其他项目费用＋规费＋税金

(5) 计算单项工程报价

$$单项工程报价 = \Sigma 单位工程报价$$

(6) 建设项目总报价

$$建设项目总报价 = \Sigma 单项工程报价$$

第八节 确定施工质量控制点，制定质量控制措施

1. 装饰工程施工过程质量控制点设置原则、种类及管理各包括哪些内容？

答：特殊过程和关键过程是施工质量控制的重点，设置质量控制点就是根据工程项目的特点，抓住这些影响工序施工质量的主要因素。

（1）质量控制点设置原则

质量控制点应选择技术要求高、施工难度大、对工程质量影响大或者发生质量问题时危害大的对象进行设置。

1）对工程质量形成过程产生直接影响的关键部位、工序、环节及隐蔽工程。

2）施工过程中的薄弱环节，或者质量不稳定的工序、部位或对象。

3）对下道工序有较大影响的上道工序。

4）采用新技术、新工艺、新材料、新设备的部位或环节。

5）施工质量无把握的、施工条件困难或技术难度大的工序或环节。

6）用户反馈指出的过去有过返工的不良工序。

（2）质量控制点的种类

1）以质量特性值为对象来设置；

2）以工序为对象来设置；

3）以设备为对象来设置；

4）以管理工作为对象来设置。

（3）质量控制点的管理

在操作人员上岗前，施工员、技术员做好交底和记录，在明确工艺要求、质量要求、操作要求的基础上方能上岗，施工中发现问题，及时向技术人员反映，由有关技术人员指导后，操作人员方可继续施工。

为了保证质量控制点的目标实现要建立三级检查制度，即操作人员每日自检一次，组员之间或班长，质量干事与组员之间进行互检；质量员进行专检；上级部门进行抽检。

针对特殊过程（工序）的过程能力，应在需要时根据事先的策划及时进行确认，确认的内容包括：施工方法、设备、人员、记录的要求，需要时要进行确认，对于关键过程（工序）也可以参照特殊过程进行确认。

在施工中，如果发现质量控制点有异常，应立即停止施工，召开分析会，找出产生异常的主要原因，并用对策表写出对策。如果是因为技术要求不当，而出现异常，必须重新修订标准，在明确操作要求和掌握新标准的基础上，再继续进行施工，同时还应加强自检、互检的频次。

2. 怎样确定室内防水工程施工质量控制点？

答：（1）厕浴间的基层（找平层）可采用 1∶3 水泥砂浆找平，厚度 20mm 抹平压光、坚实平整、不起砂，要求基本干燥；泛水坡度要求在 2%以上，不得倒坡积水；在地漏边缘向外 50mm 内排水坡度为 5%。

（2）浴室墙面的防水层不得低于 1800mm。

（3）玻纤布的接槎应顺流水方向搭接，搭接宽度不得小于 100mm，两层以上纤维布的施工，上、下层搭接应错开幅宽的 1/2。

3. 怎样确定抹灰施工的质量控制点？

答：（1）控制点

1）空鼓、开裂和烂根。

2）抹灰面阴阳角垂直、方正度。

3）踢脚板和墙裙等上口平直度控制。

4）接槎颜色。

（2）预防措施

1）基层清理干净，抹灰前要浇透水，注意砂浆配合比，使底层砂浆与墙面、楼板粘结牢靠；抹灰时应分层分遍压实，施工完后及时浇水养护。

2）抹灰前要认真用托线板、靠尺对抹灰墙面尺寸预测摸底，安排好阴阳角不同两个面的灰层厚度和方正，认真做好灰饼、冲筋；阴阳角处用方尺套方，做到墙面垂直、平顺、阴阳角方正。

3）踢脚板、墙裙施工操作要仔细，认真吊垂直，拉通线找直找方，抹完灰后用板尺将上口刮平、压实、赶光。

4）要采用同品种、同强度等级的水泥，严禁混用，防止颜色不均；接槎应避免在块中间，应留在分格条处。

4. 门窗工程的控制点怎样确定？

答：（1）控制点

1）门窗洞口预留尺寸。

2）合页、螺丝、合页槽。

3）上下层门窗顺直度、左右门窗安装标高。

（2）预防措施

1）砌筑时上下、左右拉线找规矩，一般门窗框上皮应低于门窗过梁10～15mm，窗框下皮应比窗台上皮高5mm。

2）合页位置应距门窗上下端已取立梃高度的1/10；安装合页时，必须按画好的合页位置线开凿合页槽，槽深应比合页厚度大1～2mm；规矩合页规格选用合适的木螺丝，木螺丝可用钉打入1/3深后，再行拧紧。

3）安装人员必须按照工艺要点施工，安装前先弹线找规矩，做好准备工作后，先按样板，合格后再全面安装。

5. 饰面工程的控制点怎样确定？

答：（1）控制点

1）石材挑选注意色差。

2）骨架安装或骨架防锈处理。

3）石材安装高低差、平整度。

4）石材运输、安装过程中的碰撞。

（2）预防措施

1）石材选样后进行对样，按照选样石材，对进场的石材检验挑选，对于色差较大的应进行更换。

2）严格按照设计要求的骨架固定方式，固定牢靠，必要时应做拉拔试验。必须按要求刷防锈漆处理。

3）石材安装必须吊垂直线和拉水平线控制，表面出现高低差。

4）石材运输、二次加工、安装过程中应注意不要碰撞。

6. 地面石材铺贴工程的控制点怎样确定？

答：（1）控制点

1）基层处理。

2）石材色差、加工尺寸偏差、厚度偏差。

3）石材铺装空鼓，裂缝，板块之间高低差。

4）石材铺装平整度、缺棱掉角、板块之间缝隙不直或出现大小头。

（2）预防措施

1）基层在施工前一定要将落地灰等杂物清理干净。

2）石材进场时必须进行检验和样板对照，并对石材每一块进行挑选检查，符合要求的留下，不符合要求的放在一边。

3）石材铺装时应预铺，符合要求后装饰铺装，保证干硬性砂浆的配合比和结合层砂浆的配合比及涂刷时间，保证石材铺张下砂浆饱满。

4）石材铺张好后加强保护严禁随意踩踏，铺装时应用水平尺检查。对缺棱掉角的石材应挑选出来，铺装好后应拉线找直，控制板块的安装边平直。

7. 地面面砖铺贴工程的控制点怎样确定？

答：（1）控制点

1）地面砖釉面色差及棱边缺损，面砖规格偏差翘曲。

2）地面砖空鼓、断裂。

3）地面砖排版、砖缝不直、宽窄不均匀、勾缝不实。

4）地面出现高低差、平整度。

5）有防水要求的房间地面找坡、管道处套割。

（2）预防措施

1）施工前地面砖需要挑选，将颜色花纹、规格尺寸相同的砖挑选出来备用。

2）地面基层一定要清理干净，地砖在施工前必须提前浇水湿润，保证含水率，地面铺装砂浆时应先将板块试铺后，检查干硬性砂浆的密实度，安装时用橡皮锤敲实，保证不出现空鼓断裂。

3）地面铺装时一定要做出灰饼标高，拉线找直，水平尺随时检查平整度。擦缝要仔细。

4）有防水要求的房间，要按照设计要求找出房间的流水方向找坡；套割仔细。

8. 轻钢龙骨石膏吊顶工程的控制点怎样确定？

答：（1）控制点

1）基层清理。

2）吊筋安装与机电管道等相接触点。

3）龙骨起拱。

4）施工顺序。

5）板缝处理。

（2）预防措施

1）吊顶内基层应将模板、松散混凝土等杂物清理干净。

2）吊顶内的吊筋不能与机电、通风管道和固定件相接触或连接。

3）按照设计和施工规范要求，需要对吊顶起拱 1/200。

4）完成主龙骨安装后，机电等设备工程安装测试完毕。

5）石膏板板缝之间应留楔口，表面粘玻璃纤维布。

9. 轻钢龙骨隔断墙工程的控制点怎样确定?

答：（1）控制点

1）基层弹线。

2）龙骨的间距、大小和强度。

3）自攻螺丝的间距。

4）石膏板间留缝。

（2）预防措施

1）按照设计图纸进行定位并做好预检记录。

2）检查隔墙龙骨的安装间距是否与交底相符合。

3）自攻螺丝的间距应控制在 150mm 左右，要求均匀布置。

4）板块之间应预留缝隙在 5mm 左右。

10. 涂料工程的控制点怎样确定?

答：（1）控制点

1）基层清理。

2）墙面阴阳角偏差。

3）墙面腻子平整度，阴阳角方正。

4）涂料的遍数，漏底、均匀度、刷纹等情况。

（2）预防措施

1）基层一定要清理干净，有油污的应用 10%的火碱水液清洗，松散的墙面和抹灰应清除，修补牢固。

2）墙面的空鼓、裂缝等应提前修补，保证墙面含水率小于 8%。

3）涂料的遍数一定要达到设计要求，保证涂刷均匀。

4）对涂料的稠度必须控制，不能随意加水等。

11. 裱糊工程的控制点怎样确定？

答：(1) 控制点

1) 基层起砂、空鼓、裂缝等问题。

2) 壁纸裁纸准确度。

3) 壁纸裱糊气泡、褶皱、翘边、脱落等缺陷。

4) 表面质量。

(2) 预防措施

1) 贴壁纸前应对墙面基层用腻子找平，保证墙面的平整度，并且不起灰，基层牢固。

2) 裁壁纸时应搭设专用的裁纸平台，采用铝尺等专用工具。

3) 裱糊过程中应按照施工规程进行操作，必须润纸的应提前进行，保证质量，刷胶要厚薄一致，滚压均匀。

4) 施工时应注意表面平整，因此，先要检查基层的平整度；施工时应戴白手套；接缝要直，接缝一般要求在阴角处。

12. 木护墙、木筒子板细部工程的控制点怎样确定？

答：(1) 控制点

1) 木龙骨、衬板防腐防火处理。

2) 龙骨、衬板、面板的含水率要求。

3) 面板花纹、颜色、纹理。

4) 面板安装气钉间距、饰面板背面刷乳胶。

5) 饰面板变形、污染。

(2) 预防措施

1) 木龙骨、衬板必须提前做防腐、防火处理。

2) 龙骨、衬板、面板的含水率控制在12%左右。

3) 面板进场时要加强检验，在施工前必须进行挑选，按设计要求的花纹达到一致，在同一墙面、房间要颜色一致。

4) 施工时应按照要求进行主要检查。

5) 饰面板进场后，应封刷底漆一遍。

第九节　施工安全防范重点，职业健康安全与环境技术文件，安全、环境交底

1. 怎样确定脚手架安全防范重点?

答：(1) 一般脚手架搭设作业的安全技术措施与安全防范重点包括如下内容：

1) 架上作业人员必须戴安全帽、系安全带、穿防滑鞋，并站稳把牢。

2) 未设置第一排连墙件前，应适当设抛撑以确保架子稳定和架上人员的安全。

3) 在架上传递、放置杆件时，应防止失衡闪失和滑落。

4) 安装较重的杆部件或作业条件较差时，应避免单人操作。

5) 剪刀撑、连墙杆及其他整体稳定性拉结杆件应随架子高度的增加随时装设，以确保整体稳定。

6) 搭设过程中，架子不得集中超载堆置杆件材料。

7) 搭设过程中应统一指挥，协调作业。

8) 确保构架的尺寸，杆件的垂直度和水平度，节点构造和坚固程度符合设计要求。

9) 禁止使用规格、材质不符合要求的配件。

10) 当有六级及六级以上大风和雾、雨、雪天气时，应停止脚手架搭设。

(2) 一般脚手架拆除拆除作业的安全技术措施与安全防范重点包括：

1) 拆除作业应按搭设的相反手续自上而下逐层进行，严禁上下同时作业。

2) 每层连墙件的拆除，必须在其上全部可拆杆件全部拆除以后进行，严禁先松开连墙杆，在拆除上部杆件。

3) 凡已松开连接的杆件必须及时取出、放下，以避免作业

人员疏忽误靠引起危险。

4）分段拆除时，高差应不大于2步；如高差大于2步，应增设连墙杆加固。

5）拆下的杆件、扣件和脚手板应及时吊运至地面，禁止自架上向下抛掷。

6）当有六级及六级以上大风和雾、雨、雪天气时，应停止脚手架拆除。

2. 洞口、临边防护安全防范重点有哪些内容？

答：（1）洞口、临边作业的安全控制要点

1）各种楼板与墙的洞口，按其大小和性质应分别设置牢固的盖板、防护栏杆、安全网或其他防坠落的防护设施。

2）坑槽、桩孔的上口，柱形、条形等基础的上口以及天窗等处都要作为洞口采取符合规范的防护措施。

3）楼梯口用设置防护栏杆，楼梯边应设防护栏杆，或者用正式工程的楼梯扶手代替临时防护栏杆。

4）电梯井口除设置固定的栅门外，还应在电梯井内每隔两层（不大于10m）设一道安全平网。

5）施工现场大的坑槽陡坡等处，除需设置防护设施与安全标志外，夜间还应设红灯警示。

（2）对洞口防护的具体要求

1）楼板、屋面和平台等面上短边尺寸小于25cm但大于2.5cm的孔口，必须用坚实的盖板盖严，盖板应防止挪动位移。

2）楼板面等处边长为25～50cm的洞口、安装预制构件时的洞口以及缺件临时形成的洞口，可用竹、木等作盖板，盖住洞口，盖板须能保持四周搁置均衡，固定牢靠，防止挪动位移。

3）边长为50～150cm的洞口，必须设置一层用扣件和钢管形成的网格，并在其上满铺篱笆或脚手板。也可采用贯穿于混凝土板内的钢筋构成防护网格，钢筋网格间距不得大于20cm。

4）边长在150mm以上的洞口，四周设防护栏杆洞口下方设安全平网。

5）垃圾井道和烟道，应随楼层的砌筑或安装而消除洞口，或者安装预留洞口的做法进行防护。

6）位于车辆行驶通道旁边的洞口、深沟与管道坑、槽，所加盖板应能承受不小于当地额定卡尺后轮有效承载力 2 倍的荷载。

7）墙面等处的竖向洞口，凡落地的洞口应加装开关式、固定式或工具式防护门，门栅网格间距不应大于 15cm，也可采用防护栏杆，下设挡脚板。

8）下边沿至楼板底面低于 80cm 的窗台等竖向洞口，如侧边落差大于 2m 时，应加设 1.2m 高的临时护栏。

9）对邻近的人与物有坠落危险的其他竖向孔、洞均应予以加盖或加以防护，并固定牢靠，防止挪动位移。

3. 建筑装饰装修施工用电安全技术规范的一般要求有哪些主要内容？

答：（1）建设装饰装修施工现场临时用电工程专用的电源中性点直接接地的 220/380V 三相四线制低压电力系统，必须符合下列规定：

1）采用三级配电系统；

2）采用 TN-S 接零保护系统；

3）采用二级漏电保护系统。

（2）建筑装饰装修施工临时用电设备在 5 台以上或设备总容量在 50kW 以上者，应编制用电组织设计。临时用电工程图纸应单独绘制，临时用电工程应按图施工。临时用电组织设计及变更时，必须履行“编制、审核、批准”程序，由电气工程技术人员组织编制，经相关部门审核及具有法人资格企业的技术负责人批准后实施。

（3）电工必须经国家现行标准考核合格后，持证上岗工作；其他用电人员也必须通过相关安全教育培训和技术交底，考核合格后方可上岗。安装、巡检、维修或拆除临时用电设备或线路，必须由电工完成，并应有人监护。

（4）建筑装饰装修工程不得在外电架空线路正下方施工、搭设作业棚、建造生活设施或堆放构件、架具、材料及其他杂物等。施工现场开挖沟槽边缘与外电埋地电缆之间的距离不得小于0.5m。电气设备现场周围不得堆放易燃易爆物，污染源和腐蚀介质，否则应予清除或做防护处置，其防护等级必须与环境条件相适应。电气设备设置场所应能避免物体打击和机械损伤，否则应予清除或做防护处置。

（5）当装饰装修施工现场与外电线路共用一个系统时，电气设备的接地、接零保护应与原系统保持一致，不得一部分设备做保护接零，另一部分设备做保护接地。施工现场的临时用电电力系统严禁利用大地做相线或零线。保护零线必须采用绝缘导线。

（6）装饰装修施工场地内的垂直运输等机械设备，以及钢脚手架和正在施工的金属结构，当在相邻建筑物、构筑物等设施的防雷装置接闪器的保护范围以外时，应按规定安装防雷装置。当最高机械设备上避雷针（接闪器）的保护范围能覆盖其他设备，且又最后退出现场，则其他设备可不设避雷装置。机械设备或设施的防雷引下线可利用该设备或设施的金属结构体，但应保证电气连接。

（7）配电室应靠近电源，并应设在灰尘少、潮气少、振动小、无腐蚀介质、无易燃易爆物及道路通畅的地方。配电室和控制室应能自然通风。并采取防止雨雪侵入和动物进入的措施。停电和送电必须由专人负责。

（8）发电机组及其控制、配电及其修理室等可分开设置；在保证电气安全距离和满足防火要求的情况下合并设置。发电机组及控制、配电室内必须设置可用于扑灭电气火灾的灭火器，严禁存放储油罐。

（9）架空线必须用绝缘导线。架空线必须架设在专用电杆上，严禁架设在树木、脚手架及其他设施上。电缆中必须包含全部工作芯线和用作保护零线或保护线的芯线。装饰装修工程内的电缆线路必须采用电缆埋地引入，严禁穿越脚手架引入。室内配线必须采用绝缘导线或电缆。

（10）配电系统设置配电柜或总配电箱、分配电箱、开关箱、实行三级配电。每台用电设备必须有各自专业的开关箱，严禁用一个开关箱直接控制 2 台或多台用电设备。动力配电箱与照明配电箱应分别设置。

4. 建筑装饰装修施工现场临时用电安全要求的基本原则有哪些方面？

答：（1）建筑装饰装修施工现场的电工、电焊工属于特种作业工种，必须按国家有关规定经专门安全作业培训，取得特种作业操作资格证书，方可上岗作业。其他人员不得从事电气设备及电气线路的安装、维修和拆除。

（2）建筑装饰装修施工现场必须采用 TN-S 接零保护系统，即具有专用保护零线（PE 线）、电源中性点直接接地的 220/380V 三相五线制系统。

（3）建筑装饰装修施工现场必须按“三级配电二级保护”设置。

（4）装饰装修施工施工现场用电必须实行“一机、一闸、一漏、一箱”制，即每台用电设备必须有自己专用的开关箱，专用开关箱内必须设置独立的隔离开关和漏电保护器。

（5）严禁在高压线下搭设临时建筑、堆放材料和进行施工作业；在高压线一侧作业时，必须保持至少 6m 的水平距离，达不到上述距离时，必须采取隔离防护措施。

（6）在宿舍工棚、仓库、办公室内严禁使用电饭煲、电水壶、电炉、电热杯等较大功率电器。如需使用，应由项目部安排专业电工在指定地点安装可使用较高功率电器的电气线路和控制器。严禁使用不符合安全要求的电炉、电热棒等。

（7）严禁在宿舍内乱拉乱接电源，非专职电工不准乱接或更换熔丝，不准以其他金属代替熔丝（保险）丝。

（8）严禁在电线上晾晒衣服和挂其他东西等。

（9）搬运较长的钢筋、钢管等金属物体时，应注意不要触碰到电线。

（10）在临近输电线路的建筑物上作业时，不能随便向下扔金属类杂物；更不能触摸和拉动电线或电线接触钢丝和电杆的拉线。

（11）移动金属梯子和金属平台时，要观察高处输电线路与移动物体的距离，确认有足够的安全距离，再进行作业。

（12）在地面或楼面上运送材料时，不要踏在电线上，停放手推车或堆放钢模板、跳板、钢筋时不要压在电线上。

（13）在移动有电源线的机械设备时，如电焊机、水泵、小型木工机械等，必须先切断电源，不能带电搬动。

（14）当发现电线坠地或设备漏电时，切不可随意跑动和触摸金属物体，并保持 10m 以上的距离。

（15）正确识别用电警示标志或标牌，不得随意靠近，随意损坏和挪动标牌，进入施工现场的每个人都必须认真遵守用电管理规定，见到以上用电警示标志或标牌时，不得随意靠近，更不准随意损坏、挪动标牌。

5. 建筑装饰装修施工用电安全三级教育的内容有哪些？建筑装饰装修施工安全用电管理的基本要求有哪些？

答：（1）建筑施工用电安全三级教育的内容

三级安全教育是指公司、项目经理部、施工班组三个层次的安全教育。三级教育的内容、时间及考核结果要有记录。建设部颁布的《建筑企业职工安全培训教育暂行规定》规定如下。

1）公司教育的内容。国家和地方有关安全生产的方针、政策、法规、标准、规范、规程和企业的安全规章制度等。

2）项目经理部教育的内容。工地安全制度、施工现场环境、工程施工特点及可能存在的不安全因素等。

3）施工班组教育的内容。本工种的安全操作规程、事故案例剖析、劳动纪律和岗位讲评。

(2) 建筑装饰装修施工安全用电管理的基本要求

1) 施工现场必须按工程特点编制施工临时用电施工组织设计(或方案),并由企业主管部门审核后实施。

2) 各施工现场必须设置一名电气安全负责人,电气安全负责人应由技术好、责任心强的电气技术人员或工人担任,其责任是负责该现场日常安全用电管理。

3) 施工现场的一切电气线路,用电设备的安装与维护必须由持证电工负责,并严格执行施工组织设计的规定。

4) 施工现场应视工程量大小和工期长短,必须配备足够的(不少于2名)持有市、地劳动安全监察部门核发电工证的电工。

5) 施工现场使用的大型机电设备,进场前应通知主管部门派员鉴定合格后才允许运进施工现场安装使用,严禁不符合安全要求的机电设备进入施工现场。

6) 一切移动式电动机具(如潜水泵、振捣器、切割机、手持电动机具等)机身必须写上编号,检测绝缘电阻、检查电缆外绝缘层、开关、插头及机身是否完整无损,并列表报主管部门检查合格后才允许使用。

7) 施工现场严禁使用明火电炉(包括电工室和办公室)、多用插座及分火灯头,220V的施工照明灯具必须使用护套线。

8) 施工现场应设专人负责临时用电的安全技术档案管理工作。临时用电安全技术档案应包括的内容为:临时用电施工组织设计;临时用电安全技术交底;临时用电安全监测记录;电工维修工作记录。

6. 怎样确定施工现场机械设备不安全状态有关的危险源?处置方法有哪些?

答:(1) 与施工现场机械设备不安全状态有关的危险源确定

存在于分部、分项工艺过程,施工机械运行过程和物料中的重大危险源包括:

1）脚手架、起重塔吊、设备倾覆、人亡等意外；

2）施工高度大于 2m 的作业面，因安全防护不到位、人员未配系安全带等原因造成人员踏空、滑倒等高处坠落摔伤或坠落物体打击下方人员等意外；

3）焊接、金属切割、冲击钻孔、凿岩等施工，临时电漏电遇地下室积水及各种施工电器设备的安全保护（如：漏电、绝缘、接地保护、一机一闸）不符合要求，造成人员触电、局部火灾等意外；

4）工程材料、构件及设备的堆放与频繁吊运、搬运等过程中因各种原因易发生堆放散落、高空坠落、撞击人员等意外。

（2）处置方法

为了防止“三违”现场，要分析其成因和过程，做到从根本上清理，从过程上控制，防患于未然，消灭于过程中，要达到合理控制人的不安全行为这个重大危险源，关键已落实好以下三方面的工作。

1）安全教育。安全教育是控制人的不安全行为的前提和基础。通常采用单位对新入场工人进行培训教育，主要指安全管理制度、安全措施、赏罚管理。施工单位项目管理人员对工人进行教育培训，主要是单位内部制定的安全措施和管理制度；班组对班组的工人进行培训。安全教育的内容分主要包括入场安全教育，安全防护管理，临时用电管理，机械安全管理及施工现场应急救援知识等其他安全教育。

2）安全检查。是建设单位、施工单位、班组长在三阶段教育落实阶段，安全教育先行在前，由于人的不安全行为具有大的随意性，现场检查纠正不安全行为，处置安全隐患才是控制的直接手段。

3）合理奖罚。对不安全行为的处罚历来都有，但是方式不同、数额不一，效果各异。如果处罚太轻，难以形成约束和警示之效，反之处罚过重，则会产生处罚落实困难，甚至出现逆反心理，导致现场管理协调困难，不了了之。对于各项不安全行为和区别处罚主体，调整处罚金额，可以采取先口头后处罚，反复违规加重处罚的方式，既达到禁止和警示的目的，又避免挫伤积极性。对于处罚的隐患要加以引导和纠正，必要时可以开展再教育再培训，避免一次处罚了事，未从根本上解决问题。施工现场重大危险源管理无论在什么样的市场情况下，都是施工现场管理的重中之重，也是坚持以人为本的根本要求。在工程项目建设规模和难度不断增大的今天，重大危险源的管理内容不断变化，但人的不安全行为作为重大危险源之一，应更为重视，加强教育，检查和合理奖罚始终为主要的有效手段，在施工过程中应不断探索完善和加强。

7. 施工升降机的安全使用和管理规定有哪些？

答：施工升降机的安全使用和管理规定包括：

（1）施工企业必须建立健全施工升降机各类安全管理制度，落实专职机构和专职人员，明确各级安全使用和管理责任制。

（2）驾驶升降机的司机应经有有关行政主管部门组织培训合格的专职人员担任，严禁无证操作。

（3）司机应做好升降机的日常检查工作，即在电梯每班首层运行时，应分别作空载和满载试运行，将梯笼升高离地面设计高度处停车，检查制动器的灵敏性和可靠性，确认正常后方可投入使用。

（4）建立和执行定期检查和维修保养制度，每周或每旬定期对升降机进行全面检查，对查出来的隐患按“三定”原则落实整改。整改后需经有关人员复查确认符合安全要求后，方能使用。

（5）梯笼乘人、载物时，应尽量使荷载均匀分布，严禁超载使用。

（6）升降机运行至最上层和最下层时，严禁以碰撞上、下限位开关来实现停车。

（7）司机因故离开吊笼或下班时，应将吊笼降至地面，切断总电源并锁上电箱门，防止其他无证人员擅自开动吊笼。

(8) 风力达六级以上，应停止使用升降机，并将吊笼降至地面。

(9) 各停靠层的运料通道两侧必须有良好的防护。楼层门应处在常闭状态，其高度应符合规范要求，任何人不得擅自打开或将头伸出门外，当楼层门未关闭时，司机不得开动电梯。

(10) 确保通信装置的完好，司机应当在确认信号后方能开动升降机。作业中无论任何人在任何楼层发出紧急停车信号，司机都应当立即执行。

(11) 升降机应当按规定单独安装接地保护和避雷装置。

8. 物料提升机的安全使用和管理规定有哪些?

答：物料提升机的安全使用和管理规定包括如下内容：

(1) 提升机安装后，应由主管部门组织有关人员按规范和设计要求进行检查验收，确定合格后发给使用证，方可交付使用。

(2) 有专职司机操作。升降机司机应经专门培训，人员要相对稳定，每班开机前，应对卷扬机、钢丝绳、地锚、缆风绳进行检查，并进行开车运行，确认安全装置安全可靠后方能投入使用。

(3) 每月进行一次定期检查。

(4) 严禁人员攀登、穿越提升机架体和乘坐吊篮上下。

(5) 物料载明吊篮内应均匀分布，不得超出吊篮，严禁超载使用。

(6) 设置灵敏可靠的联系信号装置，司机在通讯联络信号不明时不得开机，作业中不论任何人发出停车信号，均应立即执行。

(7) 装设摇臂把杆的提升机，吊篮与吊臂把杆不得同时使用。

(8) 提升机在工作状态下，不得进行保养、维修、排除故障等工作，若要进行则应切断电源并在醒目处悬挂“有人维修、禁止合闸”的标志牌，必要时应设专人监护。

(9) 卷扬机应装在平整坚实的位置上，宜远离危险作业区，视线应良好，因施工条件限制，卷扬机安装位置距施工作业区较近时，其操作棚的顶部应按规定的防护棚要求加设。

9. 高处作业安全技术规范的一般要求有哪些主要内容?

答：(1) 临边高处作业要求

1) 基坑周边、尚未安装栏杆或栏板的阳台、料台与挑平台周边，雨篷与挑檐边，无外脚手的屋面与楼层周边及水箱与水塔周边等处，都应设置防护栏杆。

2) 头层墙高度超过 3.2m 的二层楼面周边，以及无外脚手架的高度超过 3.2m 楼层周边，必须在外围架设安全平网一道。

3) 分层施工的楼梯口和梯段边，必须安装临时栏杆。顶层楼梯口应随工程进度安装正式防护栏杆。

4) 井架与施工用电梯和脚手架等与建筑通道的两侧边，必须设置防护栏杆。地面通道上部应装设安全防护棚。双龙井架通道中间，应预分隔封闭。

5) 各种垂直运输接料平台除两侧设防护栏杆外，平台口还应设置安全门或活动防护栏杆。

(2) 高处作业安全技术规范的一般要求

1) 高处作业安全技术措施及所需料具，必须列入工程的施工组织设计。

2) 单位工程的施工负责人应对工程的高处作业安全技术负责并建立相应的责任制。施工前，应逐级进行安全技术教育及交底，落实所有的安全技术措施和防护用品，未落实时不得施工。

3) 高处作业的安全标志、工具、仪表、电气设施和各种设备、必须在施工前加以检查，确认其完好，方能投入使用。

4) 攀登和悬空高处作业人员及搭设高处作业安全设施的人员，必须经过专业技术培训及专业考试合格，持证上岗，并必须定期进行体格检查。

5）施工中对高处作业的安全技术设施，发现有缺陷和隐患时，必须及时解决，危及人身安全时，必须停止作业。施工场所所坠落的物件，应一律先撤除或加以固定。高处作业所用的物料，均应堆放平稳，不妨碍通行和装卸。工具应随手放入工具袋，作业中的通道、走道和登高用具，应随时清扫干净；拆卸下的物件及余料和废料均应及时清运，不得任意乱置和向下丢弃，传递物件禁止抛掷。

6）雨天和雪天进行高处作业时，必须采取可靠的防滑、防寒和防冻措施。凡水、冰、霜、雪均应清除。对于高处作业的高耸建筑物，应事先设置避雷设施。遇六级（含六级）以上强风、浓雾等恶劣天气，不得进行露天攀登与悬空高处作业。暴风雪及台风暴雨后，应对高处作业安全设施逐一加以检查，发现有松动、变形、损坏或脱落等现象，应立即修理完善。因作业需要，临时拆除或变动安全设施时，必须经施工负责人同意，并采取相应的可靠措施，作业后应立即恢复。防护棚搭设与拆除时，应设警戒区，并应派专人监护。严禁上下同时拆除。

7）建筑施工进行高处作业之前，应进行安全防护设施的逐项检查验收。验收合格后方可进行高处作业。验收可以采取分层验收、分段验收。安全防护设施应由施工单位负责人验收，并组织有关人员参加。安全防护设施应按类别逐项查验，并作出验收记录。凡不符合规定者，必须修正合格后再行查验。施工工期内还应定期进行抽查。

（3）悬空进行门窗作业时的规定

1）安装门、窗，油漆及安装玻璃时，严禁操作人员站在樘子、阳台栏板上操作。门、窗临时性固定，填封材料未达到强度，以及电焊时，严禁手拉门、窗进行攀登。

2）在高处外墙安装门、窗，无外脚手架时，应装挂安全网，无安全网时，操作人员应系好安全带，其保险钩应挂在操作人员上方的可靠物件上。

3）进行各项窗口作业时，操作人员的重心应位于室内，不得在窗台上站立，必要时应系好安全带进行操作。

4）支模、粉刷、砌墙各各种工种进行上下立体交叉作业时，不得在同一垂直方向操作。下层作业的位置，必须处于上层高度确定的可能坠落半径之外。不符合以上条件时应设置安全防护层。钢模板、脚手架等拆除时，下方不得有其他操作人员，钢模板部件拆除后，临时堆放处离楼层边缘不应小于1m，堆放高度不得超过1m。楼层边口、通道口、脚手架边缘等处严禁堆放任何拆下物件。

5）特殊情况下如无可靠安全设施，必须系好安全带并扣好安全钩或架设安全网。

10. 高处作业安全防护技术有哪些内容?

答：高处作业安全防护技术有以下内容：

（1）悬空作业处应有牢靠的立足处，凡是进行高处作业施工的，应使用脚手架、平台、梯子、防护围栏、挡脚板、安全带和安全网等安全设施。

（2）凡从事高处作业人员应接受高处作业安全知识教育；特殊高处作业人员应持证上岗，上岗前应根据有关规定进行专门的安全技术交底。采用新工艺、新技术、新材料、新设备的，应按规定对作业人员进行相关安全技术教育。

（3）悬空作业所用的悬索、脚手板、吊篮、吊篮、平台等设备，均须经过技术鉴定或检证合格后方可使用。

（4）高处作业人员应经过体检，合格后方可上岗。施工单位应为作业人员提供合格的安全帽，安全带等必备的个人安全防护用具，作业人员应按规定正确佩戴和使用。

（5）施工单位应按高处作业类别，有针对性地将各类安全警示标志悬挂于施工现场各相应部位，夜间应设红灯警示。

（6）安全防护设施应由单位工程负责人验收，并组织有关人员参加。

（7）高处作业所用工具、材料严禁投掷，上下立体交叉作业确有需要时，中间需设隔离设施。

（8）高处作业应设置可靠扶梯，作业人员应沿着扶梯上下，不得沿着立杆与栏杆攀登。

（9）在雨雪天应采取防滑措施，当风速在 10.8m/s 以上和雷电、暴雨、大雾等气候条件下，不得进行露天高处作业。

（10）高处作业上下应设置联系信号或通信装置，并指定专人负责。

11. 建筑装饰装修冬季通风防毒安全防范重点包括哪些内容？

答：由于人们在室内活动的时间多，室内环境污染和室内空气质量问题增多，尤其是那些刚刚做完装修的家庭，装修材料中的很多成分对于人体都有着致命的伤害。这些伤害包括：

（1）氡

氡主要来源于无机建材和地下地质构造的断裂，是一种放射性的惰性气体，无色无味。氡气在水泥、砂石、砖块中形成以后，一部分会释放到空气中，吸入人体后形成照射，破坏细胞结构分子。氡的 α 射线会致癌，在世界卫生组织认定的 19 种致癌因素中，氡为其中之一，仅次于吸烟。氡主要来源于无机建材和地下地质构造的断裂。

（2）甲醛

甲醛是无色、具有强烈气味的刺激性气体，其 35%～40% 的水溶液通称福尔马林。甲醛是原浆毒物，能与蛋白质结合，吸入高浓度甲醛后，会出现呼吸道的严重刺激和水肿、眼刺痛、头痛，也可发生支气管哮喘。皮肤直接接触甲醛，可引起皮炎、色斑、坏死。经常吸入少量甲醛，能引起慢性中毒，出现黏膜充血、皮肤刺激症、过敏性皮炎、指甲角化和脆弱、甲床指端疼痛等。全身症状有头痛、乏力、胃纳差、心悸、失眠、体重减轻以及植物神经紊乱等。

各种人造板材（刨花板、纤维板、胶合板等）中由于使用了胶粘剂，因而也会含有甲醛。新式家具的制作，墙面、地面的装饰铺设，都要使用胶粘剂。凡是大量使用胶粘剂的地方，总会有甲醛释放。此外，某些化纤地毯、油漆涂料也含有一定量的甲醛。甲醛还可来自化妆品、清洁剂、杀虫剂、消毒剂、防腐剂、印刷油墨、纸张、纺织纤维等多种化工轻工产品。

（3）氨

氨气极易溶于水，对眼、喉、上呼吸道作用快，刺激性强，轻者引起充血和分泌物增多，进而可引起肺水肿。长时间接触低浓度氨，可引起喉炎、声音嘶哑。写字楼和家庭室内空气中的氨，主要来自建筑施工中使用的混凝土外加剂。混凝土外加剂的使用有利于提高混凝土的强度和施工速度，但是却会留下氨污染隐患。另外，室内空气中的氨还可来自室内装饰材料，比如家具涂饰时用的添加剂和增白剂大部分都用氨水，氨水已成为建材市场的必备。

12. 手工焊的安全操作规程包括哪些内容？

答：手工焊的安全操作规程包括如下内容：

（1）严格执行工程有关安全施工的规程及规定。

（2）遵守本工种的操作规程，严禁违章操作。

（3）为防止发生触电，焊机必须按说明书规定实施接地保护。

（4）二氧化碳焊为明弧焊接，为防止眼部电弧烧伤发炎及皮肤烧伤，必须遵守劳动安全卫生规则。

（5）佩戴相应防护用具，穿好白色帆布工作服，戴好焊接专用手套，选用合适的焊接面罩和护目镜。

（6）为防止有害气体及烟尘，施焊场地应安装排气通风装置或使用有效的呼吸用保护用具。

（7）焊机及施焊场所要远离易燃易爆品。

（8）焊机及电缆要经常检查维修，不得有裸露现象。

（9）作业前，二氧化碳气体应先预热 15min。开气时，操作人员必须站在瓶的侧面。

（10）作业前，应检查并确认焊丝的进给机构、电线的连接部分、二氧化碳气体的供应系统及冷却水循环系统合乎要求，焊枪冷却水系不得漏水。

（11）二氧化碳气体瓶宜放在阴凉处，其最高温度不得超过30℃，并应放置不得靠近热源。

（12）二氧化碳气体预热器端的电压，不得大于36V，作业后，应切断电源。

（13）焊接操作及配合人员必须按规定穿戴劳动防护用品。并必须采取防止触电、高空坠落、瓦斯中毒和火灾等事故的安全措施。

（14）现场使用的电焊机，应设有防雨、防潮、防晒的机棚，并应装设相应的消防器材。

（15）高空焊接或切割时，必须系好安全带，焊接周围和下方应采取防火措施，并应有专人监护。

（16）当需施焊受压容器、密封容器、油桶、管道、沾有可燃气体和溶液的工件时，应先消除容器及管道内压力，消除可燃气体和溶液，然后冲洗有毒、有害、易燃物质；对存有残余油脂的容器，应先用蒸汽、碱水冲洗，并打开盖口，确认容器清洗干净后，再灌满清水方可进行焊接。在容器内焊接应采取防止触电、中毒和窒息的措施。焊、割密封容器应留出气孔，必要时在进、出气口处装设通风设备；容器内照明电压不得超过12V，焊工与焊件间应绝缘；容器外应设专人监护。严禁在已喷涂过油漆和塑料的容器内焊接。

（17）对承压状态的压力容器及管道、带电设备、承载结构的受力部位和装有易燃、易爆物品的容器严禁进行焊接和切割。

（18）焊接铜、铝、锌、锡等有色金属时，应通风良好，焊接人员应戴防毒面罩、呼吸滤清器或采取其他防毒措施。

（19）当消除焊缝焊渣时，应戴平光防护眼镜，头部应避开敲击焊渣飞溅方向。

（20）雨天不得在露天电焊。在潮湿地带作业时，操作人员应站在铺有绝缘物品的地方，并应穿绝缘鞋。

（21）焊接现场周围严禁存放易燃易爆品。

13. 油漆作业安全技术交底的内容有哪些？

答：油漆工安全技术交底包括下列内容：

（1）各类油漆，因其易燃有毒，故应放在专用库房内，不得与其他材料混放，对挥发性油料应装入密闭容器内，并设专人保管。

（2）油漆涂料库房应通风良好，不准住人，并应设置消防器材，悬挂“严禁烟火”的明显标志。库房与其他建筑物应保持一定的安全距离。

（3）使用煤油、汽油、松香水、丙酮等易燃物调配油料，应佩戴好防护用具，严禁吸烟。

（4）涂刷耐酸、耐腐蚀的过氯乙烯漆时，由于气味较大、有毒性，刷漆时应带上防毒口罩，每隔1小时应到室外换气一次，同时还应保持工作场所通风良好。

（5）沾染油漆的棉纱、破布、油脂等废物，应收集存放在有盖的金属容器内，及时处理。

（6）在调油漆或对稀料时，室内应通风，在室内或地下室油漆时，通风应良好，任何人不准在操作时吸烟。

（7）在室内或容器内喷漆，要保持通风良好，喷漆作业周围不准有火种。

14. 怎样制定生产生活废水防治措施？

答：通常是做一个三级化粪池，通过下水道排走污水。三级化粪池就是在地下挖个池子，一般工地的容量8m^3左右，分三个隔间，在隔墙中间留200mm×200mm的洞连通，第一级做大一点，占总容积的一半，第二、三级各占四分之一，卫生间的污水从第一级进入，经长期水解分化后从第三级溢流排出。

15. 怎样制定生产噪声防治措施?

答：(1) 吸声降噪

吸声降噪是一种在传播途径上控制噪声强度的方法。物体的吸声作用是普遍存在的，吸声的效果不仅与吸声材料有关，还与所选的吸声结构有关。这种技术主要用于室内空间。

(2) 消声降噪

消声器是一种既能使气流通过又能有效地降低噪声的设备。通常可用消声器降低各种空气动力设备的进出口或沿管道传递的噪声。例如在内燃机、通风机、鼓风机、压缩机、燃气轮机以及各种高压、高气流排放的噪声控制中广泛使用消声器。不同消声器的降噪原理不同。常用的消声技术有阻性消声、抗性消声、损耗型消声、扩散消声等。

(3) 隔声降噪

把产生噪声的机器设备封闭在一个小的空间，使它与周围环境隔开，以减少噪声对环境的影响，这种做法叫作隔声。隔声屏障和隔声罩是主要的两种设计，其他隔声结构还有：隔声室、隔声墙、隔声幕、隔声门等。

16. 怎样减少生产固体废弃物排放?

答：(1) 减少固体废弃物的产生，即减量化。

(2) 尽量回收废弃物中的有用成分，即资源化。

(3) 无法利用的要进行妥善处置，比如焚烧、填埋等，防止污染，即无害化。

第十节　识别、分析施工质量缺陷和危险源的基本技能

1. 什么是施工质量缺陷？什么是施工危险源?

答：(1) 施工质量缺陷

凡工程产品没有满足某个规定的要求时为质量不合格；而没

有满足某个预期的使用要求或合理的期望为质量缺陷。工程中通常所称的工程质量缺陷，一般是指工程不符合国家或行业现行有关技术标准、设计文件及合同中对质量的要求。

(2) 施工危险源

1) 危险源辨识与风险评价

危险源辨识是识别危险源的存在并确定其特性的过程。施工现场识别方法有专家调查法、安全检查表法、现场调查法、工作任务分析法、危险与可操作性研究、事件树分析，故障树分析，其中现场调查法是主要采用的方法。

2) 危险源识别应注意的事项

① 充分了解危险源的分布，从范围上讲，应包括施工现场内受到影响的全部人员、活动与场所，以及受到影响的毗邻社区等，也包括相关方的人员、活动场所可能施加的影响。从内容上，应涉及所有所有的伤害与影响，包括人为失误、物料与设备过期、老化、性能下降造成的问题。从状态上讲应考虑正常状态、异常状态、紧急状态。

② 弄清危险源伤害的方式或途径。

③ 确认危险源伤害的范围。

④ 要特别关注重大危险源，防止遗漏。

⑤ 要对危险源保持高度警觉，持续进行动态识别。

⑥ 充分发挥全体员工对危险源识别的作用，认真听取每一个员工的意见和建议，必要时可询问设计单位、工程监理单位、专家和政府主管部门的意见。

2. 怎样对施工现场扣件不合格造成的危险源进行识别和处理？

答：(1) 事故隐患的处理

1) 项目经理应对存在隐患的安全设施、过程和行为进行控制，确保不合格设施不使用、不合格物资不放行、不合格过程不通过，组装完毕后应进行检查验收。

2）项目经理应确定对事故隐患进行处理的人员，规定其职责权限。

3）事故隐患处理方式包括停止使用、封存；指定专人进行整改以达到规定要求；进行返工，以达到规定要求；对有不安全行为的人员进行教育或处罚，对不安全生产的过程重组织。

4）验证。项目经理部安监部门必须要对存在隐患的安全设施、安全防护用品整改效果进行验证；对上级部门提出的重大事故隐患，应由项目经理部组织实施整改，由企业主管部门进行验证，并报上级检查部门备案。

（2）为防止安全事故的发生，施工员应该：

1）马上下达通知，停止有质量问题、存在隐患的扣件使用，停止脚手架的搭设。

2）现场封存此批扣件，不得再用。

3）有关负责人报告并送法定检测单位检验。

4）扣件检验不合格，将所有扣件清出现场，追回已使用的扣件，并向有关负责人报告追查不合格产品的来源。

（3）脚手架工程交底与验收的程序

1）脚手架搭设前，应按照施工方案要求，结合施工现场作业条件和队伍情况，作详细的交底。

2）脚手架搭设完毕，应有施工负责人组织，有关人员参加，按照施工方案和规范分段进行逐项检查和验收，确认符合要求后，方可投入使用。

3）对脚手架检查验收应按照相关规范要求进行，凡不符合规定的应立即进行整改，对检查结果和整改情况，应按实测数据进行记录，并由监测人员签字。

3. 基础施工作业中与人的不安全因素有关的危险源产生的原因有哪些？

答：（1）造成事故的人的原因分析

1）施工人员违反施工技术交底的有关规定，防水墙体未达到设计规定的强度就开始进行基础回填土的回填作业，且一次回填的高度较高，回填的土方相对集中。

2）负责施工的管理人员，对施工现场的安全状况失察。

（2）基础施工阶段施工安全控制要点

1）挖土机械作业安全；

2）边坡防护安全；

3）降水设备与临时用电安全；

4）防水施工时的防火、防毒；

5）人工挖孔桩安全。

4. 怎样识别基坑周边未采取安全防护措施与管理有关的因素构成的危险源？

答：（1）危险源的识别

事发地段光线较暗，基坑周边未设置安全维护设施，临近基坑处也未设置安全警示标志。

（2）安全防护措施

1）安全警示牌设置应准确、安全、醒目、便利、协调、合理。

2）安全警示牌的设置应明显、醒目，且具有警示作用。

3）施工现场附近的各类洞口与基槽等处除了设置防护设施与安全标志外，夜间还应设置红灯警示。

第十一节 装饰装修施工质量、职业健康安全与环境问题

1. 装饰装修施工质量问题有哪些类别？产生的原因有哪些？责任怎样划分？

答：建筑装饰装修工程由于工程质量不合格、质量缺陷，必须进行返修、加固或报废处理，并造成或引发经济损失、工期延误或危及人的生命和社会正常秩序的事件，当造成的直接经济损

失低于5000元时，称为工程质量问题；直接经济损失在5000元（含5000元）以上的称为工程质量事故。

建筑装饰装修工程由于施工工期较长，所用材料品种十分繁杂，同时也不时会受到社会环境和自然条件等各方面的异常因素的影响，使工程质量产生波动，出现的工程质量问题也是五花八门。在各种各样的质量问题中，存在着许多相似之处，归纳起来有如下原因。

（1）违背基本建设程序；

（2）违反现行法规行为；

（3）工程地质勘察失真；

（4）设计计算差错；

（5）施工管理不到位；

（6）使用不合格的原材料、制品及设备；

（7）自然环境因素影响。

正确地处理装饰装修工程质量问题源自于对出现的问题原因的正确判断，只有对提供的调查资料、数据进行详细、深入、科学的分析后，才能找到造成质量缺陷或发生质量责任事故的真正原因。质量管理人员应当在日常施工质量管理中做到严、实、细，责任切实到人，从源头杜绝质量缺陷或事故的发生。在事故发生后要组织设计、施工、监理、建设单位对事故原因进行认真分析，以杜绝类似和其他质量问题的再度发生。

2. 装饰工程施工中安全问题产生的原因有哪些？怎样进行分部工程安全技术交底？安全技术交底的内容有哪些？

答：（1）事故原因

1）作业中缺乏相互监督，无人制止违章行为，该施工企业安全管理不到位。

2）对作业人员未进行安全生产法律、法规教育，安全施工培训不到位。

3）事故受害者本人缺乏安全常识、自我保护意识差，违章、冒险、蛮干。

4）施工现场安全防护设施不符合规定。

（2）分部工程安全技术交底

安全技术交底工作在正式作业前进行，不但口头讲解，而且应有书面文字材料，并履行签字手续，施工负责人、生产班组、现场安全员三方各留一份。安全技术交底是施工负责人向施工作业人员进行责任落实的法律要求，要严肃认真进行，不得流于形式。交底内容不能过于简单，千篇一律，应按分部分项贯彻针对具体的作业条件进行。

（3）安全技术交底内容

1）按照施工方案的要求，在施工方案的基础上对施工方案进行细化和补充；

2）对具体操作者讲明安全注意事项，保证操作者的人身安全。

3. 工程施工中噪声扰民产生的原因有哪些？怎样减少和整改？

答：（1）噪声产生的原因

建筑工程施工引发噪声的重要因素有：施工机械作业、模板拆除、清理与修复作业、脚手架安装及拆除作业等。

（2）建筑工程施工噪声限值

白天噪声不允许超过 70dB，夜间不允许超过 55dB。

（3）时间限制

在城市人口稠密区施工，夜间 10 时至次日晨 6 时截止禁止高噪声作业；在中考、高考开始前半个月内直至高考结束，禁止在人口稠密区进行夜间施工。

（4）夜间施工措施

施工现场因特殊情况确实需要夜间施工的，除采取一定降噪声措施外，还需要办理夜间施工许可证明，并公告附近居民。

第十二节　记录施工情况，编制相关工程技术资料

1. 怎样填写施工日志?

答：施工日志是现场管理人员每天工作的写实记录。作为施工现场的项目经理、施工技术负责人、施工员、质量员、安全员均应作施工日志。施工日志是自工程开工之日，到竣工验收全过程最原始的记录和写实，是反映工程施工过程中真实具体情况的写照。作为项目管理人员，特别是项目工程是或施工员更应作为一项重要工作来进行。施工日志它是建筑产品的说明书。

（1）施工日志包括的内容

1）它是工程实施的写照，这份原始资料是当工程有什么问题或需要数字依据时的查考辅助资料。

2）施工日志是施工实践行为表述和记录的“档案”。

3）它是施工技术人员积累技术经济经验，总结工程教训，增长才干的自我财富。

4）施工日志施工技术人员提高文字书写能力的一个“练兵场”，也是工程完成后书写工程或技术小结的查考依据，还是未来撰写论文的练笔场。

（2）施工日志的记录

1）记录当天的重要工作情况。其大致包括日期、天气、温度、主要工作及形象进度。

2）记录当天的主要技术、质量、安全工作。内容包括技术要求、图纸变更、施工关键、质量情况、有无安全隐患及事故以及是如何处理解决的。

3）进行技术交底的情况、资料质量情况、配合比情况等均要记录。

4）对施工日志的书写记录应实事求是，真实可靠。字迹清楚，态度认真。

2. 工程资料包括哪些内容？

答：工程质量控制资料包括工程准备阶段文件、监理文件、施工文件、竣工图和竣工验收文件。建设单位需在工程验收后3个月内将资料文件移交城建档案馆，这就要求施工单位在竣工验收后的30日将工程资料文件移交给建设单位。

3. 装饰装修工程的分部分项工程施工技术资料管理流程是什么？

答：装饰装修工程施工分部分项工程施工技术资料管理包括施工准备阶段、物资管理、工艺流程和分部分项工程验收等几个方面的资料管理内容，其资料管理流程按以下程序进行：

（1）施工准备资料管理

其内容包括设计变更通知，工程变更洽商，施工方案，技术交底，基本技术资料。

（2）施工物资资料的管理

材料合格证、质量证明书、主要材料质量检测报告。

（3）工艺流程资料管理

工序资料，质量保证资料，隐蔽工程验收记录，检验批验收记录。

（4）分部分项工程验收资料

子分部工程质量验收记录。

第十三节　利用专业软件对工程信息资料进行处理

1. 利用专业软件录入、输出、汇编施工信息资料注意事项有哪些？

答：（1）信息的输入

输入方法除手动输入外，能否用Excel等工具批量导入，能否采用条形码扫描输入；信息输入格式；继承性，减少输入量。

(2) 信息的输出

输出设备对常用打印设备兼容；能否用 Excel 等工具批量导出，供其他系统分析使用；信息输出版式。工具用户需要可否自行定制输出版式。

(3) 信息汇编

根据需要可对各类工程信息进行汇总统计；不同数据的关联性，源头数据变化，与之对应的其他数据都应自动更新。

2. 怎样利用专业软件加工处理施工信息资料?

答：利用专业软件加工处理施工信息资料的主要内容如下：

(1) 新建工程施工资料管理

选择工程资料管理软件，新建工程所有关于此工程的表格都会存放在此工程下面。点击［新建工程］，根据工程概况输入工程名称（××××工程资料表格），确定后进入表格编制窗口。确定之后进入资料编制区软件显示接口。

1) 表格选择区

《建筑工程资料管理规程》中所有表格都在表格选择区中，资料类别包括：基建资料、监理资料、施工资料、竣工图、工程资料，档案封面和目录，市政、建筑工程施工质量验收系列规范标准表格文本、安全类表格、智能建筑类表格。

2) 表格功能选择区

在表格功能选择区中，根据需要，完成新建表格、导入表格、复制表格、查找表格、删除表格、展开表格等操作。操作者根据各功能提示信息，完成相关工作。

(2) 施工现场物资采购和使用等方面的管理

根据工程规模、进度计划、物资计划，制定物资采购计划，进行物资使用情况记载，采用专业软件进行统计分析，利用专业软件进行如下工作：

1) 制定物资采购计划，根据审批的物资采购计划安排采购；

2) 按规定的流程审批物资领用，随时掌握物资库存情况；

3）按库存情况及工程需要物资，微调物资采购计划，使物资满足施工方面的需要；

4）定期分析数据，减少浪费和库存的积压，向领导提供决策依据；

5）根据工程资料报备的需要，打印输出相关数据。

参 考 文 献

[1] 中华人民共和国国家标准. 建筑工程项目管理规范 GB/T 50326—2006 [S]. 北京：中国建筑工业出版社，2006.

[2] 中华人民共和国国家标准. 建筑工程监理规范 GB/T 50319—2000 [S]. 北京：中国建筑工业出版社，2001.

[3] 中华人民共和国国家标准. 建设工程文件归档整理规范 GB 50328—2001 [S]. 北京：中国建筑工业出版社，2002.

[4] 中华人民共和国国家标准. 混凝土结构设计规范 GB 50010—2010 [S]. 北京：中国建筑工业出版社，2010.

[5] 中华人民共和国国家标准. 砌体结构设计规范 GB 50003—2011 [S]. 北京：中国建筑工业出版社，2011.

[6] 中华人民共和国国家标准. 地基基础设计规范 GB 50007—2011 [S]. 北京：中国建筑工业出版社，2011.

[7] 中华人民共和国国家标准. 民用建筑设计通则 GB 50352—2005 [S]. 北京：中国建筑工业出版社，2005.

[8] 住房和城乡建设部人事司. 建筑与市政工程施工现场专业人员考核评价大纲（试行）[M]. 北京：中国建筑工业出版社，2012.

[9] 王文睿. 手把手教你当好甲方代表 [M]. 北京：中国建筑工业出版社，2013.

[10] 王文睿. 手把手教你当好土建施工员 [M]. 北京：中国建筑工业出版社，2014.

[11] 王文睿. 建设工程项目管理 [M]. 北京：中国建筑工业出版社，2014.

[12] 李启明，朱树英，黄文杰. 工程建设合同与索赔管理 [M]. 北京：科学出版社，2001.

[13] 胡兴福，赵研. 施工员通用及基础知识 [M]. 北京：中国建筑工业出版社，2014.

[14] 朱吉顶. 施工员岗位知识与专业技能 [M]. 北京：中国建筑工业出

版社，2014.
[15] 舒秋华. 房屋建筑学 [M]. 武汉：武汉理工大学工业出版社，2007.